新型单层冻结井壁关键技术的试验研究

陈晓祥　著

科 学 出 版 社
北 京

内 容 简 介

本书采用理论分析、物理模拟和数值模拟方法开展新型单层冻结井壁温度场、应力场、接茬抗渗性能和极限承载力的试验研究，获得了井壁浇筑后最高温度、内外最大温差等参数与井壁厚度、井内环境温度、井内风速等因素之间的关系以及井壁温度应力和膨胀应力的分布和变化规律；验证了采用钢质接茬板可保证井壁接茬的密封性能，解决了井壁接茬的渗漏难题；得到了新型单层冻结井壁比普通钢筋混凝土井壁的极限承载力高，以及井壁水平极限承载力与井壁混凝土抗压强度、竖向压力、厚径比等因素的关系。本书的研究成果为新型单层冻结井壁的设计与施工提供了重要的理论和实践依据。

本书可供从事地质工程、采矿工程和岩土工程等相关学科研究的科研人员、工程技术人员以及大中专院校教师和研究生参考。

图书在版编目(CIP)数据

新型单层冻结井壁关键技术的试验研究／陈晓祥著．—北京：科学出版社，2018.8

ISBN 978-7-03-058368-0

Ⅰ.①新…　Ⅱ.①陈…　Ⅲ.①冻结法（凿井）-试验-研究
Ⅳ.①TD265.3-33

中国版本图书馆 CIP 数据核字（2018）第 167573 号

责任编辑：王　运　刘文杰／责任校对：王　瑞
责任印制：张　伟／封面设计：铭轩堂

科学出版社 出版
北京东黄城根北街 16 号
邮政编码：100717
http://www.sciencep.com

北京中石油彩色印刷有限责任公司 印刷
科学出版社发行　各地新华书店经销
*
2018 年 8 月第　一　版　开本：787×1092　1/16
2018 年 8 月第一次印刷　印张：13 3/4
字数：326 000

定价：138.00 元

（如有印装质量问题，我社负责调换）

前　言

在采矿企业的开拓、准备和回采巷道的综合工程系统中，立井井筒是最重要的工程构筑物。井筒施工是一个复杂的矿井建设过程。根据井筒深度、直径和井壁类型的不同，井筒工程的工期和投资占矿建工程的20%~50%。在复杂的地质条件下施工井筒，对井壁结构和施工工艺都提出了一些特殊的要求，所需的工期和投资也会显著增加。井壁施工的经济技术指标对矿建的费用和劳动量都具有重大影响。在井筒工程的总费用中，井筒掘砌费用可占井筒造价的40%~60%。因此，这一因素对井筒施工的经济指标具有决定性的影响。莫斯科国立矿业大学的研究成果表明，井深为1000m，井壁厚度每减少10mm，采用钢筋混凝土弧板时可降低矿井建设费用达1%、应用整体混凝土时可降低矿井建设费用达25%。这确切地表明，井壁类型和井壁材料消耗对井筒建设费用有重要影响。

为解决井壁漏水问题，井壁结构由单层发展到双层，继而发展为带塑料板夹层的复合井壁。带夹层的双层复合井壁是我国冻结井普遍采用的井壁结构形式，但存在着结构复杂尤其是井壁总厚度大的缺点。在深厚表土层中，尽管冻结井壁混凝土的强度等级达到了C60~C80，但内、外层井壁每层厚度仍要达到0.7~1.2m，个别矿井甚至需要达到1.4m，总厚度达到2.6m。井壁厚度的增大致使掘进断面利用率（井筒净截面积/掘进断面积）下降，有的掘进断面利用率不到35%，相应地，井筒的冻结、掘砌费用却急剧上扬。因此，如何经济合理地减薄井壁已成为目前冻结凿井法急待研究的关键技术之一。

要合理地减薄井壁，有以下几种途径。

1）从井壁结构上采取措施，即采用单层井壁。采用单层井壁可有效减薄井壁厚度。以穿过表土厚度为760m、净直径为7m的某井筒为例，在760m处，即使采用C100现浇混凝土双层复合井壁，井壁总厚度仍达到了2.53m，相应的掘进断面利用率却只有33.7%，即井壁占据了掘进断面的66.3%，掘进断面利用率很低。如改用同材料的单层井壁，则井壁厚度为1.83m，相应的掘进断面利用率达到51.6%。可见，将双层复合井壁改为单层井壁，井壁厚度能减薄0.7m，断面利用率提高17.9%，少挖冻土25m^3/m、节省混凝土25m^3/m；如进一步考虑掘进荒径缩小时冻结壁厚度也能减薄，估计每米高度井壁可少冻结土层180m^{3}以上。显然，成功的单层井壁可节省大量的冻结、掘进和支护费用。

2）从井壁材料上采取措施。毫无疑问，提高井壁材料的强度，可有效减薄井壁。可行的措施是采用钢材、高强混凝土及其组合，如钢板-混凝土、钢骨-混凝土等。对于上例的井筒如果井壁材料改为C80混凝土，则双层复合井壁和单层井壁的厚度分别要达到3.54m和2.7m，井壁厚度大得惊人。但是，如果冻结井筒的施工条件恶劣，加之受目前混凝土技术的限制，在冻结井下要施工C100或CF100以上的混凝土或钢纤维混凝土井壁是极为困难的，也就是说提高井壁的强度是有限度的。

3）双管齐下，既采用单层井壁结构形式，又采用高强井壁材料。由上述可知，井筒如采用C80双层现浇混凝土复合井壁，井壁厚度要达到3.54m，如采用C100单层现浇混凝土井壁，井壁厚度只要1.83m，可见减薄井壁的效果是极为显著的。

在提高井壁材料强度方面，2006年中国矿业大学力学与建筑工程学院岩土工程研究所已经完成C60～C100高强混凝土井壁、CF60～CF100高强钢纤维混凝土井壁、钢板-高强混凝土井壁、钢骨混凝土井壁研究。另外，中国矿业大学力学与建筑工程学院岩土工程研究所从井壁结构方面着手，拟研究开发出一种具有优良密封性能的“一次浇筑”式单层冻结井壁，以取代现行的带夹层的现浇混凝土复合井壁，通过井壁结构的改革来大幅度减小井壁厚度，进而降低冻结法凿井的费用。

本书在介绍国内外井壁结构、井壁开裂原因和防治技术的基础上，拟对“一种带接茬板的单层冻结井壁”专利技术进行开发，采用理论分析、物理模拟、数值计算相结合的方法，研究一种带接茬板微膨胀混凝土新型单层冻结井壁关键技术。具体内容如下。

1）新型单层冻结井壁温度场研究。采用物理模拟和数值模拟两种手段较全面地分析冻结凿井过程中新型单层冻结井壁水化热温度场分布规律及其与井壁厚度、井内空气温度、井内风速、井帮温度和壁后泡沫板快慢速压缩之间的关系。

2）新型单层冻结井壁温度及膨胀应力场数值计算研究。利用数值计算方法对变温度、变弹模、变约束条件的新型单层冻结井壁的温度应力场和膨胀剂引起的膨胀应力场进行深入研究。

3）钢板与混凝土黏结性能研究。在实验室进行三种钢板表面粗糙度、三种混凝土龄期和三种法向应力的钢板与混凝土黏结性能的抗压和抗剪试验，研究钢板与混凝土黏结面的力学性质及其对界面特性的影响。

4）新型单层冻结井壁抗渗性能研究。在实验室采用自行设计的一套试验装置，对混凝土本体及钢板与混凝土黏结面的抗渗性能进行试验研究；采用与工程实际相同的工艺浇筑新型单层井壁模型，进而开展大型井壁抗渗性能的模拟试验研究，以证明采用本书提出的技术方案解决井壁接茬的渗漏难题。

5）新型单层冻结井壁水平极限承载力研究。采用理论分析推导出“平面应变”和“广义平面应力”力学模型条件下素混凝土井壁极限承载力的计算公式；采用数值模拟研究单层冻结井壁水平极限承载力与井壁混凝土抗压强度、竖向压力、厚径比、接茬钢板厚度、接茬钢板环宽和井壁高径比的关系；其他条件相同时采用相似模拟研究得到的井壁水平极限承载力有：素混凝土井壁低于钢筋混凝土井壁低于带接茬板的钢筋混凝土井壁。

本书的研究成果可为新型单层冻结井壁的设计与施工提供重要的理论和实践依据。

本书的编写和出版得到国家自然科学基金项目“软岩巷道锚杆锚固界面剪切流变特性研究”（U1504515）、中国煤炭工业协会项目“综放工作面顶板不同区域巷道围岩变形规律及稳定性控制技术研究”（MTKJ2015-251）、2017年度河南省高等学校青年骨干教师培养计划项目“深井高应力巷道锚杆-锚固剂界面剪切流变特性研究”（2017GGJS055）的联合资助。同时，笔者博士生导师杨维好教授的指导和建议以及众多专家的帮助也为本书的顺利出版起到了积极作用，在此一并表示感谢。

由于时间紧迫和笔者水平有限，本书难免存在疏漏与不足，敬请各位同行专家和读者批评指正。

陈晓祥
2018年5月于河南焦作

目　　录

第1章 绪　　论

1.1 井壁结构研究综述

1.1.1 国内冻结井壁结构的发展

我国冻结井筒井壁结构形式是随着冻结法凿井技术的不断发展而发展和完善的。自1955年采用冻结法凿井以来，到1963年年底，由于表土浅，平均冻结深度小于100m，因而绝大多数井筒采用单层井壁结构，井壁材料除开滦林西风井用缸砖外，少数用素混凝土，多数用钢筋混凝土，混凝土强度等级相当于C15或C25。大多数单层井壁在接茬、梁窝处漏水，尤其是表土层厚度大于100m的井筒，井筒漏水量很大。因表土深、水压大、采用注浆法堵水效果差，故被迫进行套壁，缩小设计井径，于是出现了双层钢筋混凝土井壁。双层钢筋混凝土井壁分两次浇筑施工，漏水量比单层井壁少，防水性能有所改善，曾一度成为我国冻结法施工井壁结构的基本形式。后来，由于淮南与淮北地区几个井筒内壁温度应力出现了大量环向裂缝，井筒漏水严重，开始试验塑料夹层双层混凝土复合井壁以及德国式的砌块沥青钢板混凝土复合井壁（又称柔性滑动防水复合井壁）。带塑料板夹层双层复合井壁成功解决了井壁大量漏水问题，在我国得到广泛应用。柔性滑动防水井壁因造价过于昂贵未能在中国得到推广（本刊编辑部，1979；张世芳和杨小林，2002；徐光济和陈文豹，1979；庞荣庆，1982）。

经过50多年的发展，我国冻结井壁结构的设计取得了长足的发展，其发展主要分为四个阶段（崔广心等，1998；徐光济和陈文豹，1979；崔广心，2000；王建中，2006）。

第一阶段，20世纪50年代至60年代初。冻结井壁多采用单层钢筋混凝土或素混凝土井壁支护，混凝土强度等级低于C20，冻结深度均小于200m，设计计算十分简单、对冻结壁的认识基本上是弹性的、小变形的、匀质的圆筒状人工冻结结构物；井壁主要起堵水和抵抗永久水土压力的作用。这期间所建的井筒因表土较浅，井筒虽有漏水发生，但程度并不十分显著，其优点是结构简单、易于施工，可节约大量的人力、物力。

第二阶段，20世纪60年代初至70年代中。冲积层大于200m时，单层井壁漏水严重且已不能满足井筒使用要求。从邢台煤矿主、副井开始，改单层为双层钢筋混凝土井壁支护形式，同时认识到冻结压力是一种不可忽视的临时荷载。在设计上，将井壁看成弹塑性体，外壁用来抵抗冻结压力，内壁浇筑过程中将内、外壁用钢筋连接以起到共同抵抗地压的作用。

第三阶段，1975~1987年。主要是发现了井壁中的温度应力。在此期间，两淮地区的几个在建冻结井内壁由于温度应力出现了大量环向裂缝，井筒发生了严重漏水现象。借鉴波兰的夹层塑料套隔水的经验，提出了一种新型井壁结构——内、外壁间铺设塑料薄板以削弱外壁对内壁的约束，减小温度应力，进而防止内壁开裂；前期采用环向可缩性砌体外壁，以减缓冻结压力，之后在现浇外壁外侧改用泡沫塑料板来减缓冻结压力，同时还起到隔热、均压和隔水作用，收到了很好的效果。

第四阶段，1987 年至今。这一阶段主要是竖直附加力的发现。竖直附加力的发现是井壁设计观念和理论的突破和更新，它使井壁结构的选择和设计原则由平面静态力学问题转向三维动态力学问题。截至 2006 年 12 月，我国先后有 103 个在深厚表土层中建设的立井井壁发生破坏，研究发现，表土层含水层水位下降造成的地层固结压缩沉降是井筒破坏的主要原因。针对上述破坏原因，在淮北祁南煤矿主、副井采用了沥青软板滑动可缩冻结井壁，但该种井壁造价高、施工难度大，只在 8 个井筒中应用，后来被整体可缩冻结井壁特别是内层可缩冻结井壁所取代。内层可缩冻结井壁是中国矿业大学在 2003 年提出的专利，施工工艺简单、施工质量易保证、造价低、竖向让压效果好，目前已在 20 多个冻结井筒中得到应用。

1.1.2 国外冻结井壁结构的发展

近几十年来，国外的井壁施工方法、井壁材料和井壁结构都有了较大的改变（崔广心等，1998）。20 世纪以前，矿井建设遇到的表土层厚度多在 100m 以内，国外井壁结构多采用（缸）砖或混凝土预制块为砌体、壁后充填水泥砂浆或混凝土的单层井壁，如波兰、西欧等；英国、波兰等也广泛采用现浇（钢筋）混凝土双层井壁。苏联在最初几个五年计划期间，应用最广泛的井壁材料是整体混凝土，它取代了过去的木井壁和砖井壁。混凝土井壁采用木模板和手工浇灌的方法。之后，除混凝土井壁外，还开始采用混凝土砌块井壁；1954 年以后，在煤矿立井井筒中开始采用钢筋混凝土弧板井壁，钢筋混凝土弧板井壁使砌壁过程极大地实现了工业化和机械化；1958 年，整体浇筑速凝混凝土开始成为井壁材料。

19 世纪后期，国外开始采用复合井壁：外壁多用砌块，内壁为现浇混凝土、钢筋混凝土或钢板混凝土，内壁与外壁间夹有沥青层或塑料层。进入 20 世纪后也有用钢板夹层的。采用这种井壁结构除了要考虑强度、稳定性和防渗漏水的要求外，还要考虑因开采井筒附近的煤柱引起的表土层变形对井壁的影响，井壁结构的发展方向是承载性能、防渗性能及可变形性能分别由不同的结构单元承担。苏联采用丘宾筒+混凝土+塑料板的复合井壁，丘宾筒一般放在内壁的内侧，除承载外还起到浇筑混凝土模板的作用。20 世纪 50 年代联邦德国也多采用这种井壁结构。

自 20 世纪 50 年代后期以来，为使井壁能适应地层的变形而产生弯曲和适应不均匀外载，联邦德国在新建井筒冻结段采用滑动复合井壁支护取代了传统的丘宾筒支护方法，1963 年又对这种复合井壁的外壁作了改进，并用于奥·维克托利亚 8 号井。此后这种井壁以该矿首字母命名为“AV 井壁”，成为联邦德国 400m 深度以内的冻结段井筒支护的标准井壁。

1.1.3　国内外冻结井壁结构形式

单层井壁结构主要有以下三种。

1）砌块单层井壁（图 1.1）。适用于含水砂层埋深小于 50m（孙文若和冯志兴，1980；本刊编辑部，1979；张世芳和杨小林，2002；徐光济和陈文豹，1979；潘楷闻，1981；郑青林，1979；Ma and Wang，1985）。砌块井壁施工工艺简单，产生水化热少，壁后冻土融化范围小，砌筑后即可承受较大地压，但砌体的强度低、封水性能差、施工机械化水平低。我国开滦西风井，冲积层厚 65m，采用缸砖井壁，解冻后漏水严重，漏水量达 $100m^3/h$，经过三次注浆后，漏水量仍达 $10m^3/h$。

2）现浇混凝土或钢筋混凝土单层井壁（图 1.2）。砂层埋深小于 50m，井筒直径小时，采用素混凝土井壁；砂层埋深 500～100m 时，采用钢筋混凝土井壁。这种井壁施工工艺简单、速度快、一次成井、分段施工，但井壁自重大，接茬缝容易漏水。同时，以前的混凝土浇筑初期强度低，抵抗不了大的冻结压力，所以在施工时主要采取以下措施：①在冻结壁强度允许的情况下，尽可能加大段高，减少接茬；②需要留接茬时，采用台阶双斜面接茬，在接茬处设置塑料止水带，减少接茬漏水。

3）铸铁或铸钢丘宾筒单层井壁（图 1.3）。丘宾筒单层井壁强度大，安装后即能承受较大地压，但工艺复杂、耗钢量大、成本高，解冻过程容易造成丘宾筒破坏。联邦德国、荷兰通常采用铸钢丘宾筒单层井壁，苏联、波兰通常采用铸铁丘宾筒单层井壁。另外，丘宾块接触面及连接螺栓处密封用的铅垫随时间推移会产生松弛现象，这常导致井壁漏水。

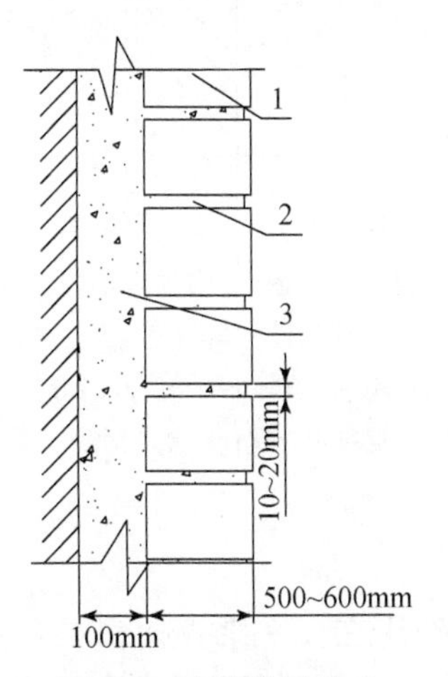

图 1.1　砌块单层井壁
1-缸砖、料石或混凝土预制块；2-水泥砂浆；3-充填层

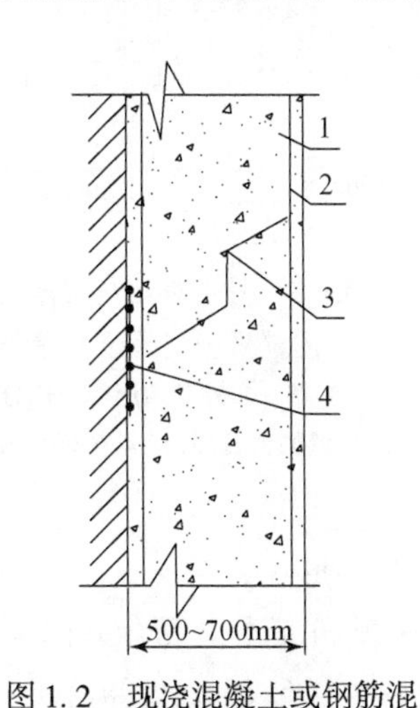

图 1.2　现浇混凝土或钢筋混凝土单层井壁
1-混凝土；2-竖向钢筋；3-井壁接茬缝；4-塑料止水带

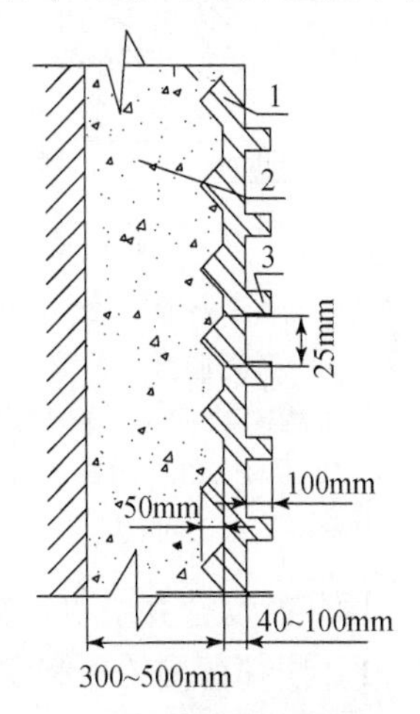

图 1.3　铸铁或铸钢丘宾筒单层井壁
1-铸铁或铸钢丘宾筒；2-混凝土；3-接缝处密封铅板

双层井壁主要有以下三种。

1）外壁砌块、内壁现浇混凝土井壁（图 1.4）。含水砂层埋深为 100～300m，200m 以

浅是冲积层，200m 以深是黏土层，黏土层部位的外壁宜采用砌块。外壁主要起临时支护作用，承受冻结压力，解冻后也构成永久井壁的一部分，内壁起封水作用，也是永久井壁的一部分。

2）外壁料石与混凝土、内壁现浇混凝土井壁（图 1.5）。适用于含水冲积层 300m 以内的井筒，料石初期强度大，承受冻结压力，起隔热作用，减少井帮冻土的融化范围，混凝土起补强和隔水作用。但井壁混凝土工程量大，费工费料。

3）内、外壁均为现浇混凝土或钢筋混凝土井壁（图 1.6）。这种井壁为我国 20 世纪 60 ~ 70 年代采用较多的冻结井筒井壁结构，适用于冲积层厚度在 300m 以内。因为在低温下浇筑混凝土或钢筋混凝土，初期强度低，抵抗不了大的冻结压力，需采取低温早强措施，精心施工，确保质量。内壁可以自下而上连续滑模浇筑，施工条件好，没有接茬，施工机械化水平也较高。但是，由于先浇的外层井壁对内层混凝土井壁产生约束，限制了内层井壁的热胀冷缩，因而，产生较大约束温度应力，使井壁在较大的拉应力作用下产生温度裂缝，解冻后仍然漏水。

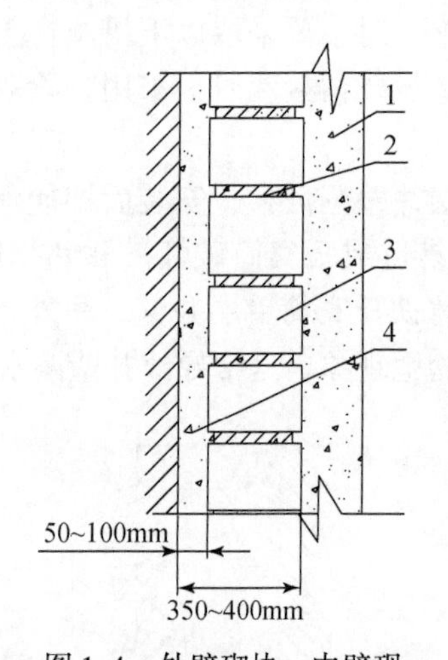

图 1.4 外壁砌块、内壁现浇混凝土井壁

1-内壁；2-可缩性塑料衬板；3-混凝土预制砌块；4-充填混凝土

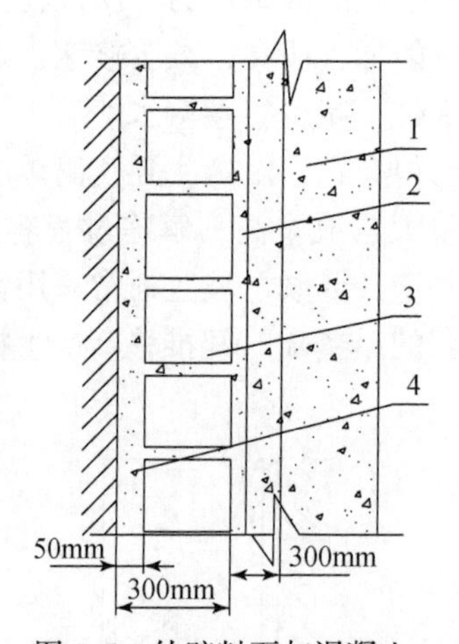

图 1.5 外壁料石与混凝土、内壁现浇混凝土井壁

1-内壁；2-外壁的混凝土部分；3-外壁的料石部分；4-充填混凝土

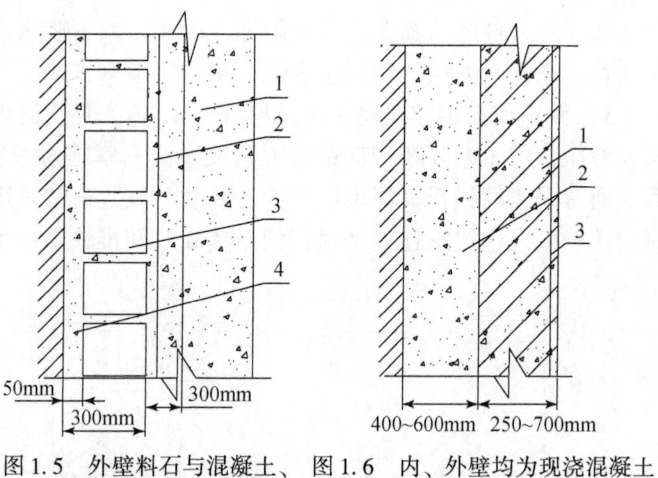

图 1.6 内、外壁均为现浇混凝土或钢筋混凝土井壁

1-(钢筋) 混凝土内壁；2-(钢筋) 混凝土外壁；3-竖向钢筋

国外的复合井壁主要有几下几种形式。

1）联邦德国的预制砌块、钢板和混凝土复合井壁。该井壁用在奥·维克托利亚 8 号井，冻结深度为 227m，井筒直径为 6.75m（Ma and Wang，1985；程万光和魏金阁，1981）。冻结段采用砌块、砂浆充填层、沥青、钢板和钢筋混凝土结构复合井壁。混凝土砌块预制成楔锥形，内小外大，内端面 200mm×200mm，外端面 250mm×350mm，砌块间垫以垫片（350mm×200mm×18mm），砌块干垒施工。

2）双层钢板、沥青和混凝土结构的复合井壁。联邦德国的乌尔芬矿 1 号、2 号井筒采用冻结法施工，考虑到井壁受到回采工作面的影响，决定井筒支护采用双层钢板、沥青和混凝土结构的复合井壁。井壁由两个钢板焊成同心钢筒组成，筒间的环状空间充填混凝土，内钢筒与混凝土的连接用锚卡加强。

3）波兰的预制块、塑料防水层和混凝土复合井壁。采用这种井壁的壁厚一般不超过1.1m，外层砌块施工不用砂浆，全部干垒，砌块只抗压，不防水。预制砌块全部施工完后，安放两层塑料层，第一层用混凝土块的拉沟孔，打上木楔，将塑料钉在上面，使它吊挂耷拉下来，第二层随内层混凝土浇灌，用热风枪将塑料搭焊成一个整体，然后由下而上浇灌内壁混凝土。

4）加拿大的分段双层钢板复合井壁。加拿大的阿利维扎利钾矿井筒深1003m，净直径为5.5m，井壁结构设计如下：古近系和新近系采用300mm厚的整体现浇混凝土、6mm厚钢板及500mm厚的钢筋混凝土三层井壁。422～524m流沙层及574～850m泥盆纪地层采用双层钢板复合井壁，钢板中间充填混凝土。钢板与冻结壁之间为150mm厚充填层。

5）苏联的混凝土、塑料板、丘宾筒复合井壁。苏联的第四钾盐联合企业2号和3号井采用混凝土、塑料防水层和铸铁丘宾筒结构复合井壁，取得较好的效果。这种井壁外层为厚400mm的混凝土，防水塑料板置于临时和永久混凝土井壁之间，最内层是铸铁丘宾筒，在丘宾筒横、竖缝之间垫2mm厚的铅板，同时，用铅或塑料密封螺栓孔或注浆孔。

以上几种井壁归纳起来即为图1.7所示的几种形式。

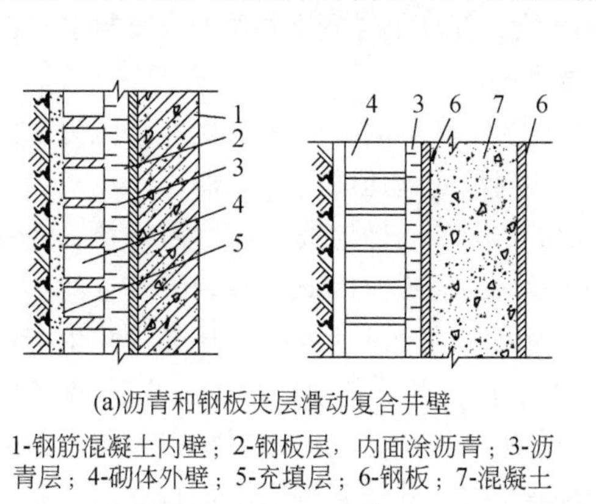

(a)沥青和钢板夹层滑动复合井壁

1-钢筋混凝土内壁；2-钢板层，内面涂沥青；3-沥青层；4-砌体外壁；5-充填层；6-钢板；7-混凝土

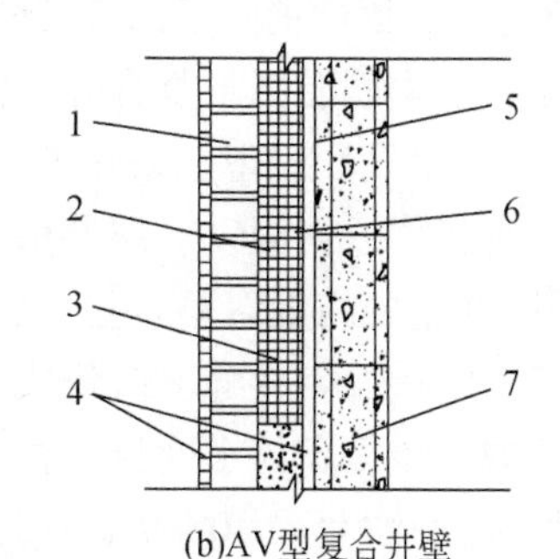

(b)AV型复合井壁

1-砌体；2-木垫板；3-沥青层；4-水泥砂浆；5-钢板；6-沥青涂层；7-钢筋混凝土内壁

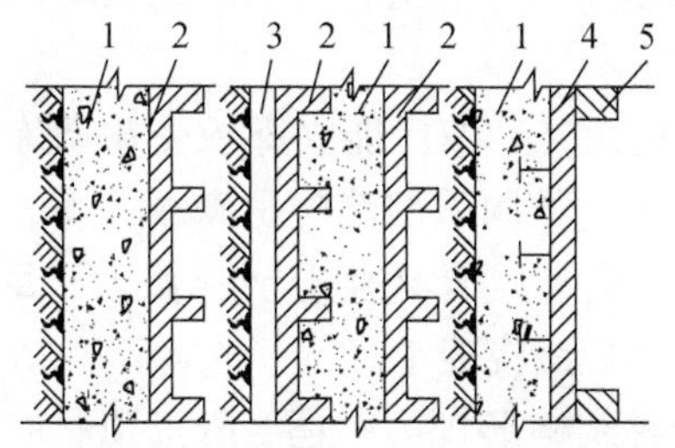

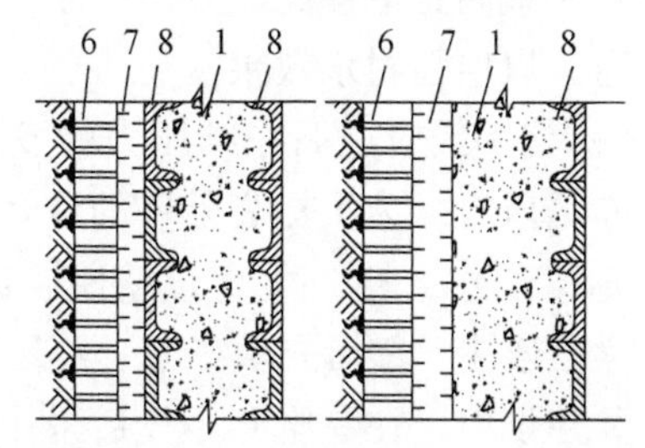

(c)丘宾筒复合井壁

1-混凝土；2-铸铁弧板；3-填充层；4-钢弧板；5-加劲肋；6-砌体；7-沥青层；8-型钢筒

图1.7　国外常见的复合井壁结构示意图

国内的复合井壁主要有以下几种形式（图1.8）（淮南矿务局建井工程处，1986；王学金，1986；高齐瑞，1983；邱世武和陈明华，1979；张锦松，1979；于镇洪和赵春来，1979；吴建议，1988；孙启凯，1987）。

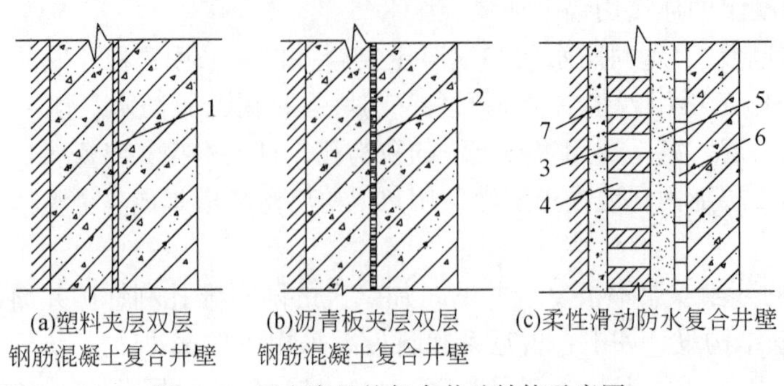

图 1.8 国内常见的复合井壁结构示意图

1-塑料夹层；2-沥青板夹层；3-预制板；4-压缩板；5-沥青板；6-钢板；7-水泥砂浆

（1）塑料夹层双层钢筋混凝土复合井壁

塑料夹层双层钢筋混凝土复合井壁［图 1.8（a）］解决了长期以来深井冻结井壁裂漏的难题。塑料夹层的防水机理是塑料板使内外层井壁不直接接触，减少了外壁对内壁的约束，使内壁在降温过程中有一定的自由收缩，防止出现较大的温度应力；塑料板还具有保温作用，使内壁的降温速率减小，也减小了瞬时温差，减弱了温度应力。正是由于防止和减弱了出现的温度应力，因此消除了内壁裂缝，从而大大提高了混凝土井壁的自身封水性。

塑料夹层双层钢筋混凝土复合井壁的主要特点。

1）改进了井壁设计原理。采用双层井壁分层计算原则，外壁承受冻结压力，内壁承受静水压力，改变了过去假设双层井壁为整体共同承受地压的设计原则。

2）内外层井壁之间设置防水层。外层井壁接茬多，有的被压坏后需修补，修补难以做到防水要求，内壁如有裂缝，就形成了井壁漏水的通道。因此，在内、外壁间如能设置防水层，就可进一步提高封水效果，如联邦德国采用的浇筑沥青层（还能消除生产期间采动对井壁的影响），波兰采用的塑料板焊接成封水套，以及我国采用厚 1.5mm 聚乙烯塑料板作为防水层。事实上，内壁如不开裂则是防水的，故我国采用塑料板以解除内、外壁间约束为主，各块板间是搭接的，并不防水。但是在内、外壁间解冻后进行壁间注浆，封堵壁间导水通道，以增强封水效果。

3）外壁结构形式应遵循冻结压力的发展规律，砌壁后能立即承受初期冻结压力，还要抵抗最大冻结压力。为了提高外壁的承载能力，德国采用混凝土砌块，横、竖缝为可压缩板，壁后充填砂浆，每个段高设壁座；波兰采用大型混凝土预制弧板，每块重 500～1000kg，用螺栓连接，壁后充填砂浆；英国采用现浇混凝土。

两淮矿井建设中，在黏土层中先后采用两种结构形式：一是混凝土预制块砂浆砌体加套混凝土复合外壁，预制块砂浆砌体具有早期强度高、可缩的特点，可承载初期压力，但整体强度差，施工工艺复杂，外壁厚，工程量大，进度慢；二是在现浇混凝土外壁与冻土间铺设一层厚 25～75mm 的泡沫塑料板，它起到缓压、均压、保温和隔水的作用，保证了外壁现浇混凝土的质量，施工工艺简单、效果好、造价低，得到了广泛应用。目前，早强、高强高性能混凝土井壁施工技术在我国已经成熟。例如，2005 年我国施工完成的表土深度达 567.7m 的龙固副井，外层井壁设计混凝土强度等级达 C70，实测井壁上的混凝土

1d、4d、7d 和 28d 强度分别达 62.4MPa、84.0MPa、94.1MPa 和 102.8MPa。因此，外层井壁采用早强、高强高性能现浇混凝土与壁后泡沫塑料层配合可适应冻结压力的发展。

4）采用高强井壁材料，提高内层井壁的强度。为了提高内层井壁的强度，德国采用钢板（单或双）与钢筋混凝土复合井壁，英国采用铸铁丘宾筒、双层钢板混凝土复合井壁，苏联、加拿大采用铸铁丘宾筒。目前我国采用高强度等级混凝土来控制井壁厚度，20世纪 70 年代采用 C30 高强度混凝土，90 年代初采用 C55 高强度混凝土，2006 年在郭屯煤矿副井采用 C75 高强度混凝土。

（2）沥青板夹层双层钢筋混凝土复合井壁

淮南新集煤矿副井井筒穿过断层带时采用了沥青板夹层双层钢筋混凝土复合井壁[图 1.8（b）]。沥青板可使井壁达到缓冲地压和调整压力重新分布的作用，改善内壁受力状况。

（3）柔性滑动防水复合井壁

淮南孔集煤矿西风井及开滦东欢坨煤矿副井采用了柔性滑动防水复合井壁［图 1.8（c）］结构形式。这种井壁的最大优点是可弯曲、可滑动和可压缩，具有很好的防水性能，而且可以承受一定的动压力，适应无煤柱开采技术。但这种井壁的结构施工工艺复杂、工期较长、造价高，其造价比通常结构的井壁高 3 倍以上。其外壁由混凝土预制块加木垫板和壁后充填的砂浆组成，这样，外壁既可立即承载，又可纵向压缩；在矿井生产期间，随着地表下沉，外壁在纵向可以压缩。沥青层是柔性滑动防水井壁的核心部分，它的主要功能是防水、滑动、均压，当地表下沉时外壁易于相对于内壁向下移动，内壁受到的附加力等于沥青层的长时抗剪强度，并使内壁均匀受压，保障井筒安全使用。

（4）能适应地层沉降的井壁结构

自 1987 年至今，国内已有 103 个位于深厚表土矿区的生产矿井井壁在表土与基岩交界处附近发生破坏。分析破坏原因，认为是表土含水层的水位下降使地层固结、压缩，从而使井筒受到向下的附加力而破坏。研究表明（刘朋飞，2005），在深厚表土中，预防因地层沉降造成的井壁破坏的最佳技术路线是采用能适应地层沉降的井壁结构（图 1.9）。

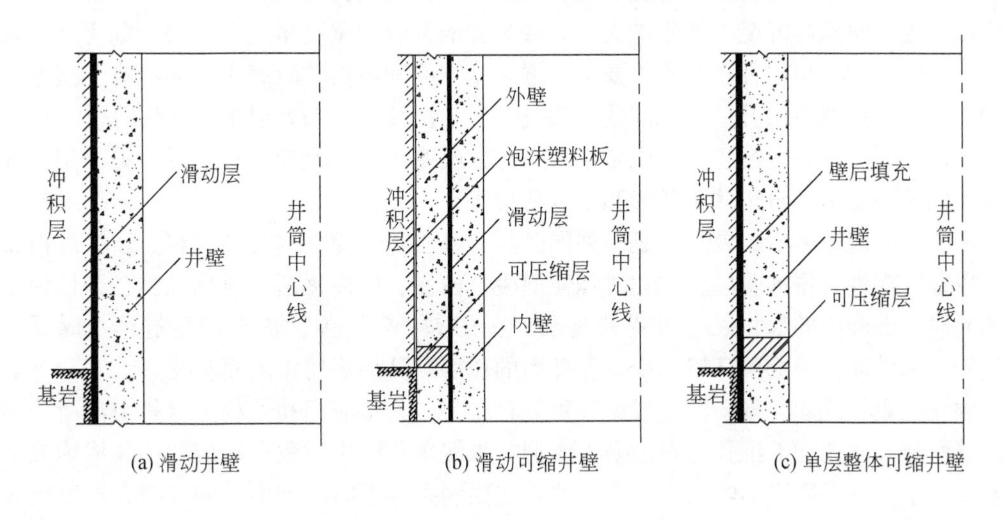

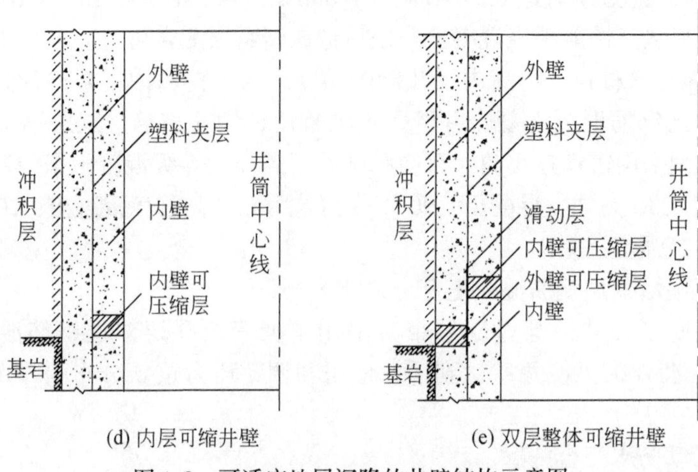

图 1.9　可适应地层沉降的井壁结构示意图

1.1.4　单层混凝土井壁开裂原因分析及防治措施

我国冻结法凿井穿过的地层主要为冲积层及基岩风化带，含水丰富、稳定性差、地压大、水头高，因此这要求井壁具有较大的强度和较好的封水性能。20 世纪 50 年代至 60 年代初，冻结井壁多采用单层钢筋混凝土或素混凝土井壁支护。单层井壁自上而下分段掘砌，优点是井壁厚度小、施工工艺简单、掘砌速度快；缺点是短段掘砌施工的井壁接茬多、井壁裂缝多、易漏水。每 100m 井壁漏水量注浆前和注浆后一般为 15～30m^3/h、3～10m^3/h。

在未采取有效防裂措施的条件下，单层井壁类似于双层井壁的外层井壁，会出现不同程度的裂缝，一般是横缝多、竖缝少。横缝宽度一般为 0.5～1mm，最大裂缝宽度达 10mm 以上；竖缝一般宽为 0.1～2mm。一般钢筋混凝土中裂缝宽度大于 0.1mm 时便会导致结构物渗漏和钢筋锈蚀，故称为有害缝。随着冻结深度的增大，井壁厚度加大，混凝土强度等级提高，连续浇筑的混凝土体积增大，井壁裂缝的数量和宽度呈上升趋势，危害性也随之增大。实践表明，单层井壁漏水主要是由混凝土开裂和段高与段高之间的混凝土接茬缝造成的。因此，解决单层井壁漏水问题的关键在于解决接茬渗漏和混凝土开裂问题。

现浇混凝土在硬化过程中，混凝土中水分的改变、化学反应、温度变化等，都会导致混凝土的干缩变形、自生体积变形和温度变形等。

从流变学观点分析，混凝土是一种同时具有黏、塑、弹性的复合材料。新拌的混凝土处于以黏、塑性为主的阶段，水化过程使混凝土由黏、塑性逐渐过渡到以黏、弹性为主的凝固阶段，混凝土的水化硬化过程就是混凝土的黏、塑、弹性流变的全过程。混凝土的黏、塑、弹性还会因周围环境的变化、外力的作用、外加剂的掺入而改变。

硬化混凝土是固、液、气组成的多相复合材料，其中液相和气相主要是由混凝土中的孔、缝所致。微孔和毛细孔是在混凝土成型和水泥水化硬化过程中形成的，其成因除荷载因素外，主要是混凝土的收缩，最常见的是在限制条件下因收缩引起的开裂。混凝土收缩开裂分为早期塑性收缩、干缩、冷缩和自收缩 4 种。早期塑性收缩只限于混凝土表面，混凝土脱模后，在初凝前外表面蒸发快，内部水分补充不上时，容易出现混凝土表面干缩，从而生成网状细裂缝，因此混凝土在脱模初期（14天）要加强养护。干缩是混凝土内水分散失引起的收缩。混凝土表面收缩先于并多于内部，引起的裂缝由外向内发展，外面裂缝宽度大于内部裂缝宽度。冷缩是混凝土结构热量散失引起的收缩，温差大和降温快，容易导致开裂。自收缩是水泥水化前后绝对体积的缩小。

在冻结井筒混凝土施工中，水分的改变通常表现为新浇灌混凝土中的从井帮和外壁之间水流失或被土层吸收，以及混凝土表面蒸发。混凝土在硬化过程中，一部分水分参加水泥水化，另一部分则要不断蒸发。随着水分的减少，混凝土中硅酸钙胶体体积减小而不断干燥收缩，混凝土中就会产生收缩应力。试验证明（谢靖中等，2002），混凝土收缩的整个过程要持续2年以上。干缩变形能使构件中出现较大应力，于是结构薄弱部位就产生裂缝，这种裂缝对结构的危害较大，会严重影响结构的密封性和耐久性。

化学反应的自生体积变形，主要是由混凝土的胶凝材料自身水化引起的，混凝土的自生体积变形（除膨胀水泥混凝土外）大多为收缩。

温度变化产生温度应力和温度变形，这是由水泥水化热和外界热源共同作用引起的。在冻结井筒严酷条件下，现浇混凝土井壁的养护条件差，井帮温度有时低至-20℃，而混凝土入模温度一般为15～20℃，浇筑1～2d温度可达到40～70℃，井壁内部与外部表面温差可能高达30℃以上。在这样的温度梯度下，井壁结构本身各部分温度变形不一致而相互约束，从而产生自身温度应力，井壁内、外缘可能因此开裂。因此井壁混凝土浇筑时，必须采取温差控制措施，尽可能减少因温度变化引起的混凝土开裂。

从筑壁到冻结壁解冻后地层恢复至正常地温的全过程温度变化大。据有关资料，温度变化引起的轴向拉应力可达1.9～2.1MPa，因此，混凝土开裂可由微裂缝扩宽并发展为可见裂缝。

另外，刃角模板的沉降、冻结壁过快、过大变形引起的井壁强迫变形、施工质量或工艺等也会造成井壁产生裂缝。

总之，在冻结井筒条件下，不可避免地会出现现浇混凝土体积收缩变形。当混凝土处于自由状态时，体积变形没有多大影响，当它受相邻结构物牵制而处于约束状态时，混凝土发生的收缩变形会由于约束产生拉应力。混凝土的抗拉强度不高，为抗压强度的6%～10%，并随着抗压强度的增高而减小，因而体积变形过大容易引起混凝土开裂。裂缝的渗漏，可侵蚀混凝土中的钢筋，可能加速井壁破坏，引起一系列危害。

本书认为，采取以下措施，可以有效地减少冻结段井壁混凝土开裂漏水（王景余等，2001）。

1）提高含钢率或缩小钢筋直径都可以提高材料的抗裂性能，但缩小钢筋直径加密间距要比提高含钢率效果明显。研究表明（王衍森，2005）：井壁内侧配筋可以有效地降低井壁脆性，提高井壁韧性，对于低强度等级的混凝土井壁，配筋对井壁承载能力的提高作用明显。但是井下下行施工井壁时过密的钢筋会给振捣带来困难，因此，该方法在井壁施工中具有一定的局限性。

2）降低水灰比，减少混凝土的早期塑性收缩。

3）在脱模初期，加强混凝土的潮湿养护。例如，定期喷水养护或者在井壁表面形成一层保护膜，防止混凝土表面的水分过快蒸发，可以有效地减少混凝土的干缩和自收缩。研究表明，混凝土干缩一般为 $2\times10^{-4}\sim4\times10^{-4}$。对于膨胀混凝土，研究还表明，混凝土雾室或水中养护的膨胀效果显著，在雾室的混凝土膨胀率比空白混凝土提高 2 倍以上；在水中的混凝土膨胀率为雾室混凝土的 1.3 ~ 1.4 倍，水分能有效地克服混凝土收缩裂缝。

4）混凝土中掺入部分优质矿物细骨料，减少混凝土的发热量，从而减少混凝土井壁的伸长或收缩量。

5）严格控制混凝土温度（黄永刚，2004）。例如，降低混凝土出机及入模温度，可采用预冷骨料、冷水拌和、加冰拌和、对拌和物进行降温处理、在混凝土运输容器和输送管道外包裹保温材料等方法；降低混凝土内部温度，可采用预埋管道通过循环水或空气带走混凝土内部热量，降低内部温度；混凝土表面进行保温，即在混凝土表面覆盖保温材料，以减少内外温差，降低混凝土表面温度梯度，延缓混凝土的降温速度。

6）改善井壁受力状况，在井壁混凝土强度达到临界破坏值之前使井壁与冻结壁在一定程度上能够相对自由滑动。例如，降低冻结壁温度，增加冻结壁强度从而减缓冻结壁的变形速度，或者在冻结管允许变形的情况下，增加井壁与冻结壁之间的泡沫板厚度，从而延长冻结压力达到峰值的时间，给井壁混凝土强度增长以足够的时间。研究表明，相邻结构物牵制而处于约束状态时，混凝土发生的收缩或伸长变形会由于约束产生拉应力，并导致井壁开裂混凝土，而当混凝土井壁处于自由状态下，体积变形没有多大影响。

7）在井壁混凝土达到一定强度时对其施加一定的预应力。例如，井壁浇筑前在适当位置事先放置预应力筋，等下一段高井壁浇筑前利用特制的锚具张拉预应力筋，从而在井壁段高内产生一定的预压应力。预应力能够抵消导致混凝土开裂的全部或大部分拉应力，使抗拉强度提高，从而防止或减少了收缩裂缝的出现，提高了混凝土的防水和抗渗性能。

8）在井壁混凝土中掺入适量的外加剂，使混凝土具有一定的膨胀性能，产生膨胀预压应力，克服混凝土井壁段高中部由于收缩引起的开裂，也对井壁接茬产生一定的压应力，提高混凝土接茬质量，减少混凝土由于收缩而引起段高与段高之间井壁的接茬裂缝的产生，即采用补偿收缩混凝土。所谓补偿收缩，就是限制混凝土膨胀，补偿其收缩。补偿收缩混凝土（石晶等，2000；黄永刚，2004）是一种适度膨胀混凝土，当混凝土膨胀时，混凝土的钢筋对其膨胀产生限制作用，从而产生拉应力，此时混凝土就相应产生压应力。一般产生的限制膨胀率在 0.02% ~ 0.05%，在混凝土中建立的预压应力为 0.2 ~ 0.7MPa，这一预应力能够抵消导致混凝土开裂的全部或大部分拉应力，从而防止或减少了收缩裂缝的出现，提高了混凝土的防水和抗渗性能。

9）单层井壁段高之间的接茬问题就是新老混凝土的黏结问题，可以对老混凝土界面进行一些提高黏结性能的表面处理或在新老混凝土之间加入某些界面剂以提高黏结性能，还可以考虑在接茬之间加入某些介质（如钢板），把新老混凝土的黏结问题转换为混凝土与介质的黏结问题。

以上措施虽然能从一定程度上遏制混凝土的开裂，但不能从根本上解决混凝土的收缩变形以及由收缩变形引起的混凝土开裂缝。而利用微膨胀混凝土，可以使混凝土在硬化过程中产生一定的膨胀作用，以补偿混凝土的早期收缩、干缩、冷缩和自收缩等体积收缩，达到克服或减少混凝土的收缩裂缝的目的。另外，利用膨胀剂较好的减水、膨胀增密等性能，提高混凝土的密实性和抗渗性，使新浇筑的混凝土与已有混凝土支护或围岩紧密结合成一体，提高混凝土支护的封水性能和整体强度。而膨胀混凝土在井壁内产生的预压应力，一方面可以使部分细微裂缝自行弥合，另一方面也提高了混凝土井壁的竖向抗拉性能。

由此，本书试图从最后两项措施入手，研究微膨胀混凝土在带接茬板的单层冻结井壁中的应用以及带接茬板的井壁接茬的力学性能和抗渗性能，以达到使新浇筑的混凝土与已有混凝土支护结合成为一体，从而提高混凝土支护的封水性能和整体强度，加快施工速度，降低工程造价，并以期能在一定程度上把目前越来越厚的双层复合井壁回归到施工简单、经济合理的单层井壁。本研究对深厚表土地层中的井田开发和新建矿井的安全高效生产具有重要的理论价值和现实意义。

1.1.5 本书研究的新型单层冻结井壁结构

新型单层冻结井壁结构是中国矿业大学申请的专利，新型单层冻结井壁如图1.10所示。

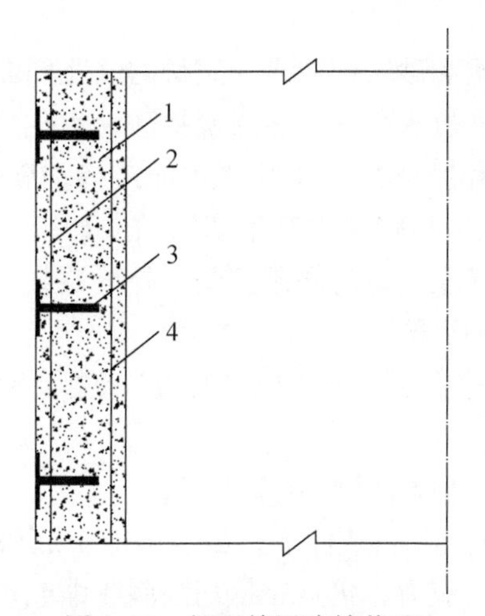

图1.10 新型单层冻结井壁

1-混凝土（或含纤维的水泥混凝土，或聚合物混凝土）；2-连接杆（当配有竖向钢筋时，可用竖向钢筋替代）；3-接茬板；4-钢筋（环向钢筋和径向钢筋图中未标出）

这种带接茬板的新型单层冻结井壁（图1.10）通常可由混凝土、连接杆、接茬板、钢筋等组成。

混凝土主要起黏接、固化成形和承载作用，充填于上、下接茬板之间的井壁空间。混凝土可以是水泥混凝土，也可以是聚合物混凝土，还可以是含纤维的水泥混凝土或聚合物混凝土。为补偿混凝土的收缩变形和在井壁竖向产生一定预压应力，在混凝土中加入占总胶凝材料0～15%的膨胀剂。

连接杆用于悬吊混凝土和接茬板，并用于约束混凝土的竖向变形。当井壁内配有钢筋时，可用部分竖向钢筋作为连接杆。连接杆的材料为金属（或塑料，或纤维）。

接茬板主要起接茬止水作用。在上、下段井壁接茬处，利用接茬板，部分或全部地由上、下段井壁的新老混凝土直接接触变为混凝土与接茬板接触，提高了接茬的止水性能。同时，接茬板也配合连接杆悬吊混凝土和约束混凝土的变形。接茬板的横断面形状为“⊢”形（或“—”形，或波纹形）。接茬板的材料为金属（或塑料，或纤维）。

连接杆与接茬板构成对混凝土的竖向约束体系，约束混凝土在竖向不受拉应力，并提高接茬板与混凝土间的结合力。

根据提高井壁承载力和增加井壁延性的需要有选择地设置钢筋、钢板、钢骨架和铸钢（铁）弧形板，形成（钢筋）混凝土井壁、钢板混凝土井壁、钢骨混凝土井壁和铸钢（铁）弧形板混凝土复合井壁等。

本书将对带“—”形接茬板的现浇钢筋混凝土单层井壁进行研究。

1.2 国内外微膨胀高性能混凝土研究综述

1.2.1 微膨胀混凝土补偿收缩原理综述

微膨胀混凝土是在混凝土和砂浆中掺入一定量的膨胀剂配制而成的，它是一种特殊混凝土，是膨胀水泥或膨胀剂通过水化作用生成硫铝酸钙水化物——钙钒石而发生体积膨胀的混凝土，即膨胀混凝土的膨胀能来源于膨胀水泥或掺加膨胀剂的水泥水化作用（田稳苓，1998）。膨胀剂是在混凝土和砂浆中产生膨胀的外加剂。它依靠本身的化学反应或与水泥石中的其他成分反应，产生一定的限制膨胀，补偿混凝土的自收缩、干燥收缩、温度收缩等，从而达到抗裂防渗的目的。

利用混凝土的体积膨胀来补偿收缩的原理，目前主要有如下两种解释方法（彭波，2002；吴中伟，1979）。

1）用适宜的限制膨胀来补偿最大的限制收缩。

2）用膨胀能的概念。在大限制条件下，虽然不能引起限制膨胀或只造成很小的限制膨胀，但仍然产生自应力或内应力，仍具有抵消限制收缩或拉应力的作用。不论是补偿收缩还是自应力，产生这两种功能的根源均是混凝土的膨胀能。膨胀能对限制力做功，产生的限制膨胀用来抵消干燥、降温及荷载等作用引起的限制收缩。在刚性限制条件下，膨胀能虽然不能引起膨胀或只引起很小的限制膨胀，但仍能产生较大的自应力，自应力具有抵消限制收缩或拉应力的作用。

混凝土的收缩是可以通过掺加膨胀剂的方法来进行补偿的，也就是各种收缩的联合补偿。联合补偿的理论根据如下（王铁梦，1997）：

$$[L] = k\operatorname{arcosh}\frac{|\alpha T|}{|\alpha T| - \varepsilon_{\mathrm{P}}} \tag{1.1}$$

式中，$[L]$ 为混凝土收缩造成的裂缝间距；k 为常数，与混凝土的体积、弹性模量及约束系数有关；α 为混凝土的线膨胀系数，值可取 10×10^{-6}；T 为综合温差；ε_{P} 为混凝土的极限拉伸率；arcosh 为双曲余弦的反函数。

式（1.1）是利用极限变形来计算混凝土收缩而造成的裂缝最大间距的，由式（1.1）可见温差对收缩的影响很大，一般情况下 $\alpha T>\varepsilon_{\mathrm{P}}$ 为正值，说明混凝土存在收缩裂缝，如果

设法降低 αT，使 $\alpha T<\varepsilon_P$，则［L］为负值，说明不存在裂缝。因此如果想防止收缩开裂，则必须降低 αT 或提高 ε_P，然而提高 ε_P 比较困难，因而如何降低 αT 是防止收缩开裂的关键。我们知道综合温差 $T=T_1+T_2$，其中 T_1 为混凝土水化达到的最高温度与环境平均气温之差，T_2 为混凝土收缩的当量温差。混凝土的当量收缩温差 $T_2=\varepsilon_r(t)/\alpha$，$\varepsilon_r(t)$ 为混凝土 t 龄期时的收缩值。

对于膨胀混凝土，当其在 t 龄期时的限制膨胀率为 $\varepsilon_r(t)$ 时（一般膨胀混凝土在14天时的限制膨胀率为 $2\times10^{-4}\sim4\times10^{-4}$），按 $T_2=\varepsilon_r(t)/\alpha$ 计算可得 T_2 为20～40℃［$(2\times10^{-4}\sim4\times10^{-4})/0.1\times10^{-4}$］，即可以降低混凝土温差20～40℃，这是很大的潜在补偿效应，比采用冷却水、预冷原材料等措施降低混凝土温差要容易、方便。对于普通混凝土来说，产生收缩说明 T_2 是正数；对于膨胀混凝土来说，产生膨胀说明 T_2 是负数。使结构的 $\alpha T<\varepsilon_P$，防止结构中产生裂缝，这是各种收缩联合补偿的理论依据。

1.2.2 微膨胀高性能混凝土研究现状

统计资料表明（柳献和袁勇，2002），混凝土塑性收缩是造成早期裂缝的重要原因之一，当混凝土中的水分蒸发速度超过其泌水速度时，就会产生塑性收缩裂缝。许多学者对塑性收缩所产生的裂缝进行了大量实验研究，研究认为混凝土的塑性收缩受以下4个方面影响：泌水速率、蒸发速率、混凝土内部的失水状况和孔隙水压力的发展、混凝土自身的抗拉承载能力。

近年来，许多研究者（何廷树等，2003）研究了膨胀剂掺量、养护方法等因素对于膨胀剂在混凝土中的作用效果的影响。研究结果表明：不但膨胀剂种类及掺量、混凝土的原材料及配合比等因素影响膨胀剂的作用效果，而且养护制度、约束条件也是显著影响膨胀剂的作用效果的重要因素。不同的混凝土工程，膨胀剂的掺量及使用条件应有所不同，使用膨胀剂应慎重，否则，不但起不到补偿收缩的作用，而且还有可能引起混凝土强度降低等负面效应。研究表明，膨胀剂掺量（内掺法）对混凝土工作性能几乎没有影响。在标养、无约束条件下，初始时随着膨胀剂掺量增大，自密实混凝土的抗压强度、抗折强度及弹性模量增大，但当掺量超过9%以后，强度及弹性模量均降低。

近年来还出现了低热微膨胀混凝土（李振富和吕秀红，1999），和一般混凝土相比，这种混凝土的自生体积变形是膨胀，即由于早期的水化作用而产生膨胀变形。如果自生体积膨胀变形不受任何约束，则混凝土内部不会出现由膨胀而产生的任何应力。但是，如果膨胀受到某种约束，则混凝土的一部分膨胀能就会转化为变形能以预压应力的形式储存起来。这些预压应力能够补偿混凝土收缩而产生的拉应力，从而达到消除或者减少裂缝的目的。

郭景强等（2002）经试验研究得出，聚丙烯纤维能抑制混凝土塑性裂纹的产生，同时改善混凝土的匀质性，抑制混凝土内部由于失水、水化热、泌水、收缩、温差自干燥引起的微裂隙生成，再通过低碱膨胀剂产生适当的预应力，抑制混凝土硬化后产生裂纹，二者复合作用可有效抑制混凝土裂缝的产生。

王守宪等（2001）研究出用于配制C30～C70自密实混凝土的专用外加剂ZNC，它是由活性矿物质、膨胀、减水、增黏、保塑、调凝等多种成分组成的，ZNC 剂配制的混凝土具有超流化、高黏聚性、长时间保持良好的工作性能、微膨胀功能、良好的力学性能和较高的耐久性能特点，并在聊城发电厂冷水塔人字柱加固工程和聊城污水处理厂沉淀池工程中得到成功运用。ZNC 混凝土水中养护 14d，其限制膨胀率达到 3.21×10^{-4}，水养护 14d 后放置空气养护 28d，混凝土仍有 1.96×10^{-4} 的限制膨胀率，这说明混凝土内仍未出现拉应力，表明 ZNC 混凝土具有良好的补偿收缩性能。

蒋家奋（2003）在长期的实践中认识到，免振自密实混凝土的收缩和徐变值与普通混凝土基本相等或略低。无论免振自密实混凝土的收缩与普通混凝土收缩程度基本相等还是略低，浇筑过程中不可避免地都会产生收缩裂缝。特别是像井壁这样的大体积混凝土，由于井壁下一段高与上一段高之间的黏结类似于建筑上的下补混凝土梁，下一段高混凝土产生收缩和下沉裂缝是很难避免的。因此，有必要研究收缩性能小的或微膨胀的混凝土的力学及施工性能。

目前，膨胀混凝土多用于城建和市政工程，我国今后的开发方向还将集中于水利、电力、煤炭、铁道、化工、海工、核能等系统的钢筋混凝土工程，其量大面宽，将使膨胀水泥、膨胀剂产量成倍增加。从密实型、体积稳定性以及减免裂缝功能看，对高性能混凝土都将是有益的。

井壁混凝土工程量大，浇灌作业耗时、费力，能耗高，而且混合作业模板高、作业空间小、光线不足等，使捣实作业相当困难，很难做到适当振捣，常常由于振捣不足或过量而降低井壁的密实度，导致其强度和耐久性下降，含水层出现渗漏。此外，机械振捣的噪声更恶化了井下的作业环境。若采用微膨胀混凝土，在混凝土内部产生一定的压应力，这不仅使混凝土的密实度大大提高，利于保证质量，还可从一定程度上解决其硬化后易收缩、开裂的问题。因而，井壁施工时采用微膨胀混凝土不仅是必要的，而且是可行的。

本书拟针对微膨胀混凝土水灰比低的特点，合理选择高效减水剂、矿物掺和料、膨胀剂等原材料，优化配比，配制出坍落度经时损失小，且微膨胀的高性能混凝土。

1.3　混凝土接茬界面结合问题研究综述

1.3.1　新老混凝土界面结合问题研究现状

为了解决单层冻结井壁的漏水问题，除了要解决井壁段范围内混凝土由于干缩变形、自生体积变形和温度变形等产生的裂缝外，还要解决的关键问题就是井壁混凝土段高与段高之间的混凝土接茬问题（李平先，2004）。这是因为井壁接茬是井壁最薄弱的环节，如果此处新老混凝土结合不好，就会引起井壁渗漏水，甚至引起重大的淹井事故。而井壁接茬问题的实质就是段高与段高之间“新”“老”混凝土的黏结问题。

新老混凝土黏结涉及很多方面的问题，目前国内外对常温下新老混凝土的黏结性能（石晶等，2000；李平先，2004；能光晶等，2004；刘健和赵国藩，2001；程红强等，2003；韩菊红等，2003；赵志方等，2000，2001，1999a，b；刘健，2004，Climaco and

Regan，2001；Chen and Fu，1995）和机理（田稳苓和赵国藩，1998；田稳苓等，1998；谢慧才等，2003a）以及工程应用技术已进行了一系列研究，并对高温下的黏结性能进行了有益的探索（刘健，2001；郭进军等，2004；郭进军和张雷顺，2004a，2004b），在新老混凝土黏结面宏观力学性能和微观分子结构（罗白云等，2004；熊光晶等，2002；姜浩，2001；谢慧才等，2003b）等方面取得了一定的研究成果。研究表明，新老混凝土的黏结性能与新老混凝土本体的强度、黏结界面的处理方法、黏结面的粗糙度、界面剂的类型、黏结界面的方位及环境条件等因素有关。一般情况下，黏结面的强度低于新老混凝土本体相应的强度。

虽然目前国内外对新老混凝土的黏结性能已做了大量的试验研究和理论分析，但除少部分是集中在高温条件下外，绝大多数研究都集中在常温条件下，而对黏结面和新浇混凝土在低温甚至负温环境养护下的力学性能研究则没有涉及。另外，在新老混凝土之间加入钢板或其他刚度比混凝土大的介质，是否会提高混凝土整体结构的力学性能（即混凝土与钢板的黏结性能是否会优于新老混凝土的黏结）方面的研究也未见报道。实际建井工程中，因缺乏对新老混凝土黏结面力学性能及渗透性的系统研究，导致新老混凝土黏结失效，漏水甚至淹井的事故时有发生，因此，开展新老混凝土黏结的力学性能和渗透性能研究具有重要的实际工程意义和理论研究价值。

1.3.2 新老混凝土界面裂缝渗水的原因

龚洛书和柳春圃（1990）认为，在实际工程中，在新老混凝土的黏结面处不可避免地会出现裂缝或新混凝土开裂的情况。这是因为新混凝土要收缩，而老混凝土已经趋于稳定，从而约束阻止新混凝土收缩，使新混凝土中出现拉应力，当拉应力大于新混凝土自身的抗拉强度或新老混凝土的黏结强度时，就不可避免会有裂缝产生。当裂缝出现后，一些有害物质会侵入结构内部，进而发生一定的物理反应和化学反应，从而造成结构性能的下降。

谢慧才和申豫斌（2003）、高作平等（1998）、王付江（2003）、李庚英和谢慧才（2002）也认为，新老混凝土界面出现裂缝的一个重要原因就是，新老混凝土之间存在着较大的收缩差，即旧混凝土的收缩已大体完成，而新混凝土的收缩则刚开始，因此新混凝土的收缩必将在结合面上造成剪切或拉伸，从而出现由于垂直于界面的拉应力过大产生的界面张开破坏和平行于界面的剪应力过大产生的沿界面滑动剪切破坏，或者由于上述两因素都有的破坏形式。

而王付江（2003）则认为，在实际的新老混凝土黏结工程中，由于老混凝土中的水泥水化过程一般已基本完成，新老混凝土之间的黏结主要依靠范德华力与机械咬合力（由新老混凝土晶体互相交错抱合而成）维系，而这种黏结的连接作用较弱，在荷载作用下，在新老混凝土结合缝周边产生高度的应力集中从而引起开裂。另外，他还认为，混凝土的硬化通常伴有体积收缩的产生，由于老混凝土的约束作用，新混凝土中会形成拉应力，黏结界面的边界附近会产生剪应力和拉应力，黏结层内会出现收缩微裂缝，这降低了新老混凝土的黏结强度，造成黏结区破坏。

熊光晶等（2004）认为，新老混凝土之间出现裂缝是分子间引力降低的缘故，原因是老混凝土对水的吸附性大于界面剂中水的内聚力，老混凝土表面会吸附一层水膜，使界面剂在老混凝土界面层处的局部水灰比高于设计值，形成由许多钙矾石和氢氧化钙大晶体组成的疏松多孔的薄弱过渡区。

刘运明等（2000）在对钢筋混凝土梁、板等构件下部进行修补研究时得出，由于新混凝土中的泌水和气泡在上移过程中被老混凝土阻隔而积聚在老混凝土下表面，不仅使界面附近新混凝土的局部水灰比远高于设计值，而且使得气孔和微裂在该区富集，形成大量缺陷，很容易导致黏结劣化。例如，瑞士一座桥的桥面板按当时通用维修方法进行喷射混凝土下补后仅两年，新老混凝土界面脱开就达30%～35%。

高剑平和潘景龙（2000）认为：①新旧混凝土接触界面存在一个类似于整浇混凝土中骨料与水泥石之间的界面过渡区，而这个界面过渡区本来就是一个薄弱环节。由于旧混凝土的亲水性，修补时会在旧混凝土表面形成水膜，使结合面处新混凝土的局部水灰比高于体系中的水灰比，导致界面钙矾石和氢氧化钙晶体数量增多、形态变大，形成择优取向，降低了界面强度；且由于旧混凝土的阻碍，新混凝土中的泌水和气泡积聚在旧混凝土表面，不仅使新混凝土局部水灰比更高，而且使气孔和微裂缝在该区富集，显著降低了界面强度，这是物质结构化学方面的原因，是影响新、旧混凝土结合本质的内因。②界面处露出的石子、水泥石和新混凝土的界面接触与整浇混凝土中骨料与水泥浆的界面接触有差别。水泥浆本身具有一定的黏结性，它主要用于包裹混凝土中的骨料，使之硬化成坚硬的水泥石。在新混凝土中的骨料经过充分搅拌、振捣后被水泥浆包裹，而新旧混凝土界面处新混凝土中的骨料经过振捣可能挤压在界面处，使骨料与界面突出的石子、水泥石形成“点接触”，骨料堆积在旧混凝土表面，阻塞了一部分旧混凝土表面的孔隙和凹凸不平部分，使具有黏结性的水泥浆不能完全渗入孔隙中去，形成“缺浆”现象，界面处水泥浆不能充分浸润骨料和水泥石，而新混凝土失去一部分水泥浆，这样使得黏结界面处的新混凝土中出现空隙，影响了新、旧混凝土的黏结强度。以上几个因素的综合作用，最终导致了新、旧混凝土界面要先破坏并发生渗漏水。

本书认为，井壁段高与段高之间的接茬之所以出现渗漏水，是上述多个因素共同作用造成的，且与钢筋混凝土梁、板等构件下部进行修补的情况非常类似，新混凝土中的泌水和气泡在上移过程中被老混凝土阻隔而积聚在老混凝土下表面，不仅使界面附近新混凝土的局部水灰比远高于设计值，而且使得气孔和微裂在该区富集，形成大量缺陷，这是引起井壁接茬渗漏水的主要原因，因此，提高新老混凝土界面黏结性能，从而提高井壁接茬的力学和渗透性能是本书研究的重点之一。

1.3.3　提高新老混凝土界面黏结性能的方法综述

在修补加固工程或井壁接茬施工结束后，要使新老混凝土真正成为一个整体来共同工作，则新老混凝土界面的良好黏结就成为关键。有很多修补加固的结构或井壁在工作一段时间后，黏结面就出现裂缝，新混凝土也出现剥落和裂缝现象，这使整体结构的使用功能和安全性再次受损，没有能够很好地达到最终目的。

影响新老混凝土黏结性能的因素很多，归结起来有以下几个主要因素：①结合面的处理方法；②修补材料的选择和使用；③黏结剂的选择和使用；④老混凝土基层的质量；⑤新补混凝土的养护条件；⑥修补结构所处的使用环境。

以上这些因素在不同程度上对黏结性能造成相应的影响，但影响程度究竟如何、深层次的黏结机理是怎样的、黏结面在外部作用力下的性能表现等，都需要给予充分研究，才能从根本上解决由新老混凝土黏结所引发的一系列问题，从而得到好的黏结质量，确保修补加固结构或井壁的整体工作性能。

韩菊红（2002）经试验研究得出，新老混凝土界面黏结效果的优劣受许多因素影响，根据试验结果，老混凝土界面粗糙度、界面剂种类、新混凝土强度、补强加固界面方位、黏结龄期等是主要影响因素。研究还得出，经过表面处理的老混凝土界面，其黏结效果优于未处理前的老混凝土界面，提高幅度可达77%～107%。老混凝土界面粗糙度越大，新老混凝土的黏结性能越好。但没有必要把老混凝土界面处理得特别粗糙。在经过粗糙度处理后的老混凝土界面涂刷界面黏结剂可提高新老混凝土黏结性能，提高的幅度随界面剂种类的不同而不同，通常提高幅度可达8%～60%。

Waters（1954）在20世纪50年代对新老混凝土黏结拉伸强度的研究中，对16种不同的黏结面的处理情况得出了黏结拉伸强度为母体抗拉强度的41%～86%结论。

刘小明等（2003）认为，提高新老混凝土界面黏结性能应首先从物质结构层次方面入手，使新旧混凝土接触的界面区结构得到加强，即首先研发使用性能优异的界面剂（如低水灰比的水泥净浆、某些复合材料）或特种混凝土（如加入硅粉的混凝土）；其次新旧混凝土结合面在不损伤骨料与旧混凝土黏结的前提下要经过适当的粗糙处理，一是除去油污、灰尘等杂物，二是增大结合面面积，增大机械咬合作用；最后是加强施工质量，这一点不容忽视，结合面处的混凝土要加强振捣，使其密实，减少孔隙，避免泌水和气泡的不利影响，同时避免大骨料堆积在旧混凝土表面形成“点接触”，也能使水泥浆更好地渗透到旧混凝土中。

高剑平和潘景龙（2000）也认为，对于解决新旧混凝土黏结问题的根本是需要从混凝土材料微观结构的角度阐明其黏结机理，建立微结构的分析和宏观力学性能之间的联系，这将有助于人们从本质上认识新旧混凝土黏结问题，从而找到解决问题的途径。

根据掌握的资料和以前研究的成果（姜浩，2001），中外研究者已探讨了老混凝土表面处理方法（包括凿毛、高压水喷和喷砂）、界面剂（包括水泥净浆、膨浆、水泥砂浆聚合物改性水泥浆和环氧乳液）和修补材料（包括普通混凝土、膨浆混凝土、纤维混凝土和聚合物改性混凝土）对新老混凝土界面的劈拉强度、斜界面压剪强度、剪切强度和弯拉强度的影响。

老混凝土表面处理（竺亮，2001；李冰，2004）是混凝土修补的第一步，也是关键的一步，表面处理的粗糙度是影响黏结性能的主要因素之一。表面处理是指清除掉老混凝土结合面上所有损坏的、松动的和附着的骨料、砂浆及杂质杂物，并使坚固的部分骨料露出表面，构成粗糙面以提高黏结性。目前，已经有多种处理方法：①人工凿毛法；②高压水射流法；③机械刻痕法；④切槽法；⑤喷丸（砂）法；⑥喷蒸汽法；⑦真空喷砂法；⑧喷烧法；⑨气锤凿毛法；⑩酸侵蚀法。

人工凿毛法是实际工程中常用的一种界面粗糙度处理方法，是用铁锤和凿子借人力对老混凝土黏结界面敲打，使其表面形成随机的凸凹不平状，增加黏结界面的粗糙程度。该方法的优点是施工技术简单，不需要大型的机械设备，工程造价低，但缺点是不便于大面积机械化施工，且易在老混凝土界面产生扰动并出现附加的微裂缝。特别是在井壁施工这样的特殊条件下，该方法耗时、费力，而且如果井壁混凝土强度等级较大时，该方法效果不明显。

高压水射流法是用高压水枪对老混凝土的黏结界面进行冲毛、粗糙处理。一般高压水枪的压力为100～250MPa，控制其喷水速度、喷射距离和喷射速度，借助巨大的水冲射力除去老混凝土界面的水泥石，使其界面表层的粗糙集料外露，从而形成凹凸不平的黏结界面。该方法有许多优点：工作速度快、没有振动、噪声低、灰尘少、机械化程度高、处理面凹凸均匀性好，此外，使用该法处理老混凝土表面，不扰动周围保留的混凝土，不会使周围混凝土产生微裂缝，同时混凝土表面被清洁干净、湿润，这是获得良好黏结的最有利条件，最重要的是高压水射法适用面广，在有钢筋的情况下，不仅不会损伤钢筋，更能为钢筋除锈。但是该方法的最大缺点是所用设备昂贵、工程费用高。另外，在井壁施工的特殊条件下，人员较多、施工空间小，安全问题难以保证，再者，井下施工环境较差，使用该方法处理势必产生大量的废水，废水排放问题很难解决，会进一步恶化井下的施工环境。目前该方法已在欧洲和日本得到广泛的研究和应用，但在我国还没有大面积推广使用。

机械刻痕法是用专门的刻痕机对老混凝土黏结表面进行刻痕处理，可连续在老混凝土表面刻出一定深度、宽度、间距的刻痕。该方法常用于对硬化的水泥混凝土路面的防滑处理，在新老混凝土黏结界面的粗糙处理中比较少用。

切槽法是用人工或机械在需要处理的老混凝土表面按一定的深度进行间隔切槽，从而提高黏结面的粗糙度。该方法的最大优点是便于控制施工质量，使黏结面上的粗糙度均匀性好。在单层井壁施工中如采用该方法，由于井壁的特殊施工工艺（类似于混凝土梁的下补法），当下一段高混凝土浇筑到两段高接茬位置时，由于切槽内的空气无法排出，因此，新混凝土也无法进入切槽，从而在接茬处形成弱面，可能成为导水通道。

喷丸（砂）法是对新老混凝土的黏结界面采用喷射机喷射不同直径的钢球（直径为1.2mm、1.4mm、1.7mm、2mm）或不同直径的小碎石（粒径为1mm、1.2mm、1.4mm、1.7mm），通过控制其喷射速度和喷射密度，可以得到以平均深度定量描述的新老混凝土黏结面的粗糙度。该方法便于控制最为满意的表面处理度效果，且污染和噪声也相对较小，但无论是在地面结构还是井下结构中采用时，该方法的安全性都无法保证。

利用以上方法可以清除老混凝土表面的污痕、油迹、残渣以及其他附着物，改善新老混凝土之间的黏结性能。界面处理完后要在老混凝土界面上抹一层界面剂，再浇上新混凝土。目前常用的界面剂有水泥净浆、水泥砂浆、水泥膨浆等水泥浆类及聚合物无机胶类界面剂，界面剂的厚度不超过3mm，以0.5～1.5mm为宜。除了涂刷界面黏结剂来提高新老混凝土黏结性能外，还有在新老混凝土界面加设机械栓或界面插筋来增加黏结效果的。另外，在新浇混凝土中加入碳纤维、钢纤维、尼龙纤维和聚合物，或采用预铺骨料混凝土等，均可不同程度地减少新混凝土的收缩，提高新老混凝土的黏结性。

岳小卫和温立成（2003）认为进行接茬处理时，主要靠机械和人工凿毛，这种方法劳动强度大、效率低、质量不易保证，因此，在施工中对新老混凝土的接茬处理进行了试验研究，将木钙作为缓凝剂涂在模板上，拆模后用压力水冲刷，将混凝土表面水泥浆冲掉，然后浇筑混凝土，这样有利于新老混凝土的黏结，不仅使接茬混凝土质量得到保证，而且有利于减轻劳动强度，提高工作效率，这在施工现场应用中收到了良好效果。但是该方法也会产生废水，恶化施工环境，而且缓凝剂的量不好控制。

以上文献研究的新老混凝土结合大都是上补法，即新混凝土在上，老混凝土在下。而在单层井壁的浇筑过程中，凿井工艺本身决定了新老混凝土的位置恰好和大部分文献研究的情况相反，即类似于混凝土梁的下补法，且温度、养护环境等不同，井壁接茬成为井壁最薄弱的环节。而采用本书提出的专利技术“一种带接茬板的单层冻结井壁”，将新老混凝土的黏结转变为混凝土与钢板的黏结，且钢板是预制的，其表面粗糙度可以随意调整，而且井壁采用的膨胀混凝土势必会在井壁内产生一定的压应力，这会在很大程度上提高井壁和钢板的黏结性能，黏结性能提高了，抗渗性能势必也会提高。

在建筑和水工研究中，新老混凝土的黏结性能研究大都是在不受正压力或剪切力的情况下进行的，而在本书提出的单层井壁中采用膨胀混凝土，会在井壁内部产生一定的预压应力，井壁混凝土和钢板之间就会受到正压力的作用，而在正压力作用下新老混凝土以及钢板与混凝土的黏结性能特别是抗渗透性能研究很少，因此，有必要进行这方面的试验研究。井壁段高与段高之间的接茬问题，要解决的不仅仅是新老混凝土的黏结性能问题，防渗漏水问题才是最重要的，因此，本书采用专利技术“一种带接茬板的单层冻结井壁”，将新老混凝土的黏结转变为混凝土与钢板的黏结，既解决了新老混凝土的黏结性能问题又解决了井壁接茬的抗渗问题。

1.3.4 新老混凝土黏结性能测试方法综述

国内外对新老混凝土黏结的力学性能研究主要集中在以下几个方面：用立方体试件进行黏结劈裂抗拉强度试验（赵志方等，1999b；刘健，2001；郭进军等，2003）和直接抗拉强度试验（Hindo，1990；Austin et al.，1995；Robins，1995），新老混凝土黏结面的剪切强度试验，包括Z形试件的单剪（王少波等，2001；郭进军等，2002），拉剪、压剪、拉压剪和压压剪试验等（刘健，2000，赵志方等，1999a；袁群和刘健，2001；赵志方等，2002），斜剪试验（Climaco and Regan，2001），小（山）型试件的双面剪切试验（余琼等，2000）等；新老混凝土黏结的抗折（弯）强度试验（赵志方等，2000）；新老混凝土黏结的拉拔强度试验（刘金伟和谢慧才，2001）；新老混凝土黏结的双轴拉压强度研究（Voyiadjis and Abulebden，1992）。新老混凝土黏结断裂性能研究（韩菊红，2002）；高温下新老混凝土的黏结性能研究（余琼等，2000），用超声波无损检测方法检测评估黏结质量（刘金伟，2002）；以及数值计算方法的研究等。

以上文献所述没有涉及新老混凝土黏结面的渗透性试验，也没有检索有关钢板与新混凝土结合面渗透性试验的文献，而研究井壁混凝土接茬新老混凝土的黏结性能，其目的在于检验井壁接茬的防水效果。因此，钢板与新混凝土结合面的抗渗性能也是本书研究的主要内容之一。

第2章 新型单层冻结井壁温度场研究

2.1 概述

为保证单层井壁的密封性，确保现浇混凝土井壁不产生温度裂纹是技术关键之一。相同时间内混凝土表面与内部温差过大、不同时间内混凝土的温度变化过大都有可能引起温度裂纹。

日本建筑学会标准（JASS5）定义“结构断面最小尺寸在0.8m以上，水化热引起的混凝土内部最高温度与外界气温之差，预计超过25℃的混凝土为大体积混凝土”（叶琳昌和沈义，1987）。我国《混凝土结构工程施工质量验收规范》（GB 50204—2002）规定：大体积混凝土表面和内部温差应控制在设计要求的范围内，当设计无具体要求时，温差不宜超过25℃。

初步估算表明：在深厚冲积层中，现浇单层冻结井壁的厚度一般超过0.8m，甚至超过1.2m。施工中，混凝土一次浇筑高度（即掘砌段高）普遍在2～4m。冻结井筒内混凝土的浇筑和养护条件恶劣，为了了解混凝土的养护条件、计算温度应力和变形及确保混凝土内部不产生温度裂纹，必须研究新型单层冻结井壁温度场。

开展井壁温度场研究，无论是对于井壁的设计与施工，还是对于冻结壁的安全与稳定性分析，都具有重要的指导意义。

2.2 温度场方程

浇筑混凝土后，随着混凝土水化热的释放，养护初期井壁温度迅速升高，这导致壁后冻土的局部升温或融化。当混凝土水化反应变弱后，壁后冻土会降温和回冻，井壁的温度也会下降。因此，在井筒施工期间，现浇单层冻结井壁温度场属于有内热源、移动边界的不稳定导热问题。假定井壁的开挖半径为 r_w，井壁内半径为 r_o，泡沫板厚度为 δ，则采用圆柱坐标系表示的非稳态导热微分方程如下：

$$\frac{\partial t_h}{\partial \tau}=a_h\left(\frac{\partial^2 t_h}{\partial r^2}+\frac{1}{r}\frac{\partial t_h}{\partial r}+\frac{\partial^2 t_h}{\partial z^2}\right)+\frac{\dot{Q}_v}{\rho_h c_h}\qquad(\tau>0,\ r_o\leqslant r\leqslant r_w-\delta)\tag{2.1}$$

式中，ρ_h 为混凝土的密度（kg/m^3）；c_h 为混凝土的质量比热［J/(kg·℃］；a_h 为混凝土的导温系数（m^2/s）；τ 为时间（s）；t_h 为混凝土井壁内的温度（℃）；$\dot{Q}_v$ 为单位体积混凝土的生热率［$J/(m^3\cdot s)$］；δ 为泡沫板厚度（m）。

初始条件为混凝土浇筑时的温度，即混凝土入模温度。

$$t(r,\ 0)=t_{h0}\qquad(r_o\leqslant r\leqslant r_w-\delta)\tag{2.2}$$

式中，t_{h0}为混凝土入模温度（℃）。

在井壁与泡沫板交界面上有

$$t_p(r_w-\delta,\ \tau)=t_h(r_w-\delta,\ \tau) \tag{2.3}$$

$$\lambda_p\frac{\partial t_p(r_w-\delta,\ \tau)}{\partial r}=\lambda_h\frac{\partial t_h(r_w-\delta,\ \tau)}{\partial r} \tag{2.4}$$

在井壁内表面（对流换热边界）上有

$$\lambda_h\frac{\partial t_h(r_o,\ \tau)}{\partial r}=\beta[t_h(r_o,\ \tau)-t_a(\tau)](\tau\geqslant 0) \tag{2.5}$$

式中，t_p为泡沫塑料板内的温度（℃）；λ_h为混凝土导热系数［W/(m · ℃)］；λ_p为泡沫板的导热系数［W/(m · ℃)］；t_a（τ）为τ时刻井帮内侧面附近的空气温度（℃）；β为井壁与井内空气之间的对流换热系数［W/(m^2 · ℃)］。

鉴于问题的复杂性，求该问题的解析解是极为困难甚至是不可能的，因此本书采用物理模拟试验和数值计算方法来研究井壁温度场变化规律。

2.3　物理模拟研究

2.3.1　相似准则的导出

与井壁内温度场有关的参数见式（2.6）。

$$f(H,\ r_1,\ r_2,\ \delta_d,\ \delta_p,\ t-t_h,\ t_{dc}-t_{jb},\ t_d-t_{jb},\ t_k-t_{jb},\ t_h-t_{jb},\ \lambda_d,\ \lambda_{wd},\ \lambda_p,\ \lambda_h,\ \lambda_k,\ \rho_d,\ \rho_{wd},\ \rho_p,\ \rho_h,\ \rho_k,\ C_d,\ C_{wd},\ C_p,\ C_h,\ C_k,\ q_h,\ \beta,\ v_k,\ \mu,\ \tau,\ g,\ \psi)=0 \tag{2.6}$$

式中，H为井壁段高（m）；r_1、r_2为井壁内、外半径（m）；δ_d为冻结壁厚度（m）；δ_p为泡沫板厚度（m）；t_{dc}为地层的原始温度（℃）；t_{jb}为岩土的结冰温度（℃）；t_d为浇筑井壁时井帮温度（℃）；t_h为混凝土入模温度（℃）；t为混凝土浇筑后任一时刻的温度（℃）；t_k为井筒内的空气温度（℃）；λ_d为冻土的导热系数［W/(m · ℃)］；λ_{wd}为融土的导热系数［W/(m · ℃)］；λ_p为泡沫塑料板的导热系数［W/(m · ℃)］；λ_h为混凝土的导热系数［W/(m · ℃)］；λ_k为井内空气的导热系数［W/(m · ℃)］；C_d为冻土的质量比热［J/(kg · ℃)］；C_{wd}为融土的质量比热［J/(kg · ℃)］；C_p为泡沫塑料板的质量比热［J/(kg · ℃)］；C_h为混凝土的质量比热［J/(kg · ℃)］；C_k为井内空气的质量比热［J/(kg · ℃)］；ρ_d为冻土的密度（kg/m^3）；ρ_{wd}为融土的密度（kg/m^3）；ρ_p为泡沫塑料板的密度（kg/m^3）；ρ_h为混凝土的密度（kg/m^3）；ρ_k为井内空气的密度（kg/m^3）；q_h为单位体积混凝土的生热率［J/(m^3 · s)］；ψ为岩土的结冰潜热（J/m^3）；β为井壁与井内空气之间的对流换热系数［W/(m^2 · ℃)］；v_k为井筒内空气流动速度（m/s）；μ为井筒内空气黏度［kg/(s · m)］；τ为时间（s）；g为重力加速度（m/s^2）。

共有 32 个参数，有 4 个基本量纲，则用因次分析法可导出如下 28 个相似准则公式。

几何准则：$l_1=\frac{r_2-r_1}{\delta_p}$；$l_2=\frac{r_2-r_1}{H}$；$l_3=\frac{r_2-r_1}{\delta_d}$；$l_4=\frac{r_2-r_1}{r_1}$

温度准则：$T_1=\frac{t_d-t_{jb}}{t_{dc}-t_{jb}}$；$T_2=\frac{t-t_h}{t_{dc}-t_{jb}}$；$T_3=\frac{t_k-t_{jb}}{t_{dc}-t_{jb}}$；$T_4=\frac{t_h-t_{jb}}{t_{dc}-t_{jb}}$

其他准则：$x_1=\frac{C_p}{C_{wd}}$；$x_2=\frac{C_k}{C_{wd}}$；$x_3=\frac{C_d}{C_{wd}}$；$x_4=\frac{C_h}{C_{wd}}$

$p_1=\frac{\rho_p}{\rho_{wd}}$；$p_2=\frac{\rho_p}{\rho_{wd}}$；$p_3=\frac{\rho_d}{\rho_{wd}}$；$p_4=\frac{\rho_h}{\rho_{wd}}$

$\pi_1=\frac{\lambda_p}{\lambda_{wd}}$；$\pi_2=\frac{\lambda_k}{\lambda_{wd}}$；$\pi_3=\frac{\lambda_d}{\lambda_{wd}}$；$\pi_4=\frac{\lambda_h}{\lambda_{wd}}$

傅里叶准则：$F_0=\frac{\lambda_h\tau}{\rho_h C_h(r_2-r_1)^2}$

柯索维奇准则：$K=\frac{\Psi}{C_d\rho_d(t_{dc}-t_{jb})}$

努西尔特准则：$Nu=\frac{\beta H}{\lambda_k}$

雷诺准则：$Re=\frac{\rho_k v_k r_1}{\mu}$

普朗特准则：$Pr=\frac{c_k\mu}{\lambda_k}$

格拉晓夫准则：$Gr=\frac{g r_1\rho_k^2}{\mu^2}$

傅鲁德准则：$Fr=\frac{v_k^2}{g r_1}$

生热率准则：$Q=\frac{q_h\tau}{\rho_h C_h(t-t_h)}$

由此可得到温度场的无量纲准则方程：

$$F(l_1,\ l_2,\ l_3,\ l_4,\ T_1,\ T_2,\ T_3,\ T_4,\ x_1,\ x_2,\ x_3,\ x_4,\ p_1,\ p_2,\ p_3,\ p_4,\ \pi_1,\ \pi_2,\ \pi_3,\ \pi_4,\ F_0,\ K,\ Nu,\ Re,\ Pr,\ Gr,\ Fr,\ Q)=0 \tag{2.7}$$

2.3.2　原型参数

物理模拟原型假设单层井壁内半径 R_1 为 3.5m，井帮到内圈冻结管的距离为 2m，井壁厚度（R_2-R_1）分别为 1.2m 和 1.6m，段高 H 取 3mm。试验中混凝土强度取 C80。原型参数见表 2.1。

表 2.1　原型参数表　　单位：mm

井壁内半径	井壁厚度	井壁段高	泡沫板厚度
3500	1200	3000	75
3500	1600	3000	75

2.3.3 模化设计

2.3.3.1 几何缩比的确定

本试验拟在中国矿业大学地下工程实验室的试验台上进行，根据试验台的结构特征，兼顾模型规模、试验精度要求，且由于水化热释放属于化学反应过程，难以采用相似材料替代，因此，确定采用原型材料，则 $C_c = 1$，$C_\rho = 1$，$C_\lambda = 1$，$C_\psi = 1$，现取几何缩比 $C_r = 1$，由准则 $l_1 \sim l_4$ 可得

$$C_r = \frac{(r_2 - r_1)'}{r_2 - r_1} = \frac{\delta'_{\mathrm{p}}}{\delta_{\mathrm{p}}} = \frac{H'}{H} = \frac{\delta'_{\mathrm{d}}}{\delta_{\mathrm{d}}} = \frac{r'_1}{r_1} = 1$$

由此，模型井壁内半径、厚度和段高都与原型井壁相同，泡沫板和冻结壁厚度也都与原型相同。

2.3.3.2 模型参数设计

采用原型材料，则 $C_c = 1$，$C_\rho = 1$，$C_\lambda = 1$，由准则 $x_1 \sim x_4$、$p_1 \sim p_4$ 和 $\pi_1 \sim \pi_4$ 可得

$$C_c = \frac{C'_{\mathrm{p}}}{C_{\mathrm{p}}} = \frac{C'_{\mathrm{wd}}}{C_{\mathrm{wd}}} = \frac{C'_{\mathrm{k}}}{C_{\mathrm{k}}} = \frac{C'_{\mathrm{d}}}{C_{\mathrm{d}}} = \frac{C'_{\mathrm{h}}}{C_{\mathrm{h}}} = 1$$

$$C_\rho = \frac{\rho'_{\mathrm{p}}}{\rho_{\mathrm{p}}} = \frac{\rho'_{\mathrm{wd}}}{\rho_{\mathrm{wd}}} = \frac{\rho'_{\mathrm{k}}}{\rho_{\mathrm{k}}} = \frac{\rho'_{\mathrm{d}}}{\rho_{\mathrm{d}}} = \frac{\rho'_{\mathrm{h}}}{\rho_{\mathrm{h}}} = 1$$

$$C_\lambda = \frac{\lambda'_{\mathrm{p}}}{\lambda_{\mathrm{p}}} = \frac{\lambda'_{\mathrm{wd}}}{\lambda_{\mathrm{wd}}} = \frac{\lambda'_{\mathrm{k}}}{\lambda_{\mathrm{k}}} = \frac{\lambda'_{\mathrm{d}}}{\lambda_{\mathrm{d}}} = \frac{\lambda'_{\mathrm{h}}}{\lambda_{\mathrm{h}}} = 1$$

准则 F_0 自动满足。

由 $C_\psi=1$，结合准则 K 可得

$$C_K = \frac{C_\psi}{C'_\psi} = \frac{C'_{\mathrm{d}}\rho'_{\mathrm{d}}(t_{\mathrm{dc}} - t_{\mathrm{jb}})'}{C_{\mathrm{d}}\rho_{\mathrm{d}}(t_{\mathrm{dc}} - t_{\mathrm{jb}})} = \frac{(t_{\mathrm{dc}} - t_{\mathrm{jb}})'}{(t_{\mathrm{dc}} - t_{\mathrm{jb}})} = 1$$

再根据准则 $T_1 \sim T_4$ 可得

$$C_T = \frac{(t_{\mathrm{dc}} - t_{\mathrm{jb}})'}{(t_{\mathrm{dc}} - t_{\mathrm{jb}})} = \frac{(t_{\mathrm{d}} - t_{\mathrm{jb}})'}{(t_{\mathrm{d}} - t_{\mathrm{jb}})} = \frac{(t - t_{\mathrm{h}})'}{(t - t_{\mathrm{h}})} = \frac{(t_{\mathrm{k}} - t_{\mathrm{jb}})'}{(t_{\mathrm{k}} - t_{\mathrm{jb}})} = 1$$

由此，模拟试验中测得的原始地层温度与结冰温度差、井壁浇筑时的井帮温度与地层温度差、空气和与地层温度差就是原型中的实际温度差。

井内空气就采用相同温度下的空气近似模拟，则 $\frac{\beta'}{\beta} = 1$，$\frac{\mu'}{\mu} = 1$，由此，准则 Nu，Re，Pr，Gr，Fr 即自动满足。由于采用原型材料，则 $\frac{q'_{\mathrm{h}}}{q_{\mathrm{h}}} = 1$，由此，准则 Q 即自动满足。

2.3.4 试验模型

水化热释放属于化学反应过程，难以采用相似材料替代，因此，可以采用原型材料，

根据试验台的结构特征，兼顾模型规模、试验精度等，决定沿井壁环向取一定弧度的井壁，开展几何缩比为 1∶1 的物理模拟试验。截取的试验模型如图 2. 1 所示。

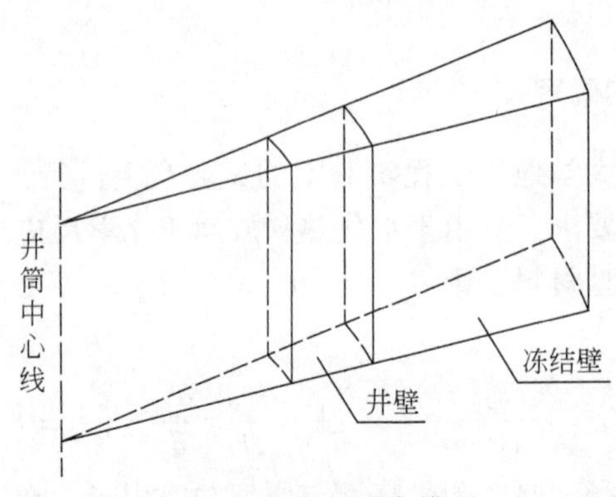

图 2. 1　温度场研究模型

显然，模型的各边界必须满足以下条件：①模型的顶、底面必须绝热；②过井筒中心线的两径向竖直剖面必须绝热；③与井筒径向垂直的外边界面，相当于内圈冻结管所在的轴面，属于恒温边界，温度等于实际冻结温度场中内圈管圈径上的轴面平均温度；④与井筒径向垂直的内边界面，相当于井壁内表面，属于对流边界，边界面处的空气温度与流速应与井筒实际工作环境相同。

所建立模型的几何尺寸。①竖向高度：450mm（由于井壁温度场沿轴向导热相对很小，模拟段高缩小为 450mm 对温度场影响很小）；②周（切）向宽度：600mm（考虑到弧度很小，以平面代替曲面）；③径向厚度：等于井壁厚度 1200mm 或者 1600mm；井帮到内圈冻结管的距离为 2000mm。泡沫板厚为 75mm，试验前将泡沫板预压至 5mm 左右厚，铺设在井帮上，模拟“冻结壁变形大、来压快、泡沫板快速压扁”的状况。

根据模型尺寸及试验中制冷、保温要求，设计加工相应的模型试验设备。

2. 3. 5　试验系统

模型试验系统主要由模型试验箱、冻结制冷系统和量测系统组成。

2. 3. 5. 1　模型试验箱

模型试验箱包括冻土模型箱（图 2. 2）、混凝土模型箱（图 2. 3）。

（1）冻土模型箱

用于模拟冻结壁的形成，鉴于预计井壁水化热对冻结壁温度场的影响范围有限，因此试验中只模拟冻结壁的局部，即“井帮-内圈冻结管”之间的冻土。

冻土模型箱的内部净空间：长、宽、高分别为 3m、0. 7m、0. 7m，分别对应井筒的径向、周向、竖向。模型箱可模拟的“井帮-内圈冻结管圈径”之间的最大距离为 3m。冻土模型箱的左、右侧壁，底板，顶盖均进行了“绝热”处理。

图 2.2　冻土模型箱

图 2.3　混凝土模型箱

（2）混凝土模型箱

混凝土模型箱用于提供模型井壁浇筑空间，同时模拟井筒内的环境条件。

该模型箱的内部净空间：长、宽、高分别为 1.8m、0.7m、0.7m，同样，分别对应井筒的径向、周向、竖向，并对侧面及顶底面进行了“绝热”处理。本模型箱可模拟的最大井壁厚度为 1.6m（需留部分空间模拟井内空气温度环境，如需要可以加长）。

将混凝土模型箱、冻土模型箱按“井筒径向”连接在一起，同时，将二者之间的端板拆除，可将冻土模拟的范围扩大到开挖荒径以内的井壁区域。

2.3.5.2　冻结制冷系统

冻结制冷系统包括：制冷设备、低温盐水输送管路、模型冻结管等。

制冷设备采用上海佳诺低温制冷设备厂生产的制冷机组，该机组主要由压缩机组、制冷系统、蒸发器、电气控制柜和水箱组成。盐水温度由智能化电脑控制柜自动控制，只要设定好盐水温度，智能化电脑控制柜会根据盐水温度自动开关制冷机。

本试验中，研究的重点是井壁浇筑后井壁内的水化热温度场分布规律，因此，模型“冻结管”的尺寸与间距不需要与工程原型相同，而是采用间距缩小、直径缩小的钢管加工而成，以提高制冷换热效率。

冻结过程中，通过控制“内圈冻结管轴面”上的温度等于原型中内圈冻结管圈径上的轴面平均温度，来保证模拟结果的可靠性。

2.3.5.3　量测系统

量测系统由测温传感器、数据采集仪和计算机组成。

温度测量采用 T 型（铜-康铜）热电偶进行，温度测量精度为±0.5℃。热电偶均预制成串，在模拟井壁浇筑的过程中，埋设在设计部位（图 2.4），所有传感器引线透过箱体顶面边缘引出。

1）主要温度测点的布置参数：井壁温度测点（图 2.5）。沿“井帮+0.05m 至井壁内表面”方向，依次布设“J1、J2……J16”共 16 个测点，间距为 100mm，根据模拟的井壁厚度，不同的井壁厚度（1.2m、1.6m）所用到的测点个数不同，分别为 12 个和 16 个；

考虑到井壁竖向温度分布，共布置上、下两层，共32个测点。

图2.4　井壁内热电偶布置示意图

图2.5　井壁内低温环境模拟

2）冻结壁温度测点：沿“井帮－内圈冻结管”方向，依次布设“D1、D2……D21”共21个测点。

3）井帮表面沿高度方向均布3层，每层5个测点，共5×3＝15个测温点。

上述测温点中，1）、2）为测量研究的重点，而3）是为控制冻结壁、井帮的形成过程、评估模拟精度而设置的。

数据采集采用DT515型多功能数据采集仪，采集时间间隔：混凝土浇筑后初期为10～30min，2天后改为1h。采用本测试系统，数据可定时自动采集，长时间连续监测。

2.3.6　微膨胀高强混凝土的配制

本书所研究的单层井壁是由微膨胀高强混凝土浇筑而成的，因此必须首先获得配方，为后续研究创造条件。

2.3.6.1　材料的控制

水泥的强度等级不得低于42.5MPa，品种优先考虑采用硅酸盐水泥或普通硅酸盐水泥，同时水泥的用量一般应控制在500～620kg/m^{3}为宜，具体用量视混凝土要求的强度等级及活性超细粉的性能、掺量而定；粗集料的最大粒径应比普通混凝土的小，控制在5～20mm，在粗集料的集配上，宜采用连续集配，以利于增加混凝土结构的致密程度；砂的细度模数应控制在2.6～3.7，配制的高性能混凝土强度要求越高，砂的细度模数应尽量采取上限；活性超细粉考虑采用磨细矿渣；高效减水剂的选用标准是，减水率至少应大于25%，新拌混凝土的坍落度经时损失要小，膨胀剂的选择应达到《混凝土膨胀剂》建材行业JC476—2001标准，主要看三项：一是碱含量不超过0.75%，二是水中7天限制膨胀率不小于0.025%，三是掺量不超过12%。

2.3.6.2　配制过程

由于配置混凝土没有直接计算公式，影响其强度的许多因素在规范中（《高强混凝土结构技术规程》CECS 104：99）只是给定了一个范围。例如，水灰比宜为 0.25 ~ 0.42，强度等级越高，水灰比应越低；砂率宜为 28% ~ 34%，强度高时，砂率会适当减小；水泥用量不宜大于 500kg/m^3，随着配置强度的增加，水泥用量有所增加。

2.3.6.3　影响因素

影响混凝土强度的因素有很多，主要受养护条件、高效减水剂和搅拌工艺的影响。混凝土放在热水中养护，强度增加得很快，也很大，而且随着养护水温的增加，早期强度有增加的趋势；高效减水剂的减水率越高，混凝土的强度越易提高，可以采用 PCA、JC-3A 或 BR 等型号的减水剂；搅拌工艺中的搅拌方式和搅拌时间对强度也有一定的影响。

2.3.6.4　注意事项

自由膨胀率太大时，混凝土的强度和耐久性就会显著降低，在钢筋混凝土中甚至造成保护层脱落。所以，为了保证补偿收缩混凝土的性能，对自由膨胀率应加以适当控制。影响自由膨胀率的因素有水泥与骨料种类、水泥用量、膨胀剂掺量、养护条件和拌和方法等。

研究表明（游宝坤等，2002），膨胀剂发生膨胀的主要时间为 1 ~ 7d，而强度试件是自由状态，钙矾石膨胀对水泥结构有微小破坏，所以 7d 抗压强度较空白混凝土强度下降 10% 左右属于正常现象，而 28d 强度完全可以达到设计标号。

2.3.6.5　试验配方

按 2.3.6.2 节的方法配制出 C80 的混凝土，试验配方见表 2.2。

1）水泥。选用江苏省徐州市淮海中联水泥有限公司生产的 PⅡ52.5R 硅酸盐水泥。

2）砂子。产于山东省济宁市宁阳县境内大汶河，中砂偏粗，细度模数在 3.0 左右，含泥量在 1.5% 左右，泥块含量为 0.6%。

3）石子。产于山东省济宁市嘉祥县，颗粒粒径为 5 ~ 20mm，含泥量小于 0.5%，针片状颗粒含量小于 5%。

4）矿粉和膨胀剂。选用山东省建筑科学研究院生产的鲁新矿粉和中国建筑科学研究院生产的 UEA 型膨胀剂。

5）减水剂。减水剂选用江苏苏博特新材料股份有限公司生产的 JM-PCA 型减水剂，减水率为 20% ~ 30%。

6）水。自来水。

表 2.2　试验配方　单位：kg/m^3

水胶比	胶凝材料				砂率（0.3859）			
	水泥	矿粉	膨胀剂	硅粉	砂	碎石	JM-PCA 型减水剂	水
0.26	406	87	58	29	660	1050	11.6	141.52

2.3.7 试验规划

1）先做室内试块试验，膨胀率和强度达到要求后再做温度场试验。

2）本试验在室内试块试验的基础上，主要是研究井壁温度场的变化规律，温度场分布主要和井壁厚度、水泥水化热等因素有关，受试验条件、时间、成本等因素限制，本试验只研究井内风速约为1m/s、井内空气温度约为10℃的情况。井壁温度场影响因素和水平见表2.3，试验规划见表2.4。

表2.3 井壁温度场影响因素和水平表

因素	井壁厚度 /m	井帮温度 /℃
1	1.2	-15
2	1.6	-20

表2.4 井壁温度场试验规划

试验号	井壁厚度 /m	井帮温度 /℃
1	1.2	-15
2	1.2	-20
3	1.6	-15
4	1.6	-20

2.3.8 试验过程

1）按现场实测土体参数（密度、含水量）配制土体。

2）安设模型冻结管，并分层填土、压密。

3）填土过程中，在设计位置布设热电偶测温点。

4）填土完毕，并对箱体外表面进行保温处理后，开始冻结，模拟冻结壁的形成。同时，开展盐水温度及冻土内的温度监测。

5）“内圈冻结管轴面”温度、“井帮”温度均达到设计值，并能保持24h内井帮温度变化不超过±0.5℃时，可认为此时冻结温度场的“分布规律、扩展速度”基本接近原型，因而保持制冷系统的参数（盐水温度、流量）不再改变。

6）拆除“井帮”表面的保温层，铺设泡沫塑料板，浇筑井壁，而后在“井筒”内模拟低温空气环境。

7）对“井壁”“冻结壁”内部温度变化的全过程开展监测。

说明以下两点。

1）在井壁浇筑过程中，为了得到井壁混凝土强度沿井壁径向的分布规律，沿井壁外侧及内侧均匀布置四排标准试模（图2.6和图2.7），同井壁一并浇筑，待温度场试验结束后，按照《普通混凝土力学性能试验方法标准》（GB/T 50081—2002）规定方法进行混凝土单轴抗压强度测试。

2）井内环境温度的模拟包括空气温度与空气流动速度。试验中通过在“井筒”内设置盐水循环管路进行空气制冷，并依据测温数据适时进行盐水温度与流量的调节。根据赵楼煤矿主井每小时进风量和井筒断面大小，经过换算得到本试验“井内”空气的流动速度，试验中通过胶管、鼓风机向“井筒底部工作面”吹风进行近似模拟。

图 2.6　井壁内试模位置

图 2.7　浇筑中的井壁

2.3.9　试验结果分析

2.3.9.1　井壁混凝土温度随时间变化规律

井壁浇筑后内部各点温升曲线如图 2.8 ~ 图 2.15 所示，井壁内部所能达到的最高温度，达到最高温度的时间以及达到最高温度时井壁内外最大温差见表 2.5，井壁表面温度及其降温幅度见表 2.6，表中的数值均为上下层“井壁”的平均值。

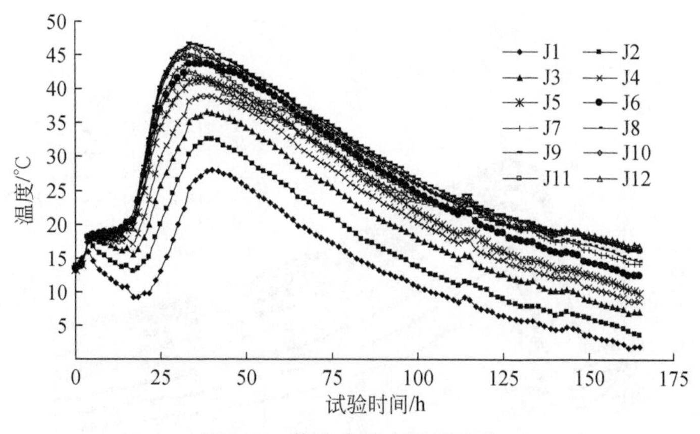

图 2.8　井壁内测点温度变化

上层，厚 1.2m，井帮温度-20℃

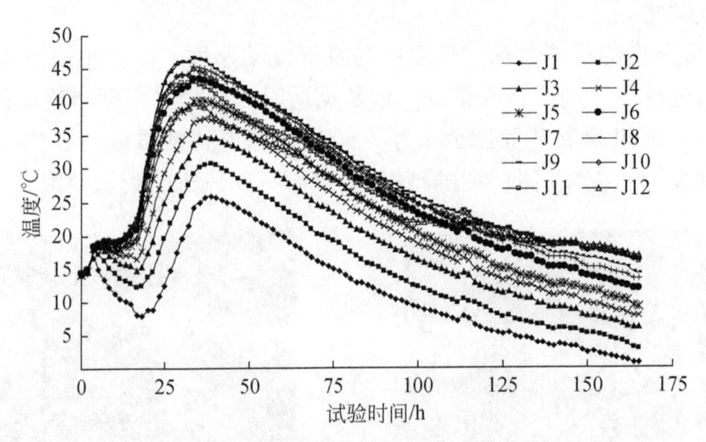

图 2.9　井壁内测点温度变化

下层，厚 1.2m，井帮温度-20℃

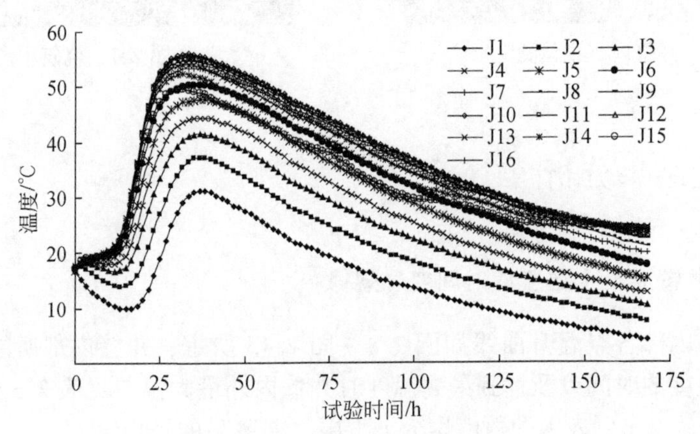

图 2.10　井壁内测点温度变化

上层，厚 1.6m，井帮温度-20℃

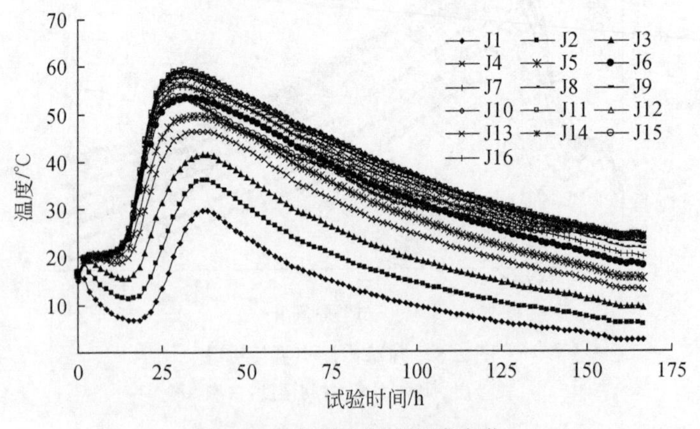

图 2.11　井壁内测点温度变化

下层，厚 1.6m，井帮温度-20℃

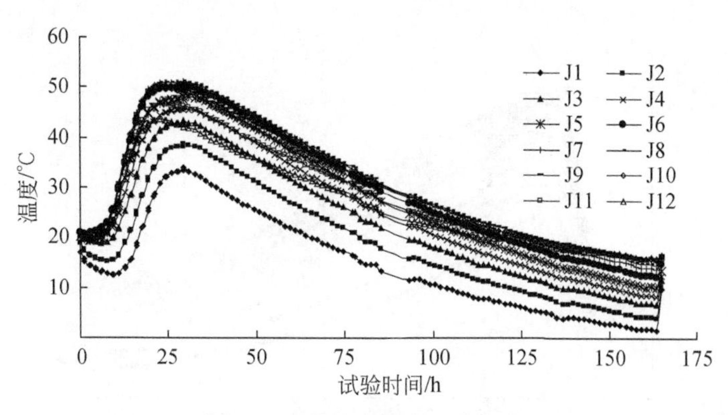

图 2. 12　井壁内测点温度变化

上层，厚 1. 2m，井帮温度-15℃

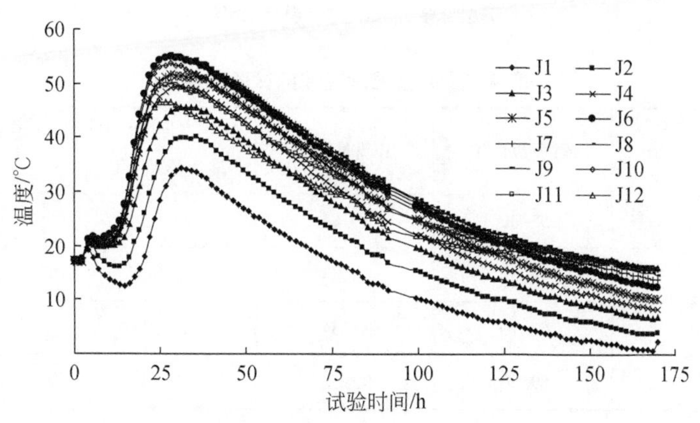

图 2. 13　井壁内测点温度变化

下层，厚 1. 2m，井帮温度-15℃

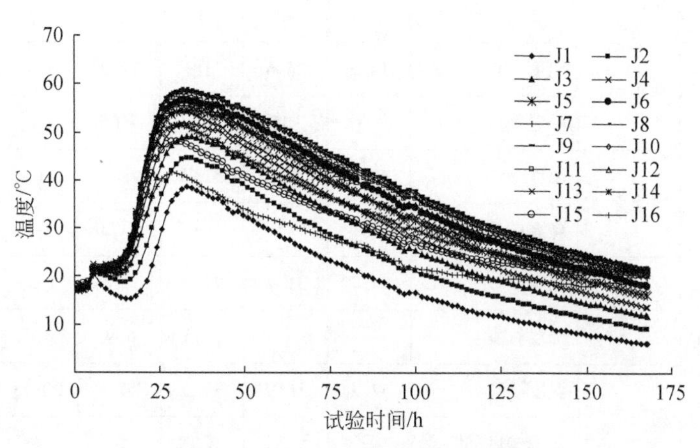

图 2. 14　井壁内测点温度变化

上层，厚 1. 6m，井帮温度-15℃

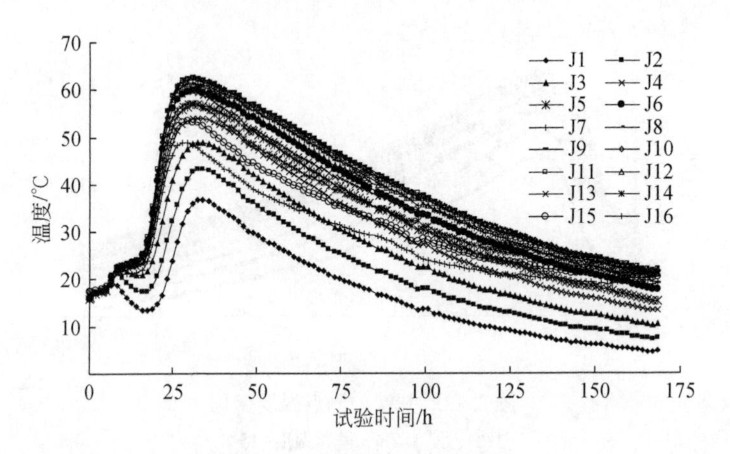

图 2.15　井壁内测点温度变化

下层，厚 1.6m，井帮温度-15℃

表 2.5　井壁温度变化的试验结果

编号	试验时间/d	最高温度/℃	出现时间/h	最高温度时内外最大温差 /℃	最高温度时外表面温度 /℃
1	7	55.40	29.85	25.06	33.35
2	7	46.80	30.83	22.30	24.50
3	7	62.70	31.34	27.33	37.10
4	7	59.50	32.50	25.80	28.05

表 2.6　井壁表面温度及其降温幅度

项目			截止时间 /d						
			1	2	3	4	5	6	7
井帮温度-20℃，井壁厚度 1.6m	外表面	温度 /℃	14.5	26.6	18	12.3	8.35	5.6	3.45
		降温幅度 /℃	—	-12	8.6	5.65	3.95	2.75	2.15
	内表面	温度 /℃	42.2	37.3	31.7	22.9	21.7	22.25	21.6
		降温幅度 /℃	—	4.9	5.6	8.75	1.2	-0.55	0.65
井帮温度-15℃，井壁厚度 1.6m	外表面	温度 /℃	24.7	31.7	22.3	15.4	10.9	7.7	5.4
		降温幅度 /℃	—	-7	9.35	6.9	4.5	3.2	2.3
	内表面	温度 /℃	42.2	36.9	30.2	24.2	20.15	18.95	18.8
		降温幅度 /℃	—	5.35	6.7	6	4	1.2	0.15

续表

项目			截止时间 /d						
			1	2	3	4	5	6	7
井帮温度-20℃，井壁厚度1.2m	外表面	温度 /℃	14.5	24.7	16.6	10.7	6.2	4.05	2.35
		降温幅度 /℃	—	-10	8.05	5.95	4.45	2.15	1.7
	内表面	温度 /℃	37.7	36.8	30.1	23.3	20.25	19.2	17.7
		降温幅度 /℃	—	0.9	6.7	6.8	3.05	1.05	1.5
井帮温度-15℃，井壁厚度1.2m	外表面	温度 /℃	28.6	27	15	9.25	4.95	6.5	0.4
		降温幅度 /℃	—	1.55	12	5.75	4.3	-1.55	6.1
	内表面	温度 /℃	44.5	37.6	27	21.4	18.25	16.95	8.1
		降温幅度 /℃	—	6.9	10.6	5.65	3.1	1.3	8.85

由图2.18～图2.15可知：

1）井壁浇筑后，测温点的温度首先由空气温度逐渐上升至混凝土入模温度，在浇筑后的0～4h，水泥水化热释放极为缓慢，因此，测点温度达到混凝土入模温度后，在冻结冷量的影响下，温度在一段较短的时间内有缓慢下降的趋势；4～6h以后，水化热释放速率逐渐加快，井壁温度迅速上升。

2）井壁在浇筑后29～32h温度达到最高，达到的最高温度与井壁的厚度密切相关，井壁越厚，所用的水泥量就越大，水化热释放量就越大，因此，井壁能达到的最高温度就越高；井壁厚度为1.2m时达到的最高温度为46.8～55.4℃，井壁厚度为1.6m时达到的最高温度为59.5～62.7℃。

3）井壁混凝土水化热释放速率和井壁达到最高温度的时间并不一致。从井壁温升曲线斜率变化可以看出，混凝土水化热释放率约在井壁达到最高温度的一半时间内达到最大，即约为12h。

4）井壁水化热释放高峰过后，井壁达到最高温度，随后在冻结壁冷量的作用下，井壁温度开始逐渐下降，7d左右即回降到入模温度。

5）井壁混凝土浇筑后第7d，井帮温度分别为-15℃和-20℃，井壁厚度为1.2m时井壁内最高温度和最低温度分别为34.75℃、16.6℃和37.45℃、18℃；井壁厚度为1.6m时，井壁内最高温度和最低温度分别为45.7℃、18℃和47.3℃、22.65℃。

6）从表2.5可以看出，井壁厚度越大，井壁内外温差越大。1.2m厚井壁的内外最大温差为22.3～25.06℃，1.6m井壁的内外最大温差为25.8～27.33℃，略微超过混凝土结构工程施工及验收规范（《混凝土结构工程施工质量验收规范》GB 50204—2002）规定的最大控制温差（25℃）。

7）从表2.6可以看出，井壁浇筑后7d以内，降温速率随时间延长逐渐趋于缓慢，假定7d以后井壁仍维持6～7d时的降温速率，则井壁内外表面进入负温需要的时间均大于1d。由此可见，井壁全断面正温养护的时间至少为8d。

8）井帮温度不同，相同厚度的井壁达到的最高温度不同，井壁厚度为1.2m，井帮温度分别为-15℃和-20℃时井壁达到的最高温度相差约为8.6℃，井壁厚1.6m时则相差3.2℃。实际上由大量的实测资料和本书数值模拟试验分析可知，井帮温度对井壁最高温度会产生一定的影响，但影响温度一般不超过1℃，本试验相差结果约为8.6℃，分析认为这是由入模温度不同导致的。另外，井壁越厚，井帮温度对井壁能达到的最高温度影响越小。

2.3.9.2　井壁混凝土径向温度分布规律

将井壁内相同时间段的测点温度连成曲线即可得到井壁混凝土径向温度分布规律，如图2.16～图2.23所示。

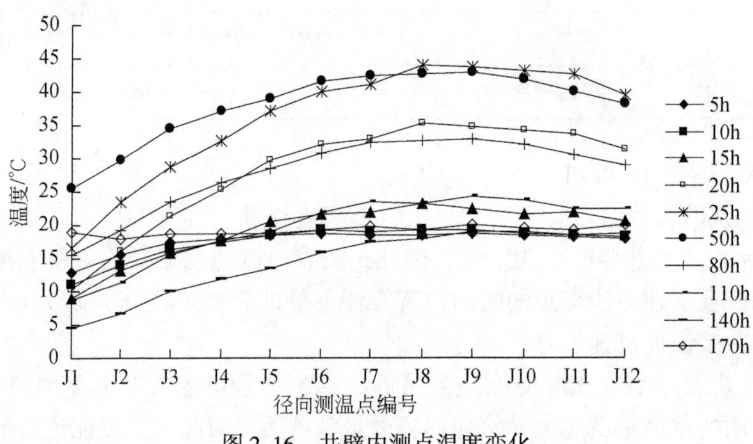

图2.16　井壁内测点温度变化

上层，厚1.2m，井帮温度-20℃

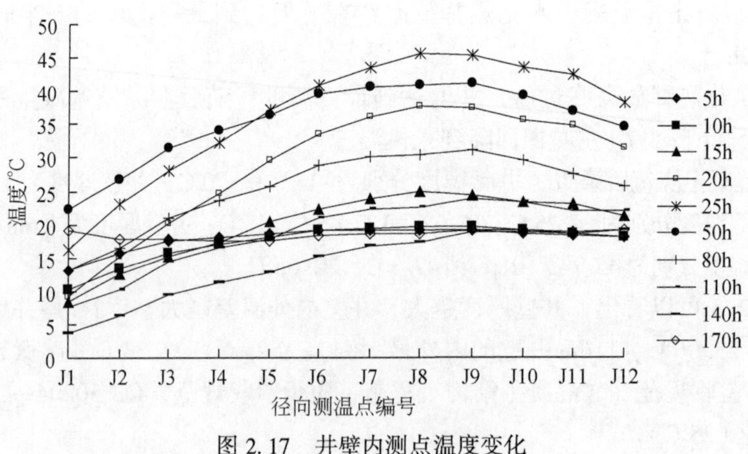

图2.17　井壁内测点温度变化

下层，厚1.2m，井帮温度-20℃

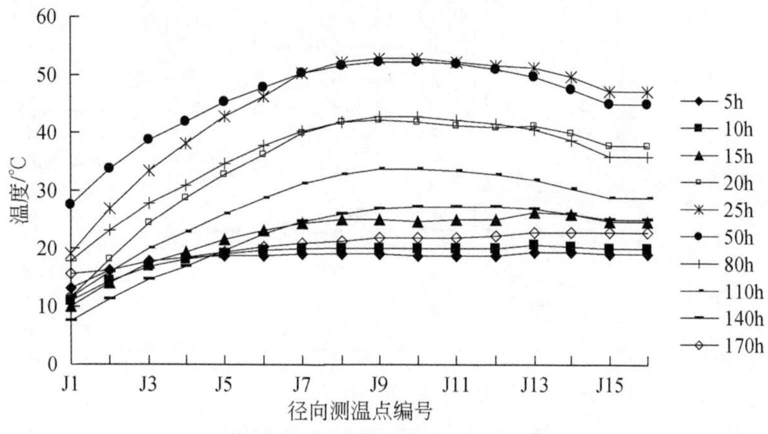

图 2.18　井壁内测点温度变化

上层，厚 1.6m，井帮温度-20℃

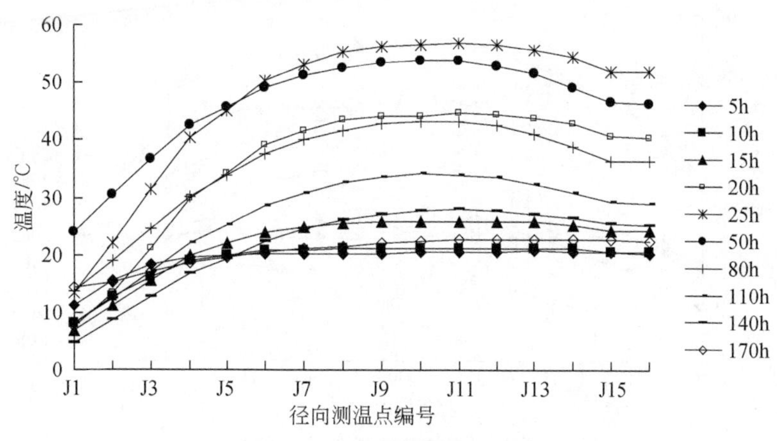

图 2.19　井壁内测点温度变化

下层，厚 1.6m，井帮温度-20℃

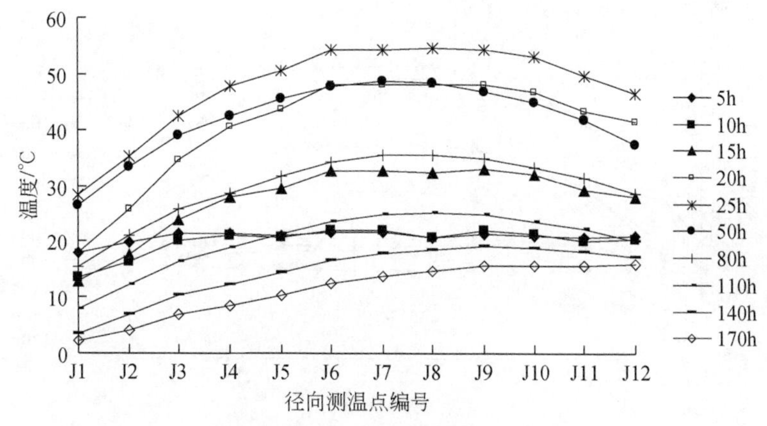

图 2.20　井壁内测点温度变化

上层，厚 1.2m，井帮温度-15℃

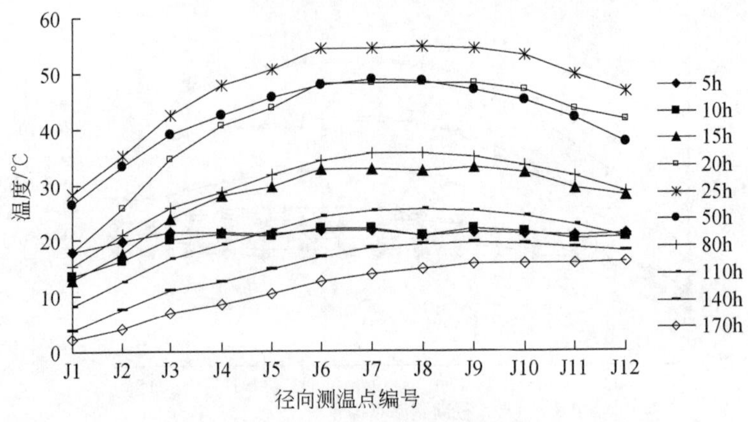

图 2.21　井壁内测点温度变化

下层，厚 1.2m，井帮温度-15℃

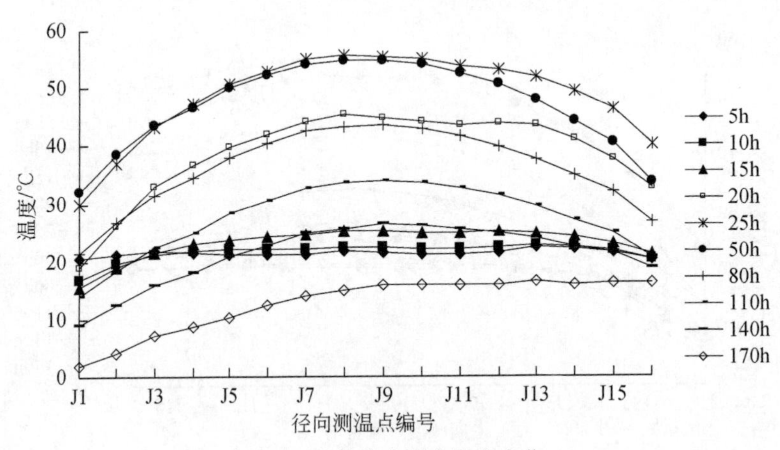

图 2.22　井壁内测点温度变化

上层，厚 1.6m，井帮温度-15℃

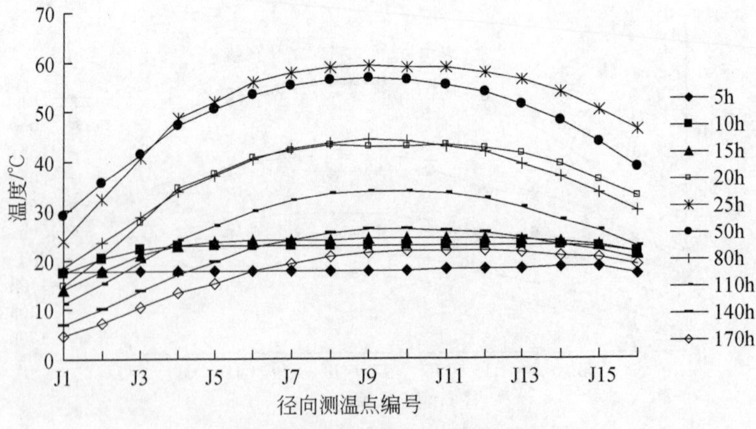

图 2.23　井壁内测点温度变化

下层，厚 1.6m，井帮温度-15℃

由图 2. 16 ~ 图 2. 23 可知：

1）井壁浇筑初期，井壁径向温度分布曲线近似为水平直线，温度均等于混凝土入模温度，随着时间推移，井壁温度迅速上升，温度沿径向逐渐近似呈抛物线分布，最高温度均出现在靠近井壁内侧。分析认为，这主要是因为井内空气温度较高。随着时间进一步推移，井壁达到最高温度后在冻结壁冷量控制下温度逐渐回落，井壁内的温度分布又逐渐趋向均匀，最后井壁温度呈现外表面温度低、内表面温度高的线性分布状态，表明此时井壁温度已完全受冻结壁冷量的控制。

2）井壁浇筑初期，井壁厚度中间部位的温度明显高于井壁内、外表面，这是水化热产生的大量热量在井壁内积聚造成的。且井壁外侧温度低于井壁内侧，这是由于井内空气温度较高，井内通风引起的井壁表面散热速度小于冻结壁冷量对井壁的影响。

2. 3. 9. 3　沿井壁径向混凝土强度分布规律

浇筑井壁时沿井壁径向等间距同时在井壁内部浇筑四组标准立方体试块，7d 龄期时按《普通混凝土力学性能试验方法标准》（GB/T 50081—2002）规定的标准对其进行抗压强度测试，测试结果见表 2. 7，沿井壁径向绘制成的曲线如图 2. 24 和图 2. 25 所示。

表 2. 7　由井帮向井内方向井壁径向混凝土强度　　单位：MPa

项目			井壁厚 1. 2m				井壁厚 1. 6m			
井帮温度	-20℃	上层	72. 0	72. 4	74. 3	74. 1	65. 7	75. 5	72. 4	80. 4
		下层	77. 3	87. 3	88. 5	74. 8	68. 1	77. 5	82. 7	72. 4
	-15℃	上层	67. 9	78. 7	84. 9	83. 6	72. 9	83. 9	81. 2	60. 6
		下层	77. 5	81. 8	70. 7	79. 0	57. 3	60. 0	85. 0	78. 5

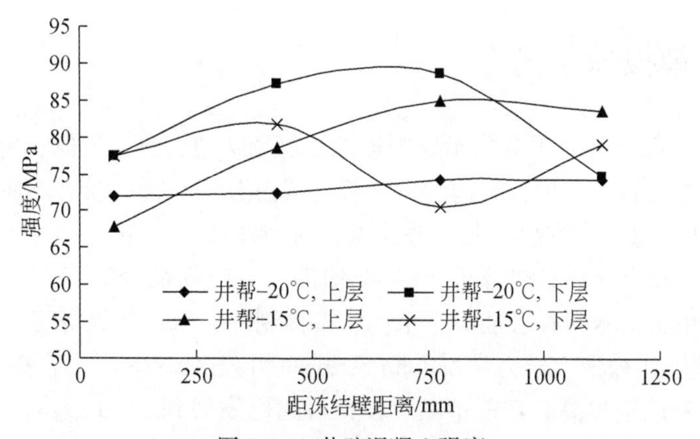

图 2. 24　井壁混凝土强度

井壁厚 1. 2m

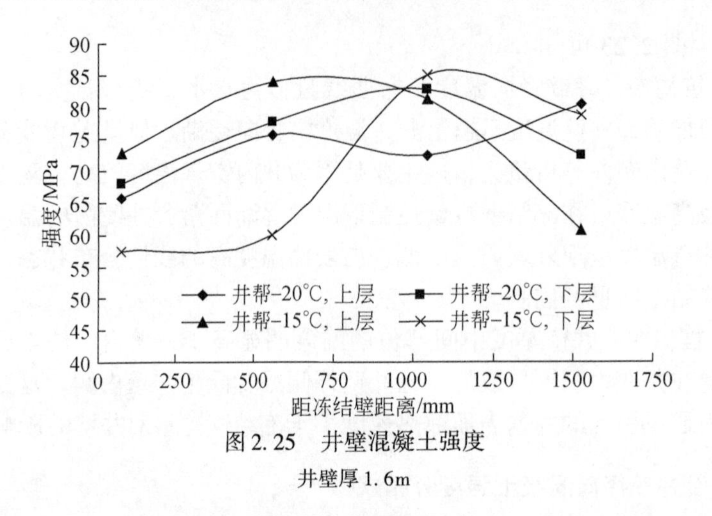

图 2.25　井壁混凝土强度

井壁厚 1.6m

由表 2.7 及图 2.24 和图 2.25 可知，虽然试验结果有一定的离散性，但仍可清楚地反映出，井壁混凝土强度沿井壁径向的分布规律同井壁径向混凝土温度分布规律相同，均呈现“中部高，两侧低”的分布规律，且靠近冻结壁的混凝土强度最低。

井壁与井帮界面混凝土的温度较井壁横截面其他部位的温度低，强度增长稍慢于其他部位的混凝土，7d 井壁与井帮界面部位的混凝土强度相当于井壁横截面平均强度的 86%~100%（井壁厚 1.2m）和 81.6%~97.7%（井壁厚 1.6m），且井壁越薄，井帮温度越低，混凝土强度增长越慢。

另外，井壁厚度相同时，不同井帮温度对井壁混凝土强度影响不明显，这和井帮温度对井壁混凝土内最高温度的影响规律一致。

2.4　数值模拟研究

2.4.1　数值模拟软件简介

ANSYS 是一个大型的通用有限元分析软件，是融结构、热、流体、电磁、声学分析于一体，能够进行结构静力分析、结构动力分析（模态分析、瞬态动力响应分析、随机振动分析）、结构屈曲失稳、非线性（几何非线性、材料非线性、单元非线性、边界非线性）、疲劳损伤与断裂、复合材料、热分析、热-结构耦合、流固耦合等多个方面的数值分析模拟软件，广泛应用于土木工程、能源、水利、机械制造、航空航天等工业领域。

自 1970 年美国匹兹堡大学力学系 John Swanson 开发 ANSYS 以来，在 30 多年的发展过程中，ANSYS 不断改进提高，功能不断增强，目前已发展到 11.0 版本。ANSYS 有限元程序为本书研究提供了强有力的手段，它主要有以下技术特点。

1）数据统一。使用统一的数据库来存储模型数据及求解结果，实现前后处理分析求解及多场分析的数据统一。

2）强大的建模能力。具备三维建模能力，仅靠 ANSYS 的 GUI（图形界面）就可建立各种复杂的几何模型。

3）强大的求解功能。提供了数种求解器，用户可以根据分析要求选择合适的求解器。

4）强大的非线性分析功能。具有强大的非线性分析功能，可进行几何非线性、材料非线性及状态非线性分析。

5）智能网格划分。具有智能网格划分功能，根据模型的特点自动生成有限元网格。

6）良好的优化功能。利用 ANSYS 的优化设计功能，用户可以确定最优设计方案；利用 ANSYS 的拓扑优化功能，用户可以对模型进行外形优化，寻求物体对材料的最佳利用。

7）可实现多场耦合功能。可以实现多物理场耦合分析，研究各物理场间的相互影响。

8）提供与其他程序接口。提供了与多数 CAD 软件及有限元分析软件的接口程序，可实现数据共享和交换，如 Pro/Engineer、NASTRAN、Algor - FEM、I - DEAS、AutoCAD、SolidWorks、Parssolid 等。

9）良好的用户开发环境。开放式的结构使用户可以利用 APDL、UIDL 和 UPFs 对其进行二次开发。

2.4.2　数值模拟研究中的几个关键问题

水泥水化热释放过程的模拟是井壁大体积混凝土浇筑后温度场模拟的关键（王衍森，2005）。对于水泥水化热的累计释放量采用何种表达式国内外学者进行了大量研究，得到了一系列表达式，本书采用如下的指数表达式：

$$Q(\tau) = Q_0(1 - e^{-m\tau}) \tag{2.8}$$

式中，$Q(\tau)$ 为龄期为 τ 时的累计水化热（kJ/kg）；Q_0 为 $\tau \to \infty$ 时的最终累计水化热（kJ/kg）；τ 为龄期（d）；m 为常数，随水泥品种、比表面及浇筑温度的不同而不同。

式（2.8）应用最为简便，也最为广泛。

水泥水化热温度场的数值模拟并不存在难以克服的技术难题，关键在于“水泥水化热参数 Q_0、常数 m”的确定、水泥水化热释放过程的模拟、水泥水化热生热速率的模拟、井壁分层浇筑过程的模拟、冻土的相变过程模拟以及泡沫板压缩过程中导热性能的模拟等。

根据 2.3 节的物理模拟研究得到大体积混凝土井壁浇筑后的实测升温曲线，开展水泥水化热参数 Q_0、常数 m 等的反演，经过反演、计算，Q_0=350kJ/kg、m=1.2。实际上本书所采用的水泥为江苏省徐州市淮海中联水泥有限公司生产的 PⅡ52.5R 硅酸盐水泥，其总发热量约为 450kJ/kg，比反演结果要大，分析认为这主要是由三方面原因造成的：一是本试验所用混凝土配合比水灰比较小（0.26），水泥不能完全水化，部分水泥只充当了填料的作用；二是试验中不能做到绝对隔热，混凝土的上、下、左、右四面均有热量散失；三是水化反应可持续很长的过程，因此水化热完全释放也是需要很长时间的。

将式（2.8）对时间求导，可以得到 τ 时刻的水泥水化热生热速率：

$$\dot{Q}(\tau) = \frac{dQ}{dt} = mQ_0 e^{-m\tau} \tag{2.9}$$

由式（2.9）表明：τ=0 时（即刚刚浇筑完毕）混凝土生热速率达到最大值。

但事实上，混凝土搅拌（甚至浇筑）后总存在一定时间水泥水化极为缓慢的“诱导期”，此后水化才逐渐加速，并在一定时间后达到最大生热速率。混凝土实际生热速率的变化并不与式（2.9）完全一致。

因此，本书采用王衍森（2005）提出的“基于浇筑后第1d总生热量不变的原则”改进的混凝土生热速率曲线，如图2.26所示，生热速率曲线方程见式（2.10）。

$$\begin{cases} \dot{Q} = 0 & (0 \leqslant \tau < \tau_0) \\ \dot{Q} = \dfrac{\tau - \tau_0}{\tau_m - \tau_0}\dot{Q}'_{max} & (\tau_0 \leqslant \tau < \tau_m) \\ \dot{Q} = \dfrac{1-\tau}{1-\tau_m}\dot{Q}'_{max} + \dfrac{\tau - \tau_m}{1-\tau_m}\dot{Q}_{1d} & (\tau_m \leqslant \tau < 1) \\ \dot{Q} = mQ_0 e^{-m\tau} & (\tau \geqslant 1) \end{cases} \tag{2.10}$$

式中，$\dot{Q}'_{max}$ 为改进后出现在 τ_m 时的最大生热速率；$\dot{Q}_{1d}$ 为按式（2.9）计算得到的 $\tau = 1d$ 时的生热速率；其他符号意义同前，时间均以“d”为单位。

显然，图2.26中“生热速率函数曲线、横坐标、$\tau=0$、$\tau=1$ 线”所围成的面积即是混凝土浇筑后1d内的总生热量；改进后 $\tau_0 \sim 1d$ 的生热速率采用折线表示，“生热速率折线、横坐标、$\tau=1$ 线”所围成的面积同样为总生热量。由此，不难确定 τ_m 时刻的最大生热速率 $\dot{Q}'_{max}$。

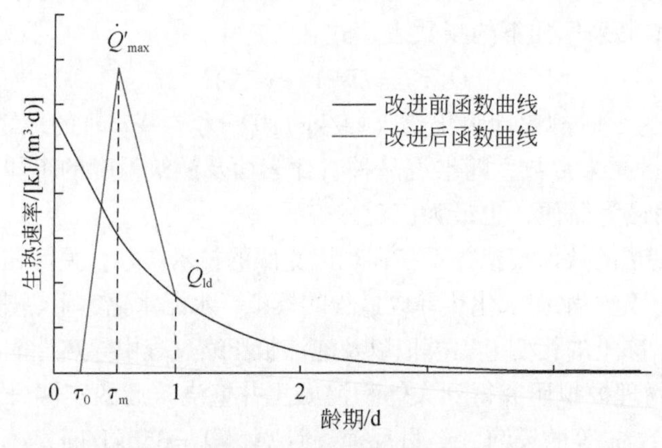

图2.26　混凝土生热速率理论曲线的改进

井壁分层浇筑过程的模拟只需要根据当前分层的实际浇筑时间，确定某一时刻的混凝土水化热生热速率，然后将式（2.10）中的时间变量顺延即可。

水泥水化热的传导可能导致壁后冻土的融化，随着水化热的逐渐释放，冻土将再次冻结。与单纯的升、降温过程相比，相变过程中的热量吸收或释放相当显著。因此，冻土相变过程不可忽略。ANSYS有限元程序中，介质的相变可用焓值的变化来模拟。

泡沫板厚度随着冻结压力的增长将逐渐压缩变薄，这导致问题的几何边界改变。为便于建模，假定泡沫板厚度不变，而通过导热系数的调整综合反映泡沫板压缩（厚度减小、密度增大）造成的热阻变化。

根据文献（王衍森，2005），泡沫板的等效导热系数为

$$\bar{\lambda} = \lambda_0 \frac{\ln(1 + \delta_0/r)}{\ln[1 + \delta_0(1 - k_\delta)/r]} \tag{2.11}$$

式中，$\bar{\lambda}$ 为泡沫板等效导热系数［W/(m · K)］；λ_0 为不同压缩率时压缩后的泡沫板导热系数［W/(m · K)］；δ_0 为泡沫板初始厚度（m）；k_δ 为泡沫板压缩率；r 为井壁外半径（m）。

因此，可以先通过试验测定出不同压缩率条件下聚苯乙烯泡沫板的导热系数，然后根据泡沫板压缩率随时间的预估值，确定井壁浇筑后不同时刻泡沫板的导热系数，进而用于数值计算。

2.4.3　数值模拟模型

深部地层开挖时，在内圈冻结管布置圈中已经形成了较为均匀的低温冻土区。此时，冻结管布置圈可视为一个温度等于轴面平均温度的恒温冷源，向井内区域传递冷量。因此，仅考虑内圈冻结管圈径以内的区域，将井壁与冻结壁温度场的相互影响问题简化为空间轴对称问题，建立参数化有限元模型，如图 2.27 所示。

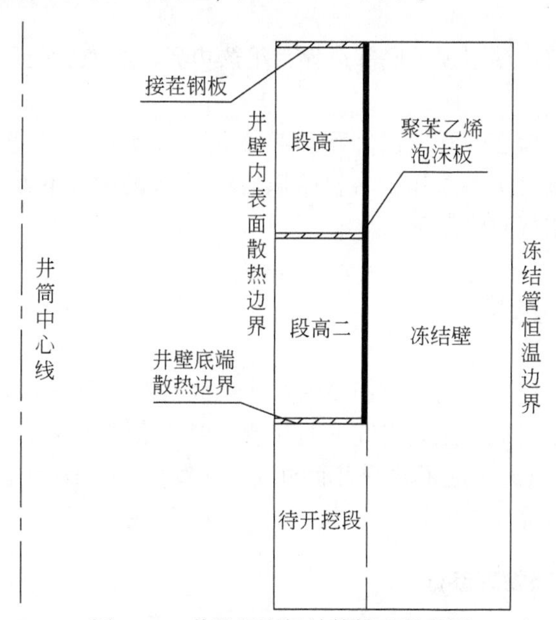

图 2.27　井壁温度场计算模型示意图

数值模拟中采用 PLANE55 单元，该单元可以作为平面单元或轴对称环单元，用于二维热传导分析。该单元有 4 个节点，每个节点只有一个自由度——温度。该单元适用于二维稳态或瞬态热分析。本单元也可以考虑由常速流动的质量所输送的热流。如果包含热单元的模型还要用于结构分析，那么应该用等价的结构单元（如 PLANE42）替换本单元。掘砌过程用单元的生死来模拟。

模型的基本参数包括。

1）井壁内半径 $R_1 = 3.5$m、井壁厚度 $B = 0.8 \sim 1.6$m。

2）泡沫板厚度 $\delta = 0.075$m。

3）井筒开挖半径 $R_3 = R_2 + \delta$ m。

4）冻结管布置圈半径 $R_4 = R_3 + 2$m。

5）井壁掘砌施工段高 $H = 2.5$m。

6）接茬钢板厚度 $h_1 = 0.012$m。

7）每个段高井壁浇筑时的分层数 $N_0 = 5$ 及每个分层的浇筑时间 $T_0 = 1$h。

8）每个段高开挖及钢筋绑扎时间（即两段高浇筑之时间间隔）为 $T_1 = 19$h。

9）模型中总计模拟的段高数为 $N = 3$。

2.4.4 初始温度场及边界条件

（1）初始温度场

尽管浇筑前内冻结峰面扩展及井帮—内圈管区域之内冻土降温已极为缓慢，但仍属于非稳态导热问题，按稳态导热问题计算虽属于近似处理，但具有足够的精度。因此，本模型初始温度场根据井帮温度、内圈冻结管轴面上的平均温度按稳态导热问题计算确定。

（2）边界条件

井壁首段高砌筑前：模型顶、底部边界为绝热边界，内圈管位置为恒温边界，井帮位置为恒温边界。

任意段高砌筑后：相应的开挖段井帮边界取消，砌筑后的井壁内表面为对流散热边界；考虑到接茬板下方有木质工作平台，故该段高下部接茬板下方为100mm厚的木质保温层，保温层下方为空气对流散热边界。

2.4.5 计算参数选取

本书数值模拟研究以山东巨野煤田龙固煤矿副井冲积层段500m深度以下的假想单层高强混凝土井壁为原型开展，主要研究不同井帮温度、不同井内环境温度、不同井内风速（井内环境温度、井内风速决定了井壁表面的散热系数）、不同泡沫板压缩速率条件下井壁温度场的变化规律。

2.4.5.1 混凝土热物理参数

混凝土配合比及原材料的热物理参数见表2.8，混凝土的导热系数与比热见表2.9。

表2.8 混凝土原材料的导热系数与比热

材料名称	导热系数 λ/［kJ/(m·h·℃)］				比热 c/［kJ/(kg·℃)］			
	21℃	32℃	43℃	54℃	21℃	32℃	43℃	54℃
水	2.160	2.160	2.160	2.160	4.187	4.187	4.187	4.187
普通水泥	4.446	4.593	4.735	4.865	0.456	0.536	0.662	0.825
石灰岩	14.528	14.193	13.917	13.657	0.749	0.758	0.783	0.821
石英砂	11.129	11.099	11.053	11.036	0.699	0.745	0.795	0.867

表 2.9　龙固煤矿副井高强混凝土的导热系数与比热

项目	温度 /℃					
	−20	21	32	43	54	80
导热系数 λ/ [kJ/(m · h · ℃)]	11.252	10.786	10.661	10.561	10.466	10.241
比热 c/ [kJ/(kg · ℃)]	0.754	0.877	0.910	0.959	1.028	1.191

注：−20℃、80℃温度下的值是通过插值得到的近似值。

2.4.5.2　聚苯乙烯泡沫板的物理参数

聚苯乙烯泡沫板的压缩率 k_δ 和时间的关系见表 2.10。

表 2.10　聚苯乙烯泡沫板的压缩率值

井壁浇筑后时间/d	泡沫板累计压缩率 k_δ	
	快速压缩	慢速压缩
0 ~ 1	0.8	0.4
1 ~ 2	0.9	0.6
2 ~ 3	0.95	0.8
3 ~ 4	0.98（压实）	0.9
4 ~ 5	0.98（压实）	0.95
≥5	0.98（压实）	0.98（压实）

根据表 2.10 给出的聚苯乙烯泡沫板的压缩率，结合不同压缩率时泡沫塑料平板的导热系数值，可以计算出不同压缩速度条件下对应的等效导热系数，计算结果见表 2.11。

表 2.11　计算模型中的等效导热系数

井壁浇筑后时间/d	等效导热系数/ [kJ/(m · h · ℃)]	
	快速压缩	慢速压缩
0 ~ 1	0.85	0.0945
1 ~ 2	3.40	0.212
2 ~ 3	13.61	0.85
3 ~ 4	85	3.40
4 ~ 5	85	13.61
≥5	85	85

2.4.5.3　冻土的物理参数

龙固煤矿副井 500m 深度以下黏土的含水量、未冻土与冻土的导热系数、正温与负温状态下土颗粒骨架的比热根据土工试验结果取值，见表 2.12 和表 2.13。

表 2.12　龙固煤矿副井 500m 深度以下黏土的物理参数试验值

含水量/%	天然容重/(kg/m³)	土的导热系数/[J/(m·s·℃)]		土骨架比热/[J/(kg·℃)]	
		-10℃	25℃	-10℃	25℃
15	2150	1.865	1.458	774	832

未冻土、冻土的比热，按式（2.12）和式（2.13）由土颗粒骨架与水、冰的比热计算确定。

$$C_{du} = \frac{C_{su} + wC_w}{1 + w} \tag{2.12}$$

$$C_{df} = \frac{C_{sf} + (w - w_u)C_i + w_u C_w}{1 + w} \tag{2.13}$$

式中，C_{du}、C_{df}、C_{su}、C_{sf}、C_w、C_i分别为融土、冻土、融土骨架、冻土骨架、水和冰的比热［kJ/(kg·℃)］，C_w和C_i分别取值为4.182 kJ/(kg·℃）和2.09kJ/(kg·℃)，w、w_u分别为土的总含水量和未冻水含量（%），本次计算中w_u=0%。

表 2.13　龙固煤矿副井 500m 深度以下黏土的导热系数与比热

土的导热系数/[J/(m·s·℃)]					土的比热/[J/(kg·℃)]	
-30℃	-10℃	-1℃	1℃	25℃	≤0℃（冻土）	>0℃（未冻土）
1.9769	1.8650	1.8146	1.5630	1.4580	960	1269

冻土的焓值按表 2.14 取值。

表 2.14　龙固煤矿副井 500m 深度以下冻土的热焓值

	温度/℃			
	-30	-1	1	30
焓值/(kJ/m³)	0	57792	165829	269505

2.4.5.4　井帮温度及井内环境参数

除井壁混凝土、壁后冻土、壁后泡沫板的热物理参数外，井帮温度、井内环境温度、井内风速也是影响井壁温度场分布及变化规律的关键因素。

1）井帮温度：-15℃、-20℃、-25℃。

2）井内环境温度：不考虑井内环境温度随时间的变化，假定所研究的井壁段浇筑后，模拟计算时间段（取 30d）中井内环境温度恒为 0℃、4℃或 8℃。

3）井内风速：按 0m/s、0.5m/s、1m/s 取值，对应的井壁内表面散热系数则按光滑表面取值，分别为 18.46kJ/(m²·h·℃)、28.68kJ/(m²·h·℃)、35.75kJ/(m²·h·℃)。

2.4.6　计算方案

数值模拟试验规划见表 2.15。

表 2.15　数值模拟试验规划

井壁厚度/m	井内空气温度/℃	井内风速/(m/s)	井帮温度/℃	方案编号		井壁厚度/m	井内空气温度/℃	井内风速/(m/s)	井帮温度/℃	方案编号		井壁厚度/m	井内空气温度/℃	井内风速/(m/s)	井帮温度/℃	方案编号	
				泡沫板快速压缩	泡沫板慢速压缩					泡沫板快速压缩	泡沫板慢速压缩					泡沫板快速压缩	泡沫板慢速压缩
0.8	0	0	-15	A1	B1	1.2	0	0	-15	A28	B28	1.6	0	0	-15	A55	B55
			-20	A2	B2				-20	A29	B29				-20	A56	B56
			-25	A3	B3				-25	A30	B30				-25	A57	B57
		0.5	-15	A4	B4			0.5	-15	A31	B31			0.5	-15	A58	B58
			-20	A5	B5				-20	A32	B32				-20	A59	B59
			-25	A6	B6				-25	A33	B33				-25	A60	B60
		1	-15	A7	B7			1	-15	A34	B34			1	-15	A61	B61
			-20	A8	B8				-20	A35	B35				-20	A62	B62
			-25	A9	B9				-25	A36	B36				-25	A63	B63
	4	0	-15	A10	B10		4	0	-15	A37	B37		4	0	-15	A64	B64
			-20	A11	B11				-20	A38	B38				-20	A65	B65
			-25	A12	B12				-25	A39	B39				-25	A66	B66
		0.5	-15	A13	B13			0.5	-15	A40	B40			0.5	-15	A67	B67
			-20	A14	B14				-20	A41	B41				-20	A68	B68
			-25	A15	B15				-25	A42	B42				-25	A69	B69
		1	-15	A16	B16			1	-15	A43	B43			1	-15	A70	B70
			-20	A17	B17				-20	A44	B44				-20	A71	B71
			-25	A18	B18				-25	A45	B45				-25	A72	B72
	8	0	-15	A19	B19		8	0	-15	A46	B46		8	0	-15	A73	B73
			-20	A20	B20				-20	A47	B47				-20	A74	B74
			-25	A21	B21				-25	A48	B48				-25	A75	B75
		0.5	-15	A22	B22			0.5	-15	A49	B49			0.5	-15	A76	B76
			-20	A23	B23				-20	A50	B50				-20	A77	B77
			-25	A24	B24				-25	A51	B51				-25	A78	B78
		1	-15	A25	B25			1	-15	A52	B52			1	-15	A79	B79
			-20	A26	B26				-20	A53	B53				-20	A80	B80
			-25	A27	B27				-25	A54	B54				-25	A81	B81

2.4.7 计算结果与分析

不同情况下井壁温度变化的主要计算结果见表 2.16。

表 2.16 数值计算结果汇总

方案编号	井壁最高温度/℃	井壁最高温度出现时间/d	井帮最高温度/℃	井帮达最高温度时间/d	井壁内外最大温差/℃	井壁内外最大温差出现时间/d	井壁内部与内表面最大温差/℃	井壁内部与内表面最大温差出现时间/d	井壁内部与外表面最大温差/℃	井壁内部与外表面最大温差出现时间/d	内表面进入负温时间/d	外表面进入负温时间/d
A1	51.46	0.9	42.7	0.9	18.51	1.3	12.86	1	18.51	1.3	14	12
A2	51.11	0.9	42.0	0.9	19.13	1.3	12.65	1	19.13	1.3	13	11
A3	50.75	0.9	41.2	0.9	19.70	1.3	12.43	1	19.70	1.3	12	10
A4	49.78	0.9	41.9	0.9	17.84	1.0	17.84	1	16.79	1.2	12	11
A5	49.39	0.9	41.2	0.9	17.57	1.0	17.57	1	17.34	1.3	11	10
A6	48.97	0.9	40.4	0.9	17.84	1.3	17.27	1	17.84	1.3	10	9
A7	48.88	0.9	41.5	0.9	20.41	1.0	20.41	1	16.07	1.2	11	10
A8	48.49	0.9	40.8	0.9	20.11	1.0	20.11	1	16.60	1.2	10	9
A9	48.08	0.9	39.9	0.9	19.80	1.0	19.80	1	17.04	1.2	9	8
A10	51.75	0.9	42.8	0.9	18.90	1.3	11.86	1	18.90	1.3	>30	15
A11	51.4	0.9	42.1	0.9	19.55	1.3	11.67	1	19.55	1.3	30	14
A12	51.04	0.9	41.3	0.9	20.11	1.3	11.44	1	20.11	1.3	27	12
A13	50.12	0.9	42.1	0.9	17.20	1.3	16.48	1	17.20	1.3	>30	14
A14	49.73	0.9	41.4	0.9	17.8	1.3	16.21	1	17.80	1.3	>30	12
A15	49.32	0.9	40.6	0.9	18.30	1.3	15.91	1	18.30	1.3	>30	10
A16	49.27	0.9	41.7	0.9	18.87	1.0	18.87	1	16.44	1.2	>30	13
A17	48.89	0.9	41.0	0.9	18.58	1.0	18.58	1	16.97	1.2	>30	11
A18	48.47	0.9	40.1	0.9	18.27	1.0	18.27	1	17.42	1.3	>30	10
A19	52.03	0.9	43.0	0.9	19.31	1.3	10.89	1	19.31	1.3	>30	21
A20	51.69	0.9	42.3	0.9	19.95	1.3	10.68	1	19.95	1.3	>30	19
A21	51.32	0.9	41.4	0.9	20.52	1.3	10.45	1	20.52	1.3	>30	16
A22	50.45	0.9	42.3	0.9	17.65	1.3	15.12	1	17.65	1.3	>30	21
A23	50.07	0.9	41.6	0.9	18.25	1.3	14.85	1	18.25	1.3	>30	18
A24	49.66	0.9	40.7	0.9	18.74	1.3	14.56	1	18.74	1.3	>30	15
A25	49.66	0.9	41.9	0.9	17.34	0.9	17.34	0.9	16.84	1.3	>30	21
A26	49.28	0.9	41.2	0.9	17.43	1.3	17.07	0.9	17.43	1.3	>30	17
A27	48.86	0.9	40.3	0.9	17.93	1.3	16.77	0.9	17.93	1.3	>30	14

续表

方案编号	井壁最高温度/℃	井壁最高温度出现时间/d	井帮最高温度/℃	井帮达最高温度时间/d	井壁内外最大温差/℃	井壁内外最大温差出现时间/d	井壁内部与内表面最大温差/℃	井壁内部与内表面最大温差出现时间/d	井壁内部与外表面最大温差/℃	井壁内部与外表面最大温差出现时间/d	内表面进入负温时间/d	外表面进入负温时间/d
A28	59.24	1.1	45.6	0.9	25.74	1.4	18.78	1.3	25.74	1.4	24	21
A29	59.01	1.1	44.9	0.9	26.54	1.4	18.58	1.3	26.54	1.4	23	20
A30	58.76	1.1	44.2	0.9	27.29	1.4	18.37	1.3	27.29	1.4	21	18
A31	58.07	1.0	45.4	0.9	25.06	1.3	25.06	1.3	24.41	1.4	21	19
A32	57.83	1.0	44.7	0.9	25.23	1.4	24.86	1.3	25.23	1.4	20	17
A33	57.61	1.0	43.9	0.9	25.97	1.4	24.64	1.3	25.97	1.4	19	16
A34	57.57	1.0	45.2	0.9	28.28	1.3	28.28	1.3	23.77	1.3	20	18
A35	57.30	1.0	44.5	0.9	28.01	1.3	28.01	1.3	24.52	1.3	19	16
A36	57.03	1.0	43.7	0.9	27.75	1.3	27.75	1.3	25.25	1.4	18	15
A37	59.43	1.1	45.7	0.9	25.95	1.4	17.46	1.3	25.95	1.4	>30	25
A38	59.20	1.1	45.0	0.9	26.76	1.4	17.26	1.3	26.76	1.4	>30	23
A39	58.95	1.1	44.2	0.9	27.57	1.4	17.05	1.3	27.57	1.4	>30	22
A40	58.28	1.0	45.4	0.9	24.72	1.4	23.36	1.3	24.72	1.4	>30	23
A41	58.06	1.0	44.7	0.9	25.53	1.4	23.15	1.3	25.53	1.4	>30	21
A42	57.84	1.0	43.9	0.9	26.28	1.4	22.93	1.3	26.28	1.4	>30	19
A43	57.78	1.0	45.3	0.9	26.31	1.2	26.31	1.2	24.05	1.4	>30	22
A44	57.52	1.0	44.6	0.9	26.07	1.2	26.07	1.2	24.85	1.4	>30	20
A45	57.25	1.0	43.8	0.9	25.85	1.3	25.85	1.3	25.60	1.4	>30	18
A46	59.62	1.1	45.7	0.9	26.19	1.4	16.13	1.3	26.19	1.4	>30	>30
A47	59.38	1.1	45.0	0.9	27.04	1.4	15.94	1.3	27.04	1.4	>30	29
A48	59.14	1.1	44.2	0.9	27.85	1.4	15.77	1.3	27.85	1.4	>30	27
A49	58.51	1.0	45.5	0.9	25.02	1.4	21.65	1.3	25.02	1.4	>30	29
A50	58.29	1.0	44.8	0.9	25.82	1.4	21.44	1.3	25.82	1.4	>30	27
A51	58.06	1.0	44.0	0.9	26.57	1.4	21.23	1.3	26.57	1.4	>30	25
A52	57.99	1.0	45.3	0.9	24.39	1.4	24.38	1.2	24.39	1.4	>30	29
A53	57.74	1.0	44.7	0.9	25.20	1.4	24.17	1.2	25.20	1.4	>30	26
A54	57.51	1.0	43.9	0.9	25.95	1.4	23.96	1.2	25.95	1.4	>30	24
A55	65.10	1.4	46.9	1	31.07	1.6	24.04	1.7	31.07	1.6	>30	30
A56	64.92	1.4	46.2	1	31.99	1.6	23.86	1.7	31.99	1.6	>30	29
A57	64.73	1.3	45.5	1	32.87	1.6	23.68	1.7	32.87	1.6	>30	27
A58	64.24	1.3	46.8	1	31.34	1.7	31.34	1.7	30.18	1.5	>30	27

续表

方案编号	井壁最高温度/℃	井壁最高温度出现时间/d	井帮最高温度/℃	井帮达最高温度时间/d	井壁内外最大温差/℃	井壁内外最大温差出现时间/d	井壁内部与内表面最大温差/℃	井壁内部与内表面最大温差出现时间/d	井壁内部与外表面最大温差/℃	井壁内部与外表面最大温差出现时间/d	内表面进入负温时间/d	外表面进入负温时间/d
A59	64.07	1.3	46.1	1	31.16	1.7	31.16	1.7	31.11	1.5	30	26
A60	63.90	1.3	45.4	1	31.99	1.5	30.96	1.6	31.99	1.5	29	25
A61	63.77	1.3	46.7	1	34.89	1.6	34.89	1.6	29.70	1.5	30	26
A62	63.60	1.3	46.1	1	34.71	1.6	34.71	1.6	30.62	1.5	29	25
A63	63.43	1.3	45.3	1	34.52	1.6	34.52	1.6	31.51	1.5	28	23
A64	65.24	1.4	46.9	1	31.22	1.6	22.47	1.7	31.22	1.6	>30	>30
A65	65.06	1.4	46.2	1	32.14	1.6	22.32	1.7	32.14	1.6	>30	>30
A66	64.87	1.4	45.5	1	33.06	1.6	22.19	1.7	33.06	1.6	>30	>30
A67	64.41	1.3	46.8	1	30.37	1.5	29.36	1.7	30.37	1.5	>30	>30
A68	64.25	1.3	46.1	1	31.30	1.5	29.18	1.6	31.30	1.5	>30	30
A69	64.07	1.3	45.4	1	32.18	1.5	28.99	1.6	32.18	1.5	>30	28
A70	63.97	1.3	46.7	1	32.72	1.6	32.72	1.6	29.92	1.5	>30	>30
A71	63.81	1.3	46.1	1	32.54	1.6	32.54	1.6	30.85	1.5	>30	29
A72	63.63	1.3	45.3	1	32.36	1.6	32.36	1.6	31.73	1.5	>30	27
A73	65.38	1.4	46.9	1	31.39	1.6	20.96	1.7	31.39	1.6	>30	>30
A74	65.20	1.4	46.3	1	32.35	1.6	20.82	1.7	32.35	1.6	>30	>30
A75	65.03	1.4	45.5	1	33.28	1.6	20.69	1.7	33.28	1.6	>30	>30
A76	64.59	1.3	46.8	1	30.56	1.5	27.39	1.6	30.56	1.5	>30	>30
A77	64.42	1.3	46.2	1	31.49	1.5	27.21	1.6	31.49	1.5	>30	>30
A78	64.25	1.3	45.4	1	32.37	1.5	27.02	1.6	32.37	1.5	>30	>30
A79	64.18	1.3	46.8	1	30.55	1.6	30.55	1.6	30.14	1.5	>30	>30
A80	64.01	1.3	46.1	1	31.07	1.5	30.37	1.6	31.07	1.5	>30	>30
A81	63.84	1.3	45.4	1	31.96	1.5	30.18	1.6	31.96	1.5	>30	>30
B1	58.17	1.1	57.3	1	18.73	1.5	18.73	1.5	9.05	4.0	13	11
B2	58.03	1.1	57.1	1	18.57	1.4	18.57	1.4	9.41	4.0	12	10
B3	57.90	1.1	56.9	1	18.41	1.5	18.41	1.5	9.76	4.0	11	9
B4	56.78	1.0	56.2	1	24.56	1.4	24.56	1.4	6.94	4.0	11	9
B5	56.65	1.0	56.0	1	24.38	1.4	24.38	1.4	7.23	4.0	10	8
B6	56.51	1.0	55.8	1	24.21	1.3	24.21	1.3	7.50	4.0	9	8
B7	56.13	1.0	55.6	1	27.50	1.3	27.50	1.3	6.44	0	10	8
B8	55.98	1.0	55.4	1	27.33	1.3	27.33	1.3	6.42	0	9	8

续表

方案编号	井壁最高温度/℃	井壁最高温度出现时间/d	井帮最高温度/℃	井帮达最高温度时间/d	井壁内外最大温差/℃	井壁内外最大温差出现时间/d	井壁内部与内表面最大温差/℃	井壁内部与内表面最大温差出现时间/d	井壁内部与外表面最大温差/℃	井壁内部与外表面最大温差出现时间/d	内表面进入负温时间/d	外表面进入负温时间/d
B9	55.84	1	55.2	1	27.16	1.3	27.16	1.3	6.60	4	9	8
B10	58.43	1.2	57.4	1	17.42	1.4	17.42	1.4	9.81	4	28	13
B11	58.28	1.2	57.2	1	17.26	1.4	17.26	1.4	10.22	4	26	12
B12	58.12	1.1	57	1	17.12	1.4	17.12	1.4	10.61	4	23	11
B13	57.07	1.1	56.4	1	22.87	1.3	22.87	1.3	7.79	4	>30	11
B14	56.91	1.1	56.2	1	22.71	1.4	22.71	1.4	8.15	4	>30	10
B15	56.76	1.0	56.1	1	22.57	1.3	22.57	1.3	8.47	4	>30	9
B16	56.4	1.0	55.9	1	25.65	1.3	25.65	1.3	6.96	4	>30	10
B17	56.27	1.0	55.7	1	25.47	1.3	25.47	1.3	7.26	4	>30	9
B18	56.13	1.0	55.5	1	25.30	1.3	25.30	1.3	7.56	4	>30	8
B19	58.69	1.2	57.6	1	16.12	1.4	16.12	1.4	10.67	4	>30	18
B20	58.53	1.2	57.4	1	15.97	1.4	15.97	1.4	11.09	4	>30	15
B21	58.38	1.2	57.2	1	15.83	1.4	15.83	1.4	11.49	4	>30	13
B22	57.36	1.1	56.7	1	21.22	1.3	21.22	1.3	8.71	4	>30	16
B23	57.2	1.1	56.5	1	21.07	1.3	21.07	1.3	9.08	4	>30	13
B24	57.04	1.1	56.3	1	20.93	1.3	20.93	1.3	9.43	4	>30	11
B25	56.69	1.0	56.1	1	23.79	1.3	23.79	1.3	7.92	4	>30	15
B26	56.55	1.0	55.9	1	23.61	1.2	23.61	1.2	8.28	4	>30	12
B27	56.42	1.0	55.8	1	23.46	1.2	23.46	1.2	8.60	4	>30	10
B28	64.3	1.5	60.8	1	24.64	2	24.64	2	17.07	4	23	20
B29	64.17	1.5	60.6	1	24.49	2	24.49	2	17.65	4	22	19
B30	64.04	1.5	60.5	1	24.32	2	24.32	2	18.25	4	20	17
B31	63.36	1.4	60.5	1	31.73	2	31.73	2	14.60	4	20	17
B32	63.23	1.4	60.3	1	31.54	1.9	31.54	1.9	15.18	4	19	16
B33	63.12	1.4	60.1	1	31.35	1.9	31.35	1.9	15.74	4	18	15
B34	62.94	1.4	60.3	1	35.20	1.9	35.20	1.9	13.58	4	19	16
B35	62.8	1.4	60.1	1	35.01	1.8	35.01	1.8	14.11	4	18	15
B36	62.66	1.4	59.9	1	34.83	1.8	34.83	1.8	14.60	4	17	14
B37	64.45	1.5	60.9	1	23.03	2	23.03	2	17.75	4	>30	24
B38	64.33	1.5	60.7	1	22.87	2	22.87	2	18.38	4	>30	22
B39	64.2	1.5	60.5	1	22.71	2	22.71	2	19.01	4	>30	20

续表

方案编号	井壁最高温度/℃	井壁最高温度出现时间/d	井帮最高温度/℃	井帮达最高温度时间/d	井壁内外最大温差/℃	井壁内外最大温差出现时间/d	井壁内部与内表面最大温差/℃	井壁内部与内表面最大温差出现时间/d	井壁内部与外表面最大温差/℃	井壁内部与外表面最大温差出现时间/d	内表面进入负温时间/d	外表面进入负温时间/d
B40	63.54	1.4	60.6	1	29.67	1.9	29.67	1.9	15.39	4	>30	21
B41	63.43	1.4	60.4	1	29.50	1.9	29.50	1.9	15.97	4	>30	19
B42	63.31	1.4	60.2	1	29.34	1.9	29.34	1.9	16.53	4	>30	17
B43	63.13	1.4	60.4	1	32.94	1.8	32.94	1.8	14.32	4	>30	20
B44	62.99	1.4	60.2	1	32.76	1.8	32.76	1.8	14.89	4	>30	18
B45	62.85	1.4	60.0	1	32.58	1.8	32.58	1.8	15.44	4	>30	16
B46	64.61	1.5	60.9	1	21.41	2	21.41	2	18.50	4	>30	29
B47	64.48	1.5	60.7	1	21.26	2	21.26	2	19.15	4	>30	27
B48	64.36	1.5	60.6	1	21.10	2	21.10	2	19.76	4	>30	25
B49	63.74	1.5	60.6	1	27.65	1.9	27.65	1.9	16.17	4	>30	27
B50	63.62	1.4	60.5	1	27.50	1.9	27.50	1.9	16.75	4	>30	25
B51	63.51	1.4	60.3	1	27.34	1.9	27.34	1.9	17.32	4	>30	22
B52	63.31	1.4	60.5	1	30.70	1.8	30.70	1.8	15.17	4	>30	26
B53	63.18	1.4	60.3	1	30.52	1.8	30.52	1.8	15.74	4	>30	24
B54	63.07	1.4	60.1	1	30.37	1.8	30.37	1.8	16.30	4	>30	21
B55	68.44	1.7	62.8	1.6	28.52	2	28.52	2	24.26	4	>30	29
B56	68.36	1.7	62.5	1.6	28.42	2	28.42	2	25.02	4	>30	28
B57	68.28	1.7	62.1	1.6	28.32	2	28.32	2	25.77	4	>30	27
B58	67.79	1.6	62.6	1.6	36.39	2	36.39	2	22.15	4	>30	26
B59	67.71	1.6	62.3	1.6	36.27	2	36.27	2	22.85	4	29	25
B60	67.64	1.6	61.9	1.5	36.15	2	36.15	2	23.52	4	28	24
B61	67.52	1.6	62.5	1.6	40.25	2	40.25	2	21.26	4	29	25
B62	67.42	1.6	62.2	1.5	40.11	2	40.11	2	21.96	4	28	24
B63	67.32	1.6	61.8	1.5	39.99	2	39.99	2	22.63	4	27	23
B64	68.54	1.7	62.9	1.6	26.79	2	26.79	2	24.78	4	>30	>30
B65	68.46	1.7	62.5	1.6	26.70	2	26.70	2	25.54	4	>30	>30
B66	68.38	1.7	62.2	1.6	26.60	2	26.60	2	26.30	4	>30	30
B67	67.92	1.6	62.7	1.6	34.19	2	34.19	2	22.68	4	>30	>30
B68	67.85	1.6	62.3	1.6	34.09	2	34.09	2	23.41	4	>30	29
B69	67.77	1.6	62.0	1.5	33.98	2	33.98	2	24.15	4	>30	27
B70	67.63	1.6	62.6	1.6	37.83	2	37.83	2	21.84	4	>30	29

续表

方案编号	井壁最高温度/℃	井壁最高温度出现时间/d	井帮最高温度/℃	井帮达最高温度时间/d	井壁内外最大温差/℃	井壁内外最大温差出现时间/d	井壁内部与内表面最大温差/℃	井壁内部与内表面最大温差出现时间/d	井壁内部与外表面最大温差/℃	井壁内部与外表面最大温差出现时间/d	内表面进入负温时间/d	外表面进入负温时间/d
B71	67.54	1.6	62.2	1.5	37.69	2	37.69	2	22.54	4	>30	28
B72	67.46	1.6	61.9	1.5	37.57	2	37.57	2	23.21	4	>30	26
B73	68.65	1.7	62.9	1.6	25.30	4	25.07	2	25.30	4	>30	>30
B74	68.57	1.7	62.5	1.6	26.06	4	24.98	2	26.06	4	>30	>30
B75	68.49	1.7	62.2	1.6	26.81	4	24.88	2	26.81	4	>30	>30
B76	68.06	1.7	62.7	1.6	32.02	2	32.02	2	23.31	4	>30	>30
B77	67.98	1.6	62.4	1.6	31.92	2	31.92	2	24.07	4	>30	>30
B78	67.90	1.6	62.0	1.5	31.82	2	31.82	2	24.82	4	>30	>30
B79	67.75	1.6	62.6	1.6	35.40	2	35.40	2	22.42	4	>30	>30
B80	67.68	1.6	62.3	1.6	35.28	2	35.28	2	23.11	4	>30	>30
B81	67.61	1.6	61.9	1.5	35.15	2	35.15	2	23.84	4	>30	>30

计算需说明以下几方面。

1）由计算得知，井壁最高温度点并不在井壁段高竖向中间部位，而是在竖向中部偏上 75cm 左右，因此，本书结果均取自井壁温度最高点，即第二段高中部偏上 75cm。

2）为减小边界条件对模拟结果的影响，本书建立了 3 个段高的模型井壁，表 2.16 数据均取自第二段高，时间均是从第二段高井壁混凝土浇筑完毕时刻计算。

3）模拟计算的时间最长为 30d。

4）本书所涉及的井壁内外温差均是指通过井壁最高温度点的径向线上的温差，且通过计算可知，井壁内外最大温差始终发生在通过井壁最高温度点的径向线上。

2.4.7.1　井壁温度峰值

由表 2.16 和图 2.28 ~ 图 2.33 可知：井壁浇筑后，升温十分迅速，且温度峰值很高，在不同井壁厚度和不同泡沫板压缩速度下，井壁达到最高温度的时间有所不同。当井壁厚度为 0.8m，泡沫板快速压缩时，井壁浇筑后 0.9d 即达到最高温度，最高温度为 48.08 ~ 52.03℃；当井壁厚度为 1.2m 和 1.6m，泡沫板快速压缩时，井壁达到最高温度的时间分别为 1 ~ 1.1d 和 1.3 ~ 1.4d，最高温度分别为 57.03 ~ 59.62℃ 和 63.43 ~ 65.38℃。而当井壁厚度为 0.8m，泡沫板慢速压缩时，井壁浇筑后 1 ~ 1.2d 才达到最高温度，最高温度为 55.84 ~ 58.69℃；当井壁厚度为 1.2m 和 1.6m，泡沫板慢速压缩时，井壁达到最高温度的时间分别为 1.4 ~ 1.5d 和 1.6 ~ 1.7d，最高温度分别为 62.66 ~ 64.61℃ 和 67.32 ~ 68.65℃。由此可见，井壁厚度增加，井壁混凝土达到的温度峰值势必增大，这对于控制大体积混凝土的体积稳定性和温度裂缝是不利的。因此，在满足井壁受力条件时，井壁厚

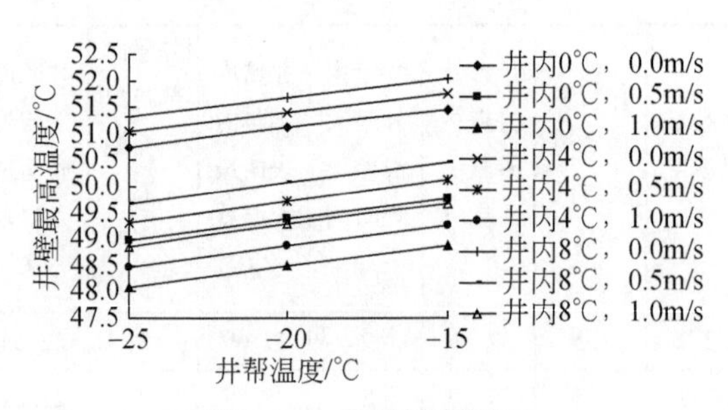

图 2.28　井壁最高温度

泡沫板快速压缩，井壁厚度 0.8m

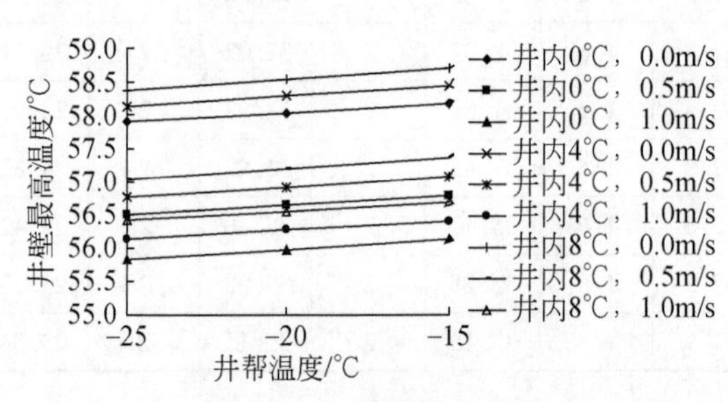

图 2.29　井壁最高温度

泡沫板慢速压缩，井壁厚度 0.8m

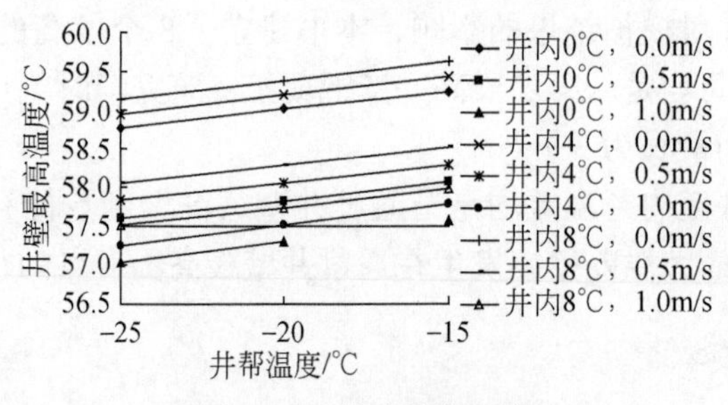

图 2.30　井壁最高温度

泡沫板快速压缩，井壁厚度 1.2m

度越薄，井壁混凝土达到的最高温度越小，对井壁的受力和防水反而更有利；井壁厚度相同时，泡沫板慢速压缩条件下井壁混凝土达到的最高温度分别比快速压缩条件下高 3.27 ~ 7.76℃，达到最高温度的时间比泡沫板快速压缩条件下分别晚 0.1 ~ 0.4d，这主要是由于泡沫板慢速压缩条件下的保温性能较好，井壁与冻结壁之间的热交换比快速压缩时慢，是热量在井壁内聚集造成的。

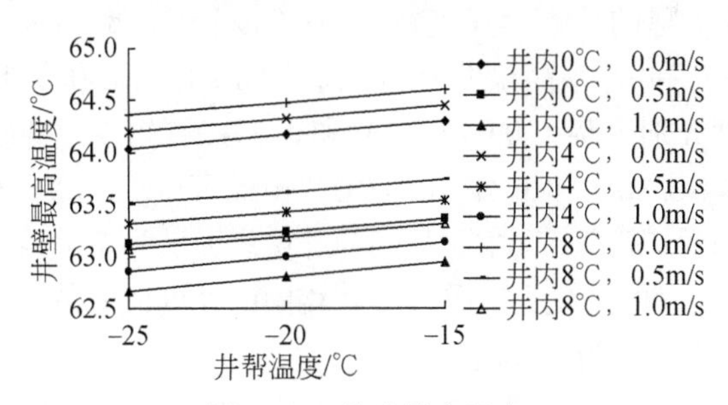

图 2.31　井壁最高温度

泡沫板慢速压缩，井壁厚度 1.2m

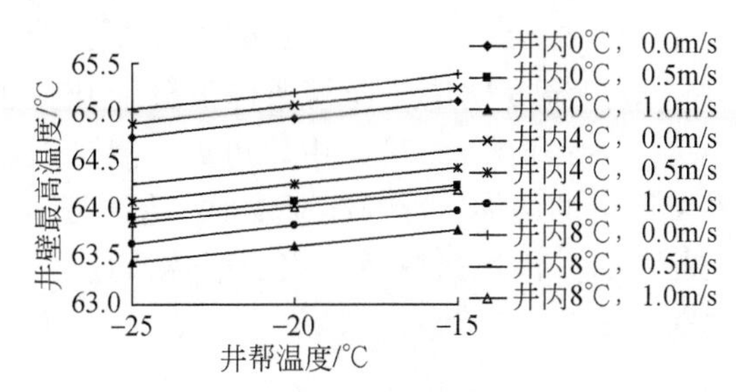

图 2.32　井壁最高温度

泡沫板快速压缩，井壁厚度 1.6m

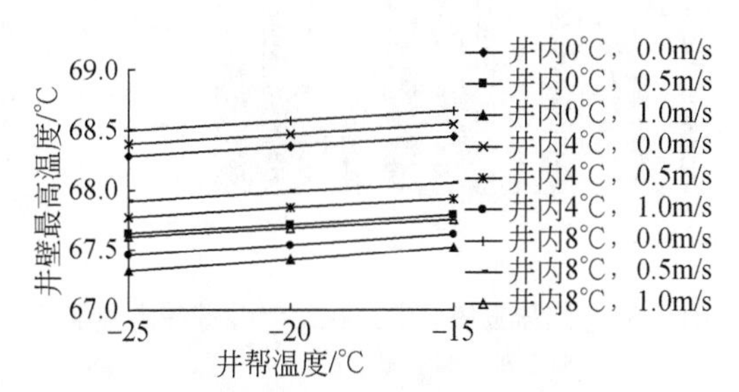

图 2.33　井壁最高温度

泡沫板慢速压缩，井壁厚度 1.6m

井壁最高温度随井帮温度的降低基本呈线性下降趋势，但降低的幅度极小。井帮温度由-15℃下降至-25℃，井壁厚度为 0.8m 时，井壁最高温度仅下降 0.71～0.81℃（泡沫板快速压缩）（图 2.28）或 0.27～0.32℃（泡沫板慢速压缩）（图 2.29）；井壁厚度为 1.2m 时，井壁最高温度仅下降 0.44～0.54℃（泡沫板快速压缩）（图 2.30）或 0.23～0.28℃（泡沫板慢速压缩）（图 2.31）；井壁厚度为 1.6m 时，井壁最高温度仅下降 0.34～0.37℃（泡沫板快速压缩）（图 2.32）或 0.14～0.2℃（泡沫板慢速压缩）（图 2.33）。由此可见，随着井壁厚度加大，井帮温度和泡沫板压缩速度对井壁混凝土最高温度的影响减小，但下降值都不足 1℃，可以认为井帮温度对井壁混凝土温度峰值影响不显著。

井壁最高温度随井内风速的增加［风速由 0m/s—0.5m/s—1m/s 线性增加，直接引起井壁表面散热系数呈 18.46kJ/(m^2·h·℃)—28.68kJ/(m^2·h·℃)—35.75kJ/(m^2·h·℃)

非线性增加］呈现线性下降的特点。风速在 0 ~ 0. 5m/s 和 0. 5 ~ 1m/s 变化时，随着风速增加：井壁厚度为 0. 8m 时，井壁最高温度分别下降 1. 58 ~ 1. 78℃和 0. 79 ~ 0. 9℃；井壁厚度为 1. 2m 时，井壁最高温度分别下降 1. 09 ~ 1. 18℃和 0. 5 ~ 0. 55℃；井壁厚度为 1. 6m 时，井壁最高温度分别下降 0. 78 ~ 0. 86℃和 0. 41 ~ 0. 47℃。由此可见，风速在 0 ~ 0. 5m/s 变化时对井壁温度的影响较 0. 5 ~ 1m/s 显著，这主要是因为井壁表面散热系数在风速为 0 ~ 0. 5m/s 时的变化较风速为 0. 5 ~ 1m/s 时的变化大。另外，在相同的井内风速条件下，随着井壁厚度的增加，井壁最高温度值下降幅度逐渐减小。

风速分别为 0m/s、0. 5m/s 和 1m/s，井壁厚度为 0. 8m 时，泡沫板慢速压缩将导致井壁最高温度比快速压缩条件下分别升高 6. 66 ~ 7. 15℃、6. 91 ~ 7. 54℃和 7. 03 ~ 7. 76℃（图 2. 34）；井壁厚度为 1. 2m 时，泡沫板慢速压缩将导致井壁最高温度比快速压缩条件下分别升高 4. 99 ~ 5. 28℃、5. 23 ~ 5. 51℃和 5. 32 ~ 5. 63℃（图 2. 35）；井壁厚度 1. 6m 时，泡沫板慢速压缩将导致井壁最高温度比快速压缩条件下分别升高 3. 27 ~ 3. 55℃、3. 47 ~ 3. 74℃和 3. 57 ~ 3. 89℃（图 2. 36 和图 2. 37）。由此可见，泡沫板压缩速度对井壁最高温度的影响显著，但随着井壁厚度的增加，影响逐渐减小；泡沫板压缩速度对井壁最高温度的影响还与井内风速密切相关，井内风速越高（表面散热系数越大），泡沫板压缩速度对井壁最高温度的影响越显著。

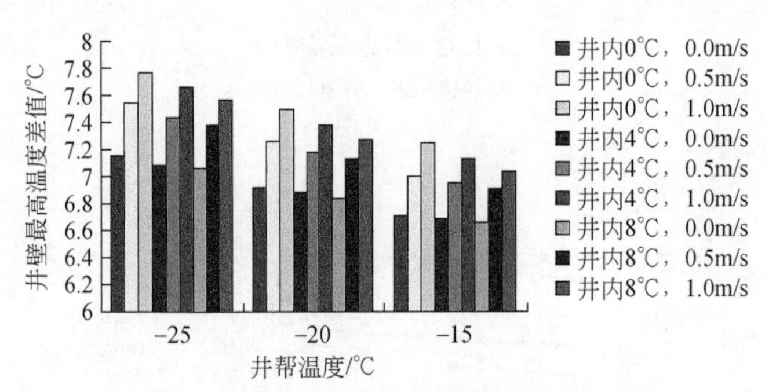

图 2. 34 泡沫板快、慢速压缩时井壁最高温度差

井壁厚度 0. 8m

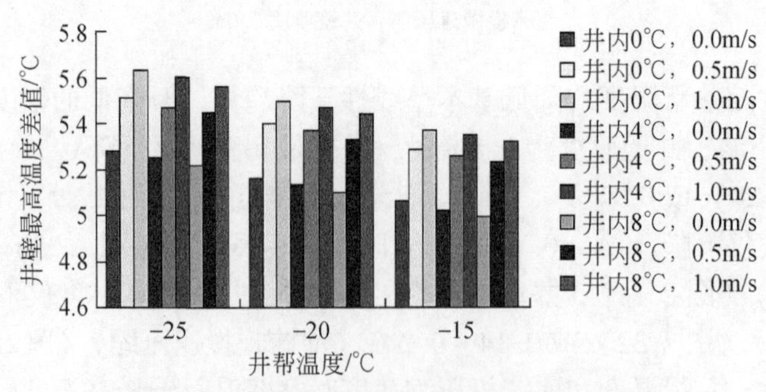

图 2. 35 泡沫板快、慢速压缩时井壁最高温度差

井壁厚度 1. 2m

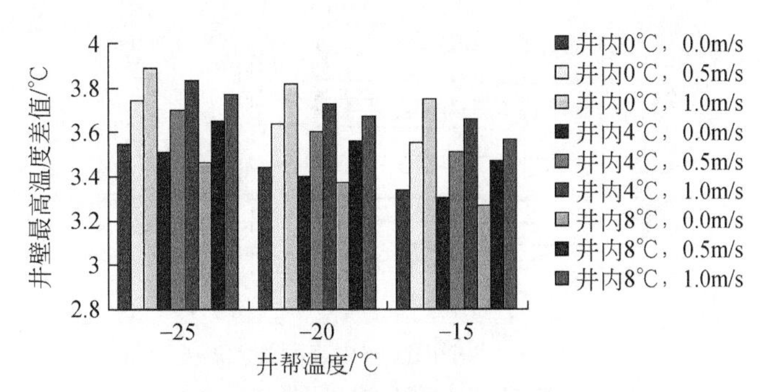

图2.36 泡沫板快、慢速压缩时井壁最高温度差

井壁厚度1.6m

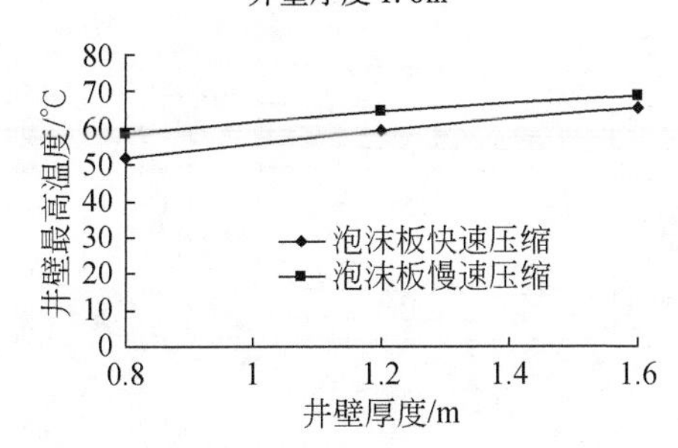

图2.37 井壁最高温度与井壁厚度关系

2.4.7.2 井壁内外最大温差

井壁内外最大温差受井内空气温度、井内风速、井帮温度和泡沫板压缩速度等诸多因素影响，尤其是泡沫板压缩速度对其影响最为显著，泡沫板压缩速度不同，直接引起井壁与壁后冻土之间的传热能力不同，从而导致井壁内部温度最高点出现的位置不同。因此，井壁内、外温差达到最大值时的井壁温度最低点出现的位置就不同（井壁内表面或者井壁外表面），当井壁最低温度点出现在井壁内表面时，井壁内外最大温差受井内空气温度、井内风速的影响要大于井帮温度对其的影响；当井壁最低温度点出现在井壁外表面时，井壁内外最大温差受井帮温度的影响要大于井内空气温度和井内风速对其的影响。因此，本书分析了当井壁内、外达到最大温差时通过井壁温度最高点的径向线上的最高温度和井壁内、外表面温度之间的温差与井内空气温度、井内风速、井帮温度之间的关系（图2.38～图2.43）。

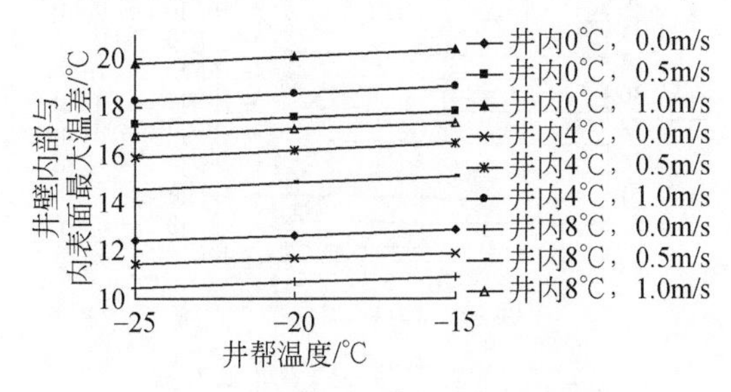

图2.38 井壁内部与内表面最大温差

泡沫板快速压缩，井壁厚度0.8m

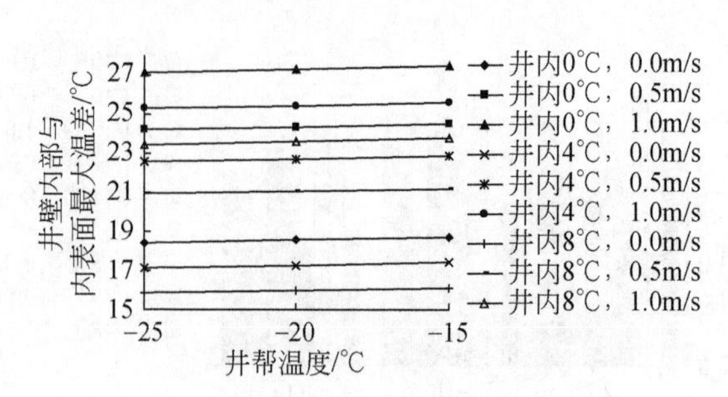

图 2.39　井壁内部与内表面最大温差

泡沫板慢速压缩，井壁厚度 0.8m

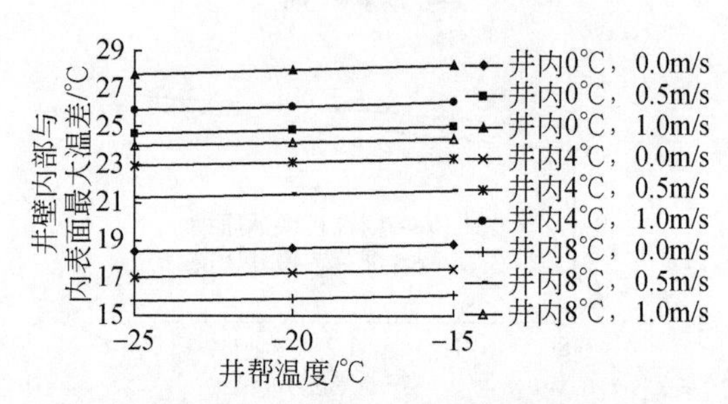

图 2.40　井壁内部与内表面最大温差

泡沫板快速压缩，井壁厚度 1.2m

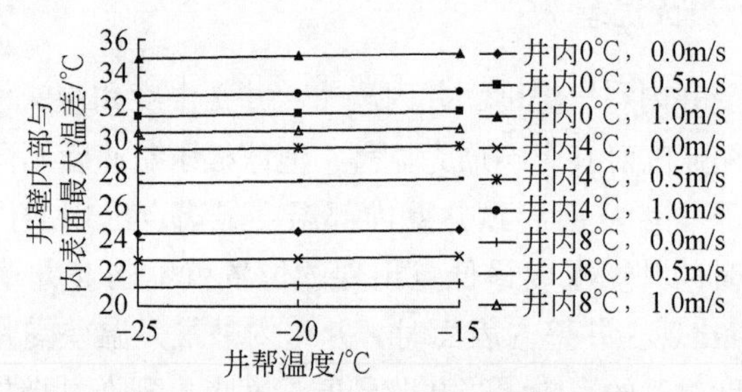

图 2.41　井壁内部与内表面最大温差

泡沫板慢速压缩，井壁厚度 1.2m

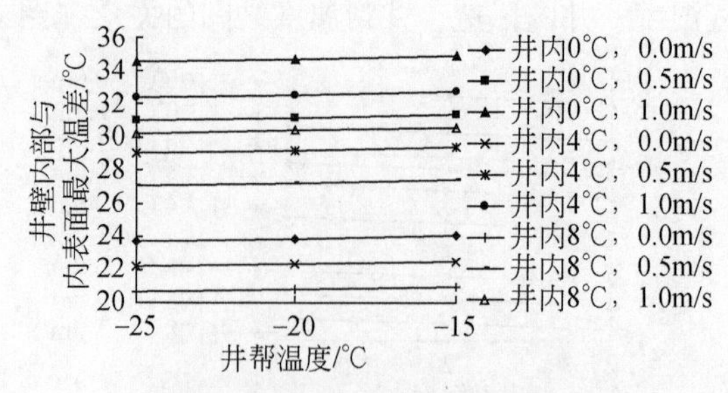

图 2.42　井壁内部与内表面最大温差

泡沫板快速压缩，井壁厚度 1.6m

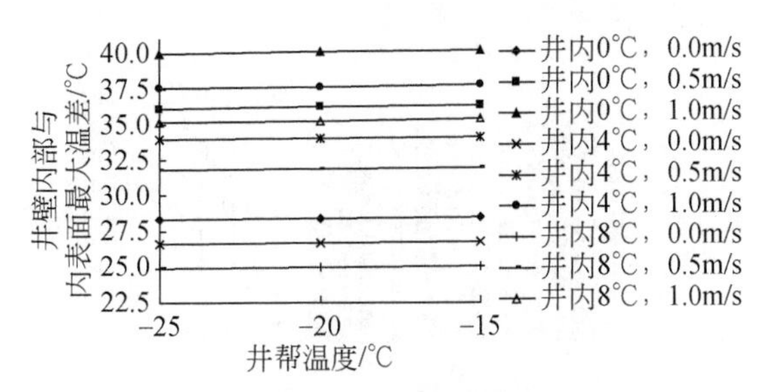

图2.43 井壁内部与内表面最大温差

泡沫板慢速压缩，井壁厚度1.6m

由图2.38～图2.43可知：

井壁厚度为0.8m，泡沫板快速压缩和慢速压缩时，井壁内部与内表面最大温差分别为10.45～20.41℃和15.83～27.5℃（图2.38和图2.39）；井壁厚度为1.2m，泡沫板快速和慢速压缩时，井壁内外最大温差分别为15.77～28.28℃和21.1～35.2℃（图2.40和图2.41）；井壁厚度为1.6m，泡沫板快速压缩和慢速压缩时，井壁内外最大温差分别为20.69～34.89℃和24.88～40.25℃（图2.42和图2.43）。可见，井壁内部与内表面最大温差普遍超过或接近大体积混凝土允许的最大温差，最大温差达到40.25℃，泡沫板压缩速度越慢，井壁内部与内表面最大温差越大。

井壁内部与内表面最大温差随井内空气温度提高而减小，随井内风速增大而增大。井内空气温度由0℃—4℃—8℃、井内风速由0m/s—0.5m/s—1m/s的变化过程中，井壁厚度为0.8m时，泡沫板快速压缩和慢速压缩井壁内部与内表面最大温差的最大值分别减小1.54～1.53℃、4.98～2.57℃和1.86～1.86℃、5.83～2.95℃；井壁厚度为1.2m时，分别减小1.97～1.93℃、6.28～3.22℃和2.26～2.24℃、7.09～3.48℃；井壁厚度为1.6m时，分别减小2.17～2.18℃、7.3～3.56℃和2.43～2.43℃、7.87～3.86℃。由此可见，井内空气温度从0℃变化到4℃和从4℃变化到8℃对井壁内部与内表面最大温差的影响相当，最大差别不超过0.04℃；井内风速变化对井壁内部与内表面最大温差的影响显著，风速在0～0.5m/s增大时，对井壁内部与内表面最大温差的影响比风速为0.5～1m/s时更明显。

井壁内部与内表面最大温差随井帮温度的增加而略有增大，分析认为，这主要是因为井帮温度的增大导致了井壁内部最高温度略有提高。

由表2.16可见，井壁内部与内表面最大温差并非与井壁峰值温度同时出现，井壁厚度为0.8m时，泡沫板快速压缩和慢速压缩情况下，井壁内部与内表面最大温差分别出现在井壁浇筑后0.9～1d和1.2～1.5d；井壁厚度为1.2m时，最大温差分别出现在井壁浇筑后1.2～1.3d和1.8～2.0d；井壁厚度为1.6m时，最大温差分别出现在井壁浇筑后1.6～1.7d和2d。因此，应密切关注井壁浇筑后0.9～2d及此后温度继续下降过程中的温度裂缝问题。

风速分别为0m/s、0.5m/s和1m/s，井壁厚度为0.8m时，泡沫板慢速压缩将导致井壁内部与内表面最大温差比快速压缩条件下分别升高5.23～5.98℃、6.1～6.94℃和6.45～7.36℃（图2.44）；井壁厚度为1.2m时，泡沫板慢速压缩将导致井壁内部与内表面最大温差

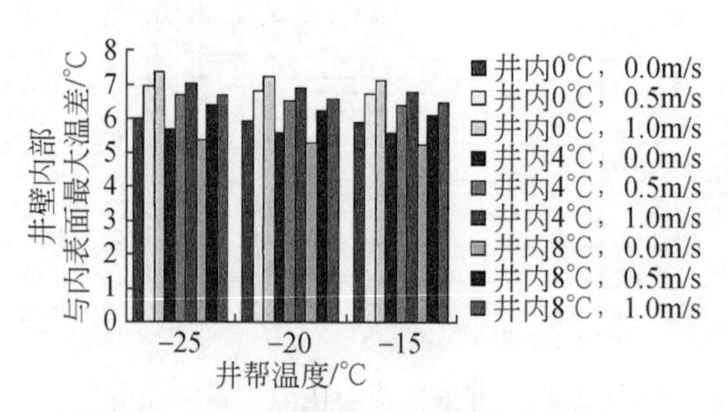

图 2.44　泡沫板快、慢速压缩时井壁内部与内表面最大温差差值

井壁厚度 0.8m

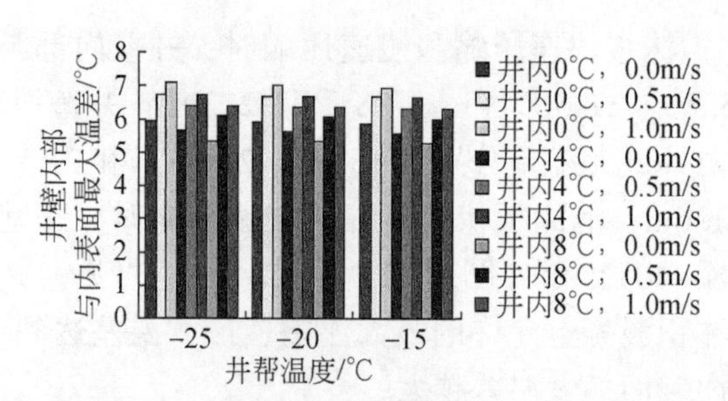

图 2.45　泡沫板快、慢速压缩时井壁内部与内表面最大温差差值

井壁厚度 1.2m

比快速压缩条件下分别升高 5.28～5.95℃、6～6.71℃和 6.32～7.08℃（图 2.45）；井壁厚度为 1.6m 时，泡沫板慢速压缩将导致井壁内部与内表面最大温差比快速压缩条件下分别升高 4.11～4.64℃、4.63～5.19℃和 4.85～5.47℃（图 2.46）。由此可知，泡沫板压缩速度对井壁内部与内表面最大温差的影响显著。另由图 2.47 可知，无论泡沫板快速压缩还是慢速压缩，井壁内部与内表面最大温差均随井壁厚度增加而增加，但随着井壁厚度增加，泡沫板压缩速度对井壁内部与内表面最大温差的影响逐渐减小；泡沫板压缩速度对井壁内部与内表面最大温差的影响还跟井内风速密切相关，井内风速越高（表面散热系数越大），泡沫板压缩速度对井壁内部与内表面最大温差的影响越显著。

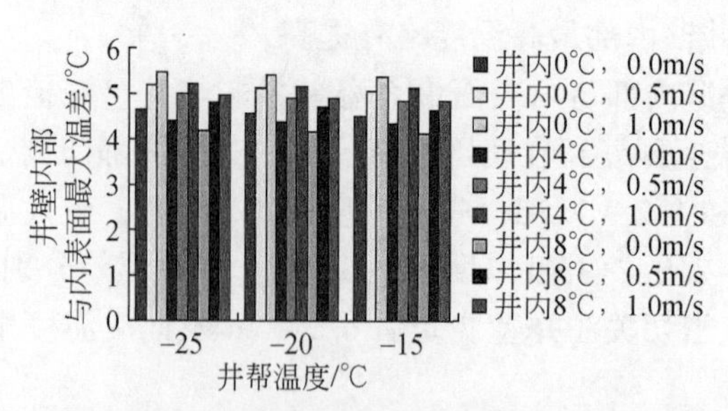

图 2.46　泡沫板快、慢速压缩时井壁内部与内表面最大温差差值

井壁厚度 1.6m

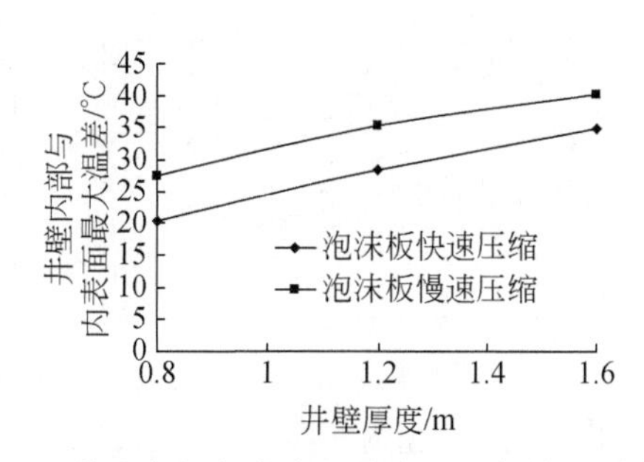

图2.47　井壁内部与内表面最大温差与井壁厚度关系

由图2.48～图2.53可知：

井壁厚度为0.8m，泡沫板快速和慢速压缩时，井壁内部与外表面最大温差分别为16.07～20.52℃和6.42～11.49℃（图2.48和图2.49）；井壁厚度为1.2m，泡沫板快速和慢速压缩时，井壁内外最大温差分别为23.77～27.85℃和13.58～19.76℃（图2.50和图2.51）；井壁厚度为1.6m，泡沫板快速和慢速压缩时，井壁内外最大温差分别为29.7～33.28℃和21.26～26.81℃（图2.52和图2.53）。可见，当井壁厚度达到1.2m以后，井壁内部与外表面最大温差普遍超过或接近大体积混凝土允许的最大温差，最大温差达到33.28℃；泡沫板压缩速度对井壁内部与外表面最大温差的影响规律和其对井壁内部与内表面最大温差的影响规律正好相反，泡沫板压缩速度越慢，井壁内部与内表面最大温差越小。分析认为，主要是泡沫板压缩速度慢，壁后冷量对井壁外侧的温度影响小，因此，井壁内部与外表面的温差就小。

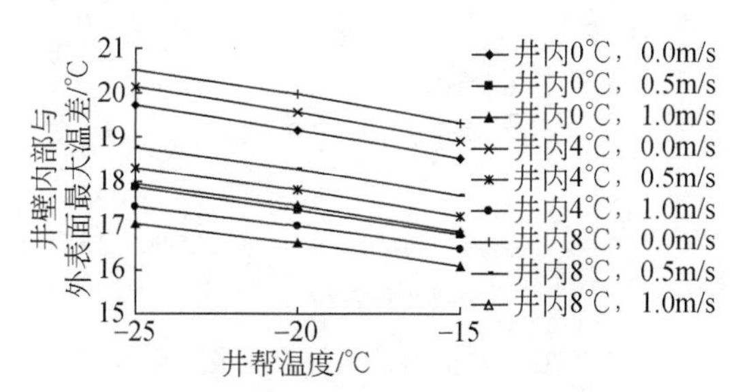

图2.48　井壁内部与外表面最大温差

泡沫板快速压缩，井壁厚度0.8m

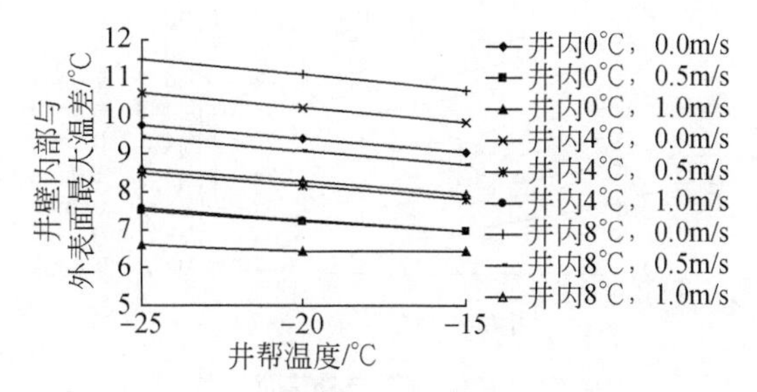

图2.49　井壁内部与外表面最大温差

泡沫板慢速压缩，井壁厚度0.8m

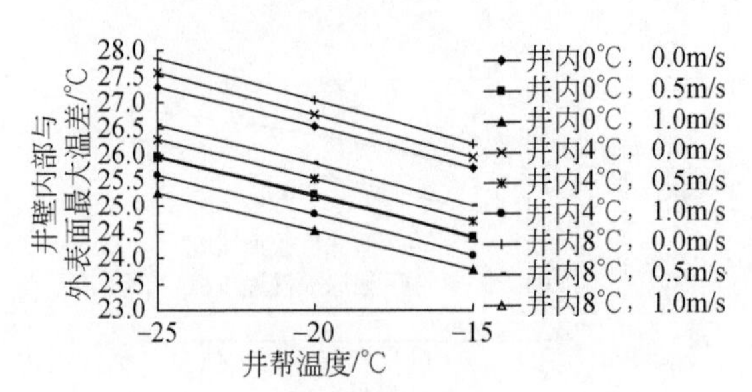

图 2.50　井壁内部与外表面最大温差

泡沫板快速压缩，井壁厚度 1.2m

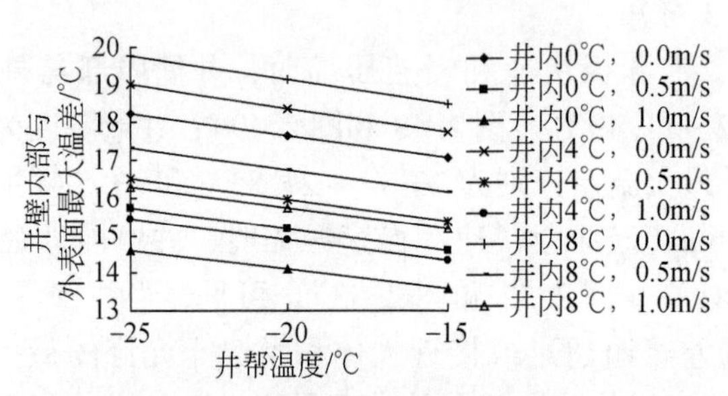

图 2.51　井壁内部与外表面最大温差

泡沫板慢速压缩，井壁厚度 1.2m

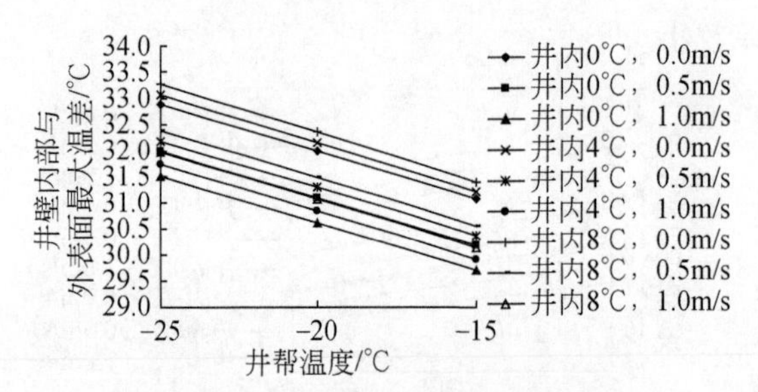

图 2.52　井壁内部与外表面最大温差

泡沫板快速压缩，井壁厚度 1.6m

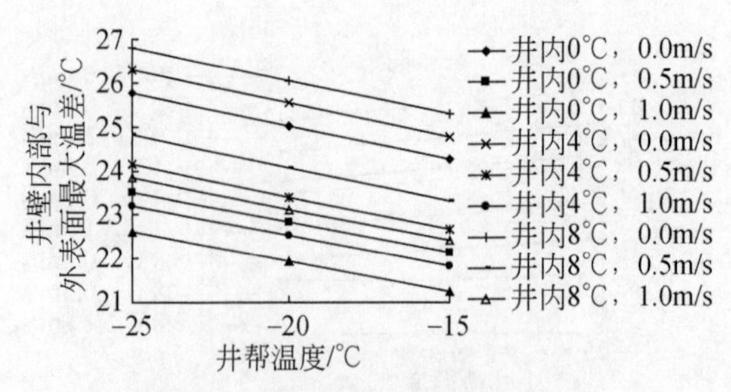

图 2.53　井壁内部与外表面最大温差

泡沫板慢速压缩，井壁厚度 1.6m

井壁内部与外表面最大温差随井内空气温度提高而增大，随井内风速增大而减小。在井内空气温度由0℃—4℃—8℃、井内风速由0m/s—0.5m/s—1m/s的变化过程中，井壁厚度为0.8m时，泡沫板快速压缩和慢速压缩井壁内部与外表面最大温差的最大值分别增大0.37~0.4℃、1.66~0.72℃和0.52~0.86℃、1.96~0.5℃；井壁厚度为1.2m时，分别增大0.21~0.24℃、1.17~0.62℃和0.68~0.75℃、2.33~1℃；井壁厚度为1.6m时，分别增大0.15~0.17℃、0.83~0.41℃和0.51~0.51℃、1.99~0.84℃。由此可见，井内空气温度从0℃变化到4℃和从4℃变化到8℃对井壁内部与外表面最大温差的影响相当，最大差别不超过0.34℃，且随着井壁厚度的减小，影响逐渐减小；井内风速变化对井壁内部与外表面最大温差的影响显著，风速在0~0.5m/s增大时，对井壁内部与外表面最大温差的影响比风速为0.5~1.0m/s时更明显。

井壁内部与外表面最大温差随井帮温度的增加而减小。分析认为，这主要是因为井帮温度的升高引起了井壁内部最高温度和井壁外表面温度同时升高，但井帮温度的变化对井壁外侧温度的影响要大于其对井壁内部最高温度的影响，即随着井帮温度变化，井壁内部最高温度升高值远小于井壁外侧温度升高值。因此，井壁内部与外表面最大温差随井帮温度的增加而减小。

由表2.16可知，井壁内部与外表面最大温差并非与井壁峰值温度同时出现，井壁厚度为0.8m时，泡沫板快速和慢速压缩情况下，井壁内部与外表面最大温差分别出现在井壁浇筑后1.2~1.3d和0~4d；井壁厚度为1.2m时，最大温差分别出现在井壁浇筑后1.3~1.4d和4d；井壁厚度为1.6m时，最大温差分别出现在井壁浇筑后1.5~1.6d和4d。

泡沫板压缩速度对井壁内部与外表面最大温差的影响和对井壁内部与内表面最大温差的影响规律（泡沫板慢速压缩条件下最大温差大于快速压缩）正好相反，风速分别为0m/s、0.5m/s和1m/s，井壁厚度为0.8m时，泡沫板慢速压缩将导致井壁内部与外表面最大温差比快速压缩条件下分别降低8.64~9.94℃、8.94~10.34℃和8.92~10.44℃（图2.54）；井壁厚度为1.2m时，泡沫板慢速压缩将导致井壁内部与外表面最大温差比快速压缩条件下分别降低7.69~9.04℃、8.85~10.23℃和9.22~10.65℃（图2.55）；井壁厚度为1.6m时，泡沫板慢速压缩将导致井壁内部与外表面最大温差比快速压缩条件下分别降低6.09~7.1℃、7.25~8.47℃和7.72~8.88℃（图2.56）。由此可知，泡沫板压缩速度对井壁内部与外表面最大温差的影响显著。由图2.57可知，无论泡沫板快速压缩还是慢速压缩，井壁内部与外表面最大温差均随井壁厚度增大而增大，但随着井壁厚度增大，泡沫板压缩速度对井壁内部与外表面最大温差的影响逐渐减小。

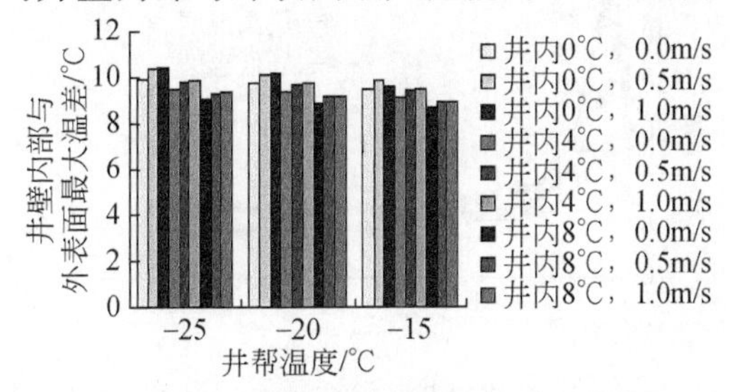

图2.54　泡沫板快压缩、慢速压缩时井壁内部与外表面最大温差差值

井壁厚度0.8m

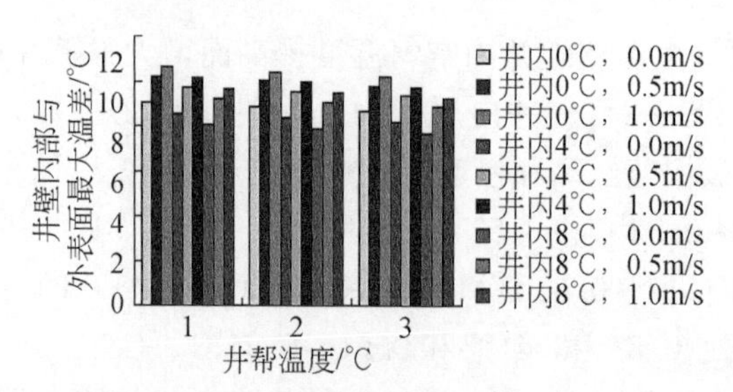

图 2.55　泡沫板快、慢速压缩时井壁内部与外表面最大温差差值

井壁厚度 1.2m

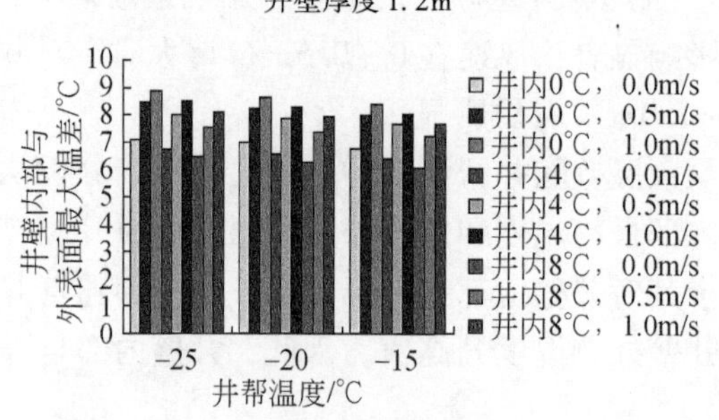

图 2.56　泡沫板快、慢速压缩时井壁内部与外表面最大温差差值

井壁厚度 1.6m

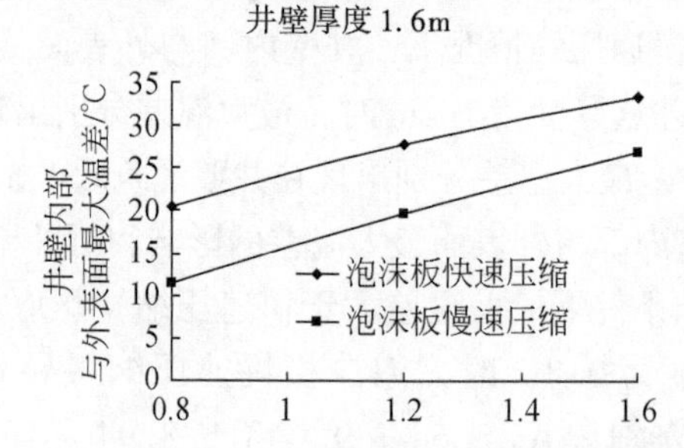

图 2.57　井壁内部与外表面最大温差与井壁厚度关系

由表 2.16 还可以看出，当井壁厚度相同，泡沫板压缩速度相同时，井壁内外最大温差并不在“井内温度最低、井内风速最大和井帮温度最低”的情况下出现，而是出现在“井内温度最低、井内风速最大和井帮温度最高（-15℃）”的情况下，即方案 A7、B7、A34、B34、A61、B61，这几种方案的井壁温度最大值、最小值和最大温差曲线如图 2.58 ~ 图 2.63 所示。

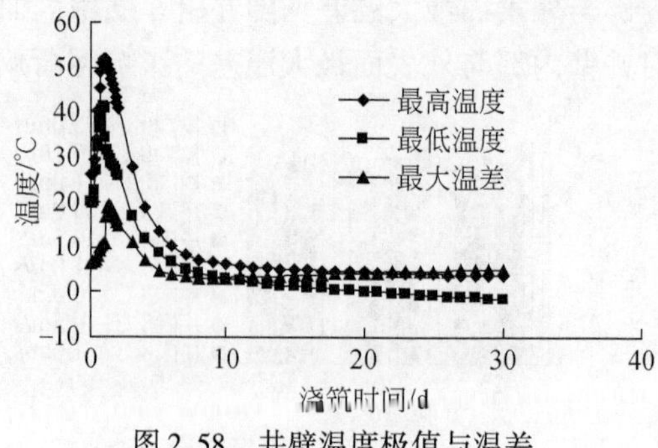

图 2.58　井壁温度极值与温差

井壁厚度 0.8m，泡沫板快速压缩

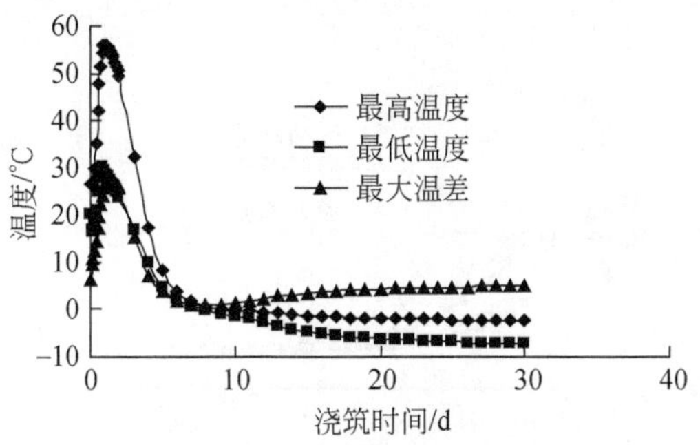

图2.59　井壁温度极值与温差

井壁厚度0.8m，泡沫板慢速压缩

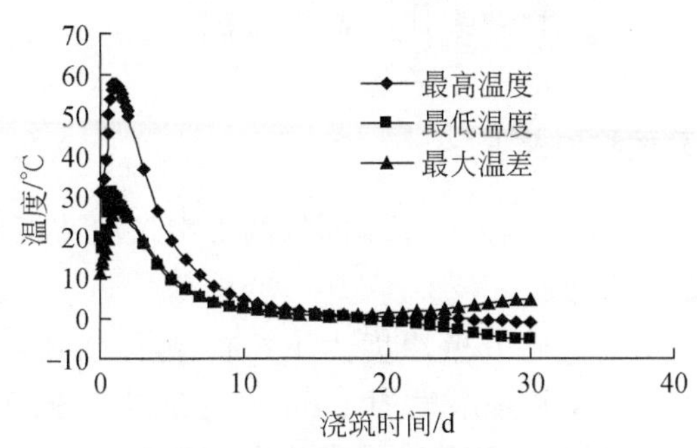

图2.60　井壁温度极值与温差

井壁厚度1.2m，泡沫板快速压缩

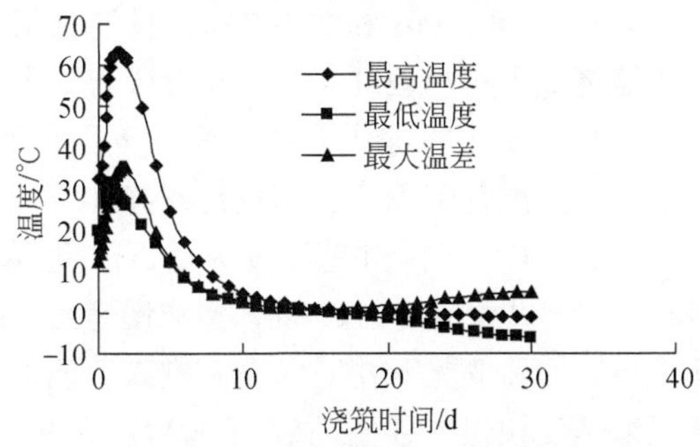

图2.61　井壁温度极值与温差

井壁厚度1.2m，泡沫板慢速压缩

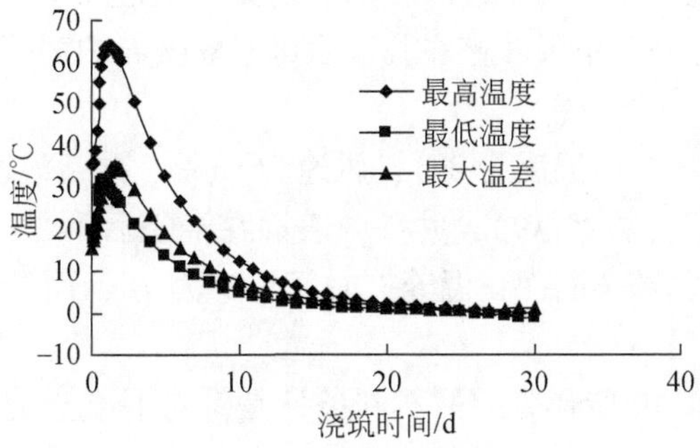

图2.62　井壁温度极值与温差

井壁厚度1.6m，泡沫板快速压缩

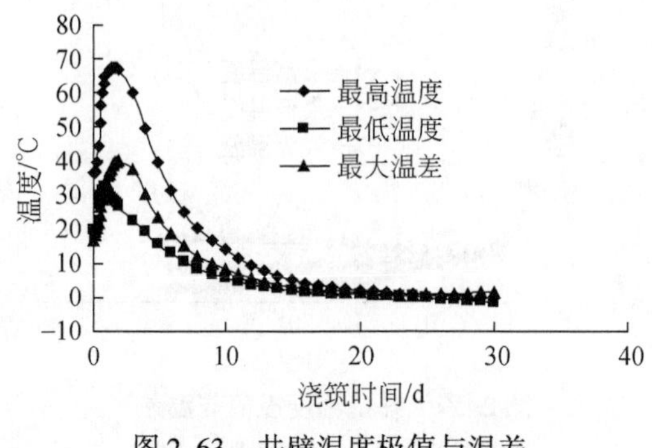

图 2.63　井壁温度极值与温差

井壁厚度 1.6m，泡沫板慢速压缩

2.4.7.3　井壁内外表面降温速度

由表 2.16 对比 A*n*、B*n*（*n*=1～81，*n* 相同的两方案仅泡沫板压缩速度不同，其余参数完全相同）方案的计算结果可知。

1）井内空气温度为 0℃时，除井壁厚度为 1.6m、泡沫快速压缩、井内风速为 0m/s 和 0.5m/s、井帮温度为-15℃及井壁厚度为 1.6m、泡沫慢速压缩、井内风速为 0m/s 和 0.5m/s、井帮温度为-15℃几种情况下井壁内表面进入负温的时间小于 30d 以外，其他情况井壁内表面进入负温时间均大于 30d，井壁厚度分别为 0.8m、1.2m 和 1.6m 时，井壁内表面进入负温时间分别在 9～28d、18～24d 和 23～29d，且泡沫板慢速压缩情况下，井壁内表面进入负温时比快速压缩情况下稍提前 0～1d。分析认为：由于泡沫板快速压缩时井壁向壁冻土散热量大，冻土融化范围大，冻土升温区面积大，自然回冻时间也长；反之，井壁热量从内表面散发得多，冻土融化范围小，则更易回冻。

2）当井内空气温度为 4℃或 8℃时，除井壁厚度为 0.8m、泡沫快速压缩、井内风速为 0m/s、井帮温度为-20℃和-25℃及井壁厚度为 0.8m、泡沫慢速压缩、井内风速为 0m/s、井帮温度为-15℃、-20℃和-25℃几种情况下井壁内表面进入负温的时间小于 30d 以外，无论井壁厚度多少且泡沫板压缩速度快慢，井壁内表面进入负温的时间均大于 30d。由此可知，井壁内表面的降温速度受井内环境温度的影响显著。为减小井壁内外表面的最大温差，控制温度裂缝的出现，应在满足通风要求的前提下尽量减小风速，提高空气温度，或增加内表面保温措施。另外，单层井壁在脱模后可采取喷养护剂等措施，以减少混凝土内水的蒸发。

由表 2.16 可知，在“井内温度为 0℃、风速为 1m/s、井帮温度为-25℃，泡沫板慢速压缩”这一最不利条件下（方案 A9），井壁内表面在浇筑后第 9d 进入负温，而外表面在第 8d 进入负温。可见，井壁全断面正温养护时间至少为 7d，而全断面进入负温时间为井壁浇筑后的 10d。

需要说明的是，方案 A9 所代表的最不利条件是针对混凝土的养护时间而言，因为方案 A9 的井壁全断面进入负温时间最早，混凝土正温养护时间最短，所以，称其为最不利条件。其实，由于井壁混凝土所用的水泥一般标号较高，水化热大，放热速度快，即使井壁在相当恶劣的条件下也不会受到冻害的威胁，而井壁大体积混凝土内外温差过大，将导致井壁温度裂缝问题比冻害问题更为显著。数值模拟研究表明，井壁内外温差最大的情况并不是出现在此处所说的最不利条件下，而是出现“井内温度最低、井内风速最大和井帮温度最高（-15℃）”的情况下，即方案 A7、B7、A34、B34、A61、B61。在井壁厚度相同、泡沫板压缩速度相同的情况下，这几个方案的条件才是井壁的最不利条件。

2.4.7.4　井壁径向温度分布

为研究不同时间井壁径向各点温度变化规律，在数值模拟过程中，沿井壁径向、过井壁温度最高点作一路径，用以记录井壁的径向温度。图 2.64 ~ 图 2.69 为井壁内外温差最大的几种方案沿井壁径向的温度分布曲线。

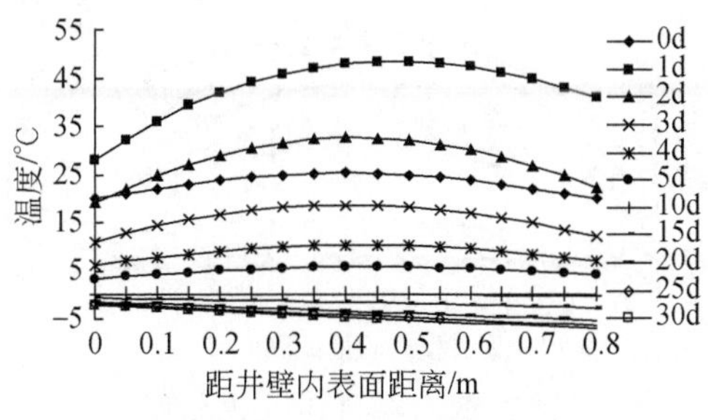

图 2.64　井壁径向温度分布

井壁厚 0.8m，泡沫板快速压缩

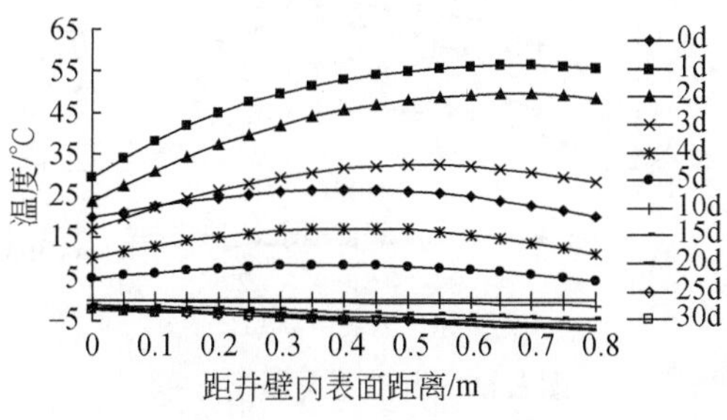

图 2.65　井壁径向温度分布

井壁厚 0.8m，泡沫板慢速压缩

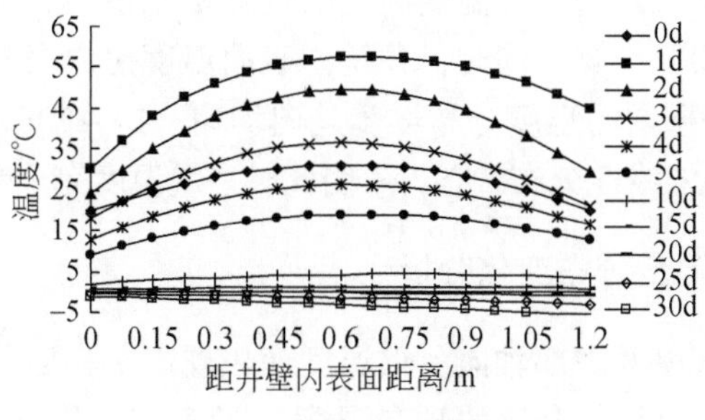

图 2.66　井壁径向温度分布

井壁厚 1.2m，泡沫板快速压缩

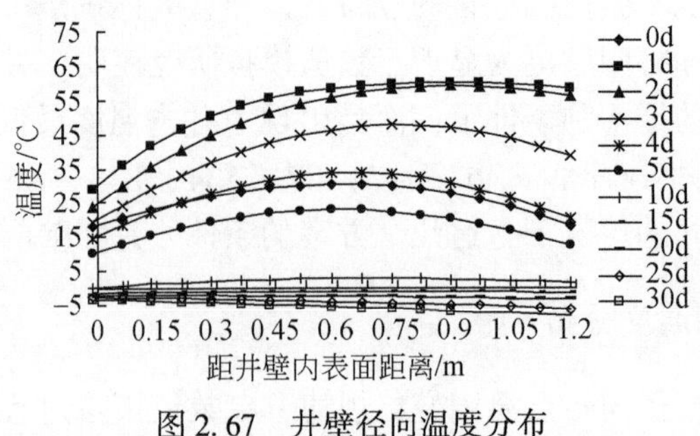

图 2.67　井壁径向温度分布

井壁厚 1.2m，泡沫板慢速压缩

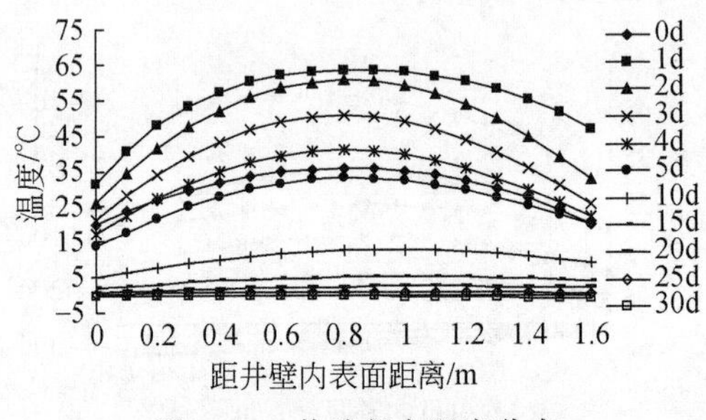

图 2.68　井壁径向温度分布

井壁厚 1.6m，泡沫板快速压缩

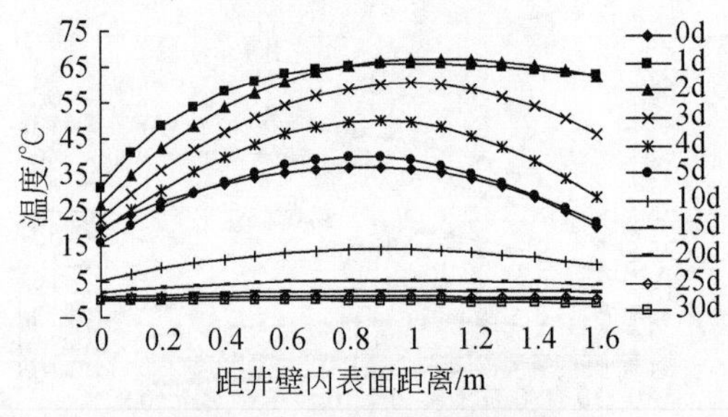

图 2.69　井壁径向温度分布

井壁厚 1.6m，泡沫板慢速压缩

由图 2.64 ~ 图 2.69 可知，井壁浇筑初期，温度沿径向近似呈抛物线分布，泡沫板快速压缩和慢速压缩条件下，井壁最高温度出现的位置稍有不同，前者约出现在井壁厚度中央，后者出现在靠近冻结壁一侧，同时，井壁外表面温度比内表面温度高 10 ~ 30℃。

随着时间的推移，井壁内的温度分布逐步趋向均匀。10 ~ 20d，井壁温度即呈现为外表面温度低、内表面温度高的线性分布状态，表明此时井壁温度完全受冻结壁冷量的控制。

2.4.7.5　井壁轴向温度分布变化分析

为研究不同时间井壁厚度中部轴向各点温度变化规律，在数值模拟过程中，沿井壁厚度中部轴向作一路径，用以记录井壁的轴向温度。图 2.70 ~ 图 2.75 为井壁内外温差最大的几种方案沿井壁轴向的温度分布曲线。

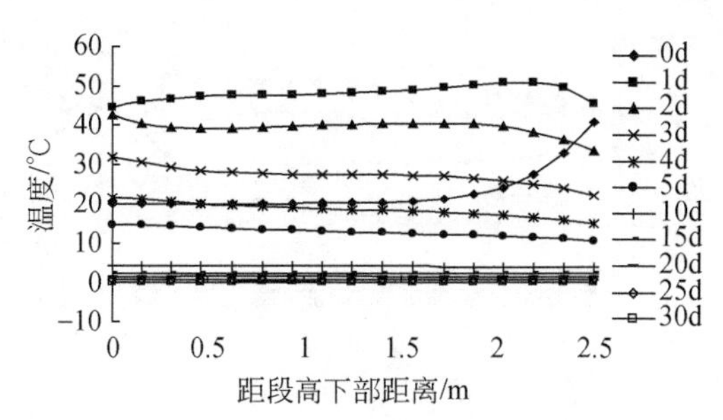

图 2.70　井壁轴向温度分布

井壁厚 0.8m，泡沫板快速压缩

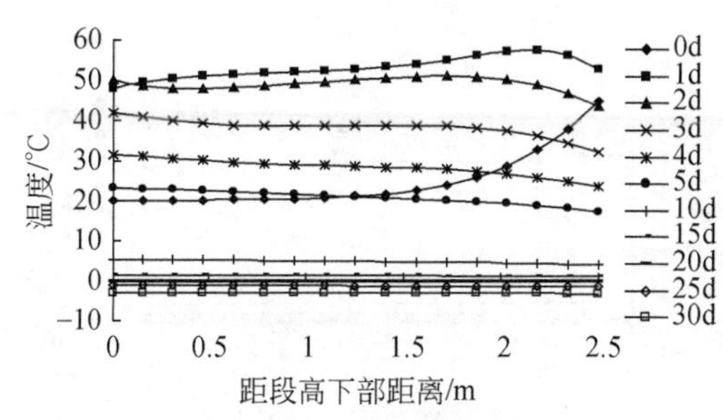

图 2.71　井壁轴向温度分布

井壁厚 0.8m，泡沫板慢速压缩

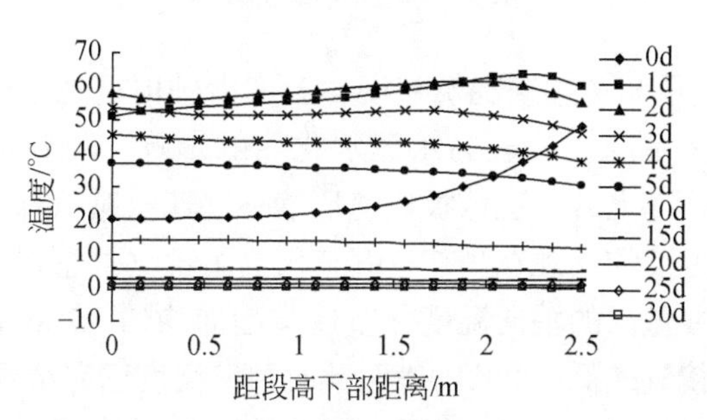

图 2.72　井壁轴向温度分布

井壁厚 1.2m，泡沫板快速压缩

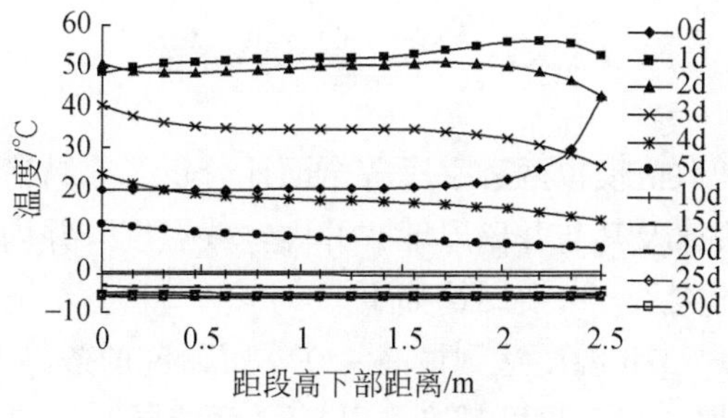

图 2.73　井壁轴向温度分布

井壁厚 1.2m，泡沫板慢速压缩

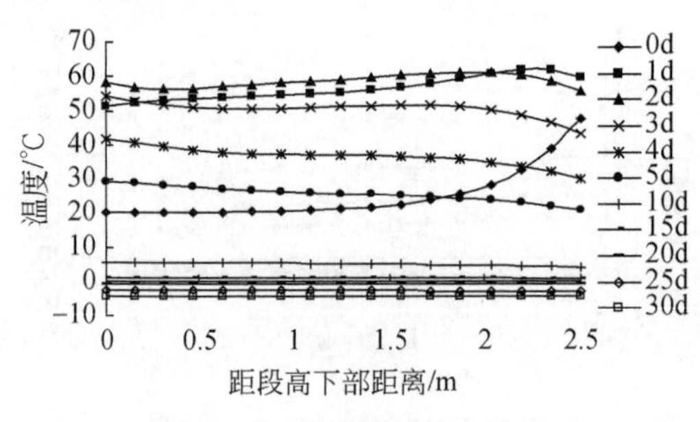

图 2.74　井壁轴向温度分布

井壁厚 1.6m，泡沫板快速压缩

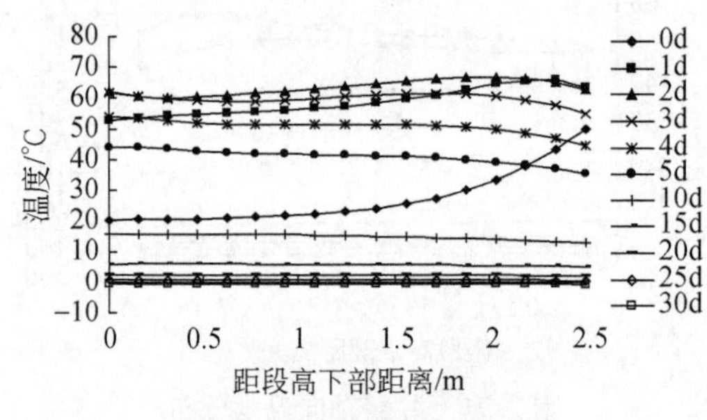

图 2.75　井壁轴向温度分布

井壁厚 1.6m，泡沫板慢速压缩

由图 2.70 ~ 图 2.75 可知，井壁浇筑初期，温度沿轴向呈现上部高、下部低的分布状态，其主要原因是段高上部受上一段高水泥水化热的影响；随着本段高水泥水化热的发展，整个段高内部温度迅速上升，泡沫板快速压缩和慢速压缩条件下，井壁最高温度出现的位置大致相同，最高温度均出现在稍靠近井壁段高上部（井壁段高中部向上约 75cm）。

随着时间的推移，井壁内的轴向温度分布逐步趋向均匀。20d 后，井壁整个段高范围内温度均大致相同，已接近或低于 0℃，表明此时井壁温度已完全受冻结壁冷量的控制。

综上可知，为防止每个段高内竖向产生较大温差，应采取措施避免空气直接与钢质接茬板接触（接茬板的内缘和下表面）。

2.5　本 章 小 结

本章采用物理模拟和数值模拟两种手段较全面地分析了冻结凿井过程中新型单层冻结井壁水化热温度场分布规律及其与井壁厚度、井内空气温度、井内风速、井帮温度和壁后泡沫板快慢速压缩之间的关系，主要结论如下。

1）井壁在浇筑后 29 ~ 32h 温度达到最高，在本书研究的条件下，最高温度在 48.08 ~ 68.65℃内变化。井壁越厚，最高温度越高。井壁厚度相同时，泡沫板慢速压缩条件下井壁混凝土达到的最高温度比快速压缩条件下高 3.27 ~ 7.76℃，达到最高温度的时间比泡沫板快速压缩条件下晚 0.1 ~ 0.4d。

2）井壁混凝土水化热释放速率和井壁温度达到最高值的时间并不一致，井壁混凝土水化热释放速率一般在10～12h达到最大，比井壁达到最高温度的时间要早。

3）井壁全断面进入负温的时间肯定大于7d，而7d时井壁混凝土强度分别达到设计强度的71.7%～110.7%，此时混凝土的强度已超过抗冻临界强度，因此井壁不受冻害危险。

4）井壁最高温度随井帮温度的降低基本呈线性下降趋势，但降低的幅度极小，其他条件相同情况下，井帮温度降低5℃，井壁最高温度降低不足1℃。随着井壁厚度加大，井帮温度和泡沫板压缩速度对井壁混凝土最高温度的影响逐渐减小，影响幅度均不足1℃，可以认为井帮温度对井壁混凝土温度峰值影响不显著。

5）井壁最高温度随井内风速的增加呈现出线性下降的特点，在其他条件相同的情况下，井内风速增加0.5m/s，井壁最高温度下降0.41～1.78℃。

6）泡沫板压缩速度对井壁最高温度的影响较显著，在其他条件相同情况下，井壁厚度分别为0.8m、1.2m和1.6m时，泡沫板慢速压缩导致井壁最高温度比快速压缩条件下分别升高6.66～7.76℃、4.99～5.63℃和3.27～3.89℃，且随着井壁厚度的增加，影响逐渐减小。泡沫板压缩速度对井壁最高温度的影响还跟井内风速密切相关，井内风速越高（表面散热系数越大），影响越显著。

7）在本书所研究的工况条件下，井壁内外的最大温差为15.83～40.25℃。最大温差出现在井壁浇筑后1.1～2.0d。在此期间，井壁易出现温度裂缝。井壁内部与内表面最大温差随井内空气温度提高而减小，随井内风速增大而增大。泡沫板压缩速度对井壁内部与外表面最大温差的影响显著，在其他条件相同情况下，泡沫板慢速压缩将导致井壁内部与外表面最大温差比快速压缩条件下降低6.09～10.44℃。无论泡沫板快速压缩还是慢速压缩，井壁内外最大温差均随井壁厚度增大而增大，但随着井壁厚度增大，泡沫板压缩速度对井壁内外最大温差的影响逐渐减小。泡沫板压缩速度对井壁内外最大温差的影响还跟井内风速密切相关，井内风速越高（表面散热系数越大），影响越显著。因此，减少井壁内表面散热量，有助于防止井壁开裂。

8）井壁全断面正温养护时间至少为8d，而全断面进入负温时间最早为井壁浇筑后10d。

9）井壁浇筑后的几天内，温度在内外表面处低、中间高；最高温度出现在距内缘0.5～0.75倍井壁厚度处，冻结壁变形越慢，越靠外侧；井壁外表面温度比内表面高10～30℃。随着时间的推移，井壁内的温度分布逐步趋向均匀。10～20d后，井壁温度即呈现为外表面温度低、内表面温度高的线性分布状态，表明此时井壁温度已完全受冻结壁冷量的控制。

10）井壁浇筑后的初期几天，在段高上、下端的温度低，而中部温度高，最高温度均出现在稍靠近井壁段高上部（井壁段高中部向上约75cm）。随着时间的推移，井壁内的轴向温度分布逐步趋向均匀。20d后，井壁整个段高范围内温度均大致相同，已接近或低于0℃。为防止每个段高内竖向产生较大温差，应采取措施避免空气直接与钢质接茬板接触（接茬板的内缘和下表面）。

第3章　新型单层冻结井壁温度及膨胀应力场数值计算研究

3.1　概　　述

冻结井壁作为一种大体积混凝土结构，发生开裂的根本原因之一在于混凝土变形受阻而诱发约束应力，当约束拉应力超过混凝土抗拉强度时，出现拉伸裂缝。因此，开展井壁混凝土防裂研究，必须深入研究井壁混凝土的早期受力与变形。

井壁大体积混凝土浇筑后，随着混凝土水化热释放殆尽，在温度下降过程由于热胀冷缩效应产生体积收缩。当混凝土内、外部降温速度不一致时，混凝土内部质点间的相互约束作用，将导致自生温度应力的出现，并在当拉应力超过相应部位的混凝土抗拉强度时，出现拉伸裂缝。通过改善养护条件，降低混凝土外部（如表面）的降温速度，可以避免或减轻冷缩开裂。

在冻结凿井这种特殊的温度环境中，井壁浇筑后发生的温度变化比普通大体积温度变化更显著。井壁混凝土浇筑后，内部出现水化热高温的同时，内、外表面却处于相对较低的温度环境中（尤其是内表面受通风影响，对流散热迅速），表面的降温速度往往超过内部。井壁表面的温度变形受约束时，产生约束温度应力，进而可能导致温度变形裂缝的出现。

干缩是指混凝土失水过程产生的收缩，它的发生是一个循序渐进的过程，最易发生在混凝土表面、水分容易丧失之处。显然，混凝土的表面干缩变形容易受内部混凝土的约束（牵制作用），产生干缩拉应力。通过改善养护条件，确保混凝土养护早期表面的湿度，减小干缩变形，可以避免或减轻干缩开裂。

另外，冻结压力作为井壁的外载，沿井壁环向存在不均匀性，其对井壁开裂的间接影响主要体现在其引起井壁径向受压和由于混凝土泊松效应而在井壁轴向也产生部分压应力，这是对防止井壁开裂有利的一面；另外，冻结壁对井壁的竖向自由伸缩的约束作用又是对防止井壁开裂不利的一面，即随着井壁降温，当井壁沿竖向出现收缩变形趋势时，冻结壁的约束将把该温度变形趋势转变为约束拉应力，在混凝土抗拉强度不足时，造成井壁沿环向出现拉伸裂缝。冻结压力越大，冻结壁对井壁的约束越强烈，则在同样的降温条件下，诱发的约束温度应力越严重，井壁温度裂缝控制难度越大。

综合上述分析可知，井壁混凝土早期变形中，对开裂影响最大的应是混凝土的冷缩变形，冷缩变形的受阻导致在井壁内出现了约束拉应力，最终可能导致井壁混凝土的开裂。

因此，本书在井壁温度场数值模拟和物理模拟基础上，进一步研究井壁温度变化及其在冻结壁约束作用下而产生的温度应力分布和变化规律，以及微膨胀混凝土在井壁内产生部分压应力的大小和分布规律，以期抵消部分因井壁温度下降而引起的拉应力，从而缓解井壁裂缝的形成。

3.2　井壁温度应力场的数值计算研究

3.2.1　冻结壁对井壁约束的模拟

其他条件相同时，不同的冻结壁厚度、平均温度和不同的土性，冻结压力的增长速度不同，从而造成冻结壁对井壁的约束程度也各不相同。因此，要准确模拟不同时间段冻结壁对井壁的约束程度具有较大的难度。本书采用的办法是：将泡沫板和井壁、冻结壁直接黏结在一起，使其与井壁、冻结壁之间的边界节点保持位移连续关系，通过设置适当的泡沫板弹性模量，由其自身竖向剪切变形来模拟井壁因温度变化发生竖向变形时冻结壁对井壁的约束作用，本节模型不考虑膨胀剂的作用。

3.2.2　混凝土力学参数随时间变化的模拟

一方面，弹性模量的数值直接决定了温度变形受阻时诱发的温度应力的大小；另一方面，在井壁混凝土早期强度增长过程中，由于沿厚度方向不同部位的早期弹模值不一致，这将影响内部约束作用。另外，随混凝土物理状态的变化，准确地模拟其热膨胀系数、弹性模量、泊松比等物理力学参数的变化也存在一定的难度。

王铁梦（1997）采用式（3.1）来描述混凝土弹性模量随时间的变化：

$$E_t = E_0(1 - e^{-0.09t}) \tag{3.1}$$

式中，E_t为任意龄期的混凝土弹性模量；E_0为最终的弹性模量；t为混凝土浇筑后到计算时的天数。

式（3.1）只适用于强度等级较低、早期强度增长较慢的混凝土，对于井壁早强、高强混凝土，式（3.1）则存在较大的误差。

也有学者采用式（3.2）来描述混凝土弹性模量随时间的变化：

$$E_t = E_{28}\frac{t}{2.5 + 0.915t} \tag{3.2}$$

式中，E_{28}为混凝土最终的弹性模量。

式（3.2）与式（3.1）相比，能较为准确地反映井壁早强、高强混凝土的弹性模量增长规律，但仍与本书采用的混凝土弹性模量增长存在较大误差。

过镇海（1999）采用经验式（3.3）来计算混凝土的弹性模量：

$$E_c = \frac{10^5}{2.2 + 34.7/f_{cu,k}} \tag{3.3}$$

式中，E_c为任意龄期的混凝土弹性模量（MPa）；$f_{cu,k}$为任意龄期的混凝土强度等级（MPa）。

式（3.3）将混凝土弹性模量与各龄期混凝土的单轴抗压强度相联系，能较好地反映不同强度等级的混凝土的弹性模量的增长规律，因此，本书根据标准立方体抗压强度随龄期的变化，利用式（3.3）进行混凝土弹性模量的估算。

鉴于此，在以下井壁温度应力的数值模拟研究中，虽然力求考虑更多的影响因素，且对参数的取值力求接近实际，但模拟结果仍属于近似模拟。

3. 2. 3　数值计算模型

井壁温度场、温度应力场采用顺序耦合的方法进行数值模拟，即采用相同的有限元模型，首先进行温度场分析，然后进行结构应力场分析，温度场分析的结果以节点温度荷载的形式在进行应力场分析的时候读入。

本书的计算模型采用第 2 章温度场的计算模型，模型基本几何参数完全同第 2 章温度场的计算模型，温度应力有限元模型见图 3. 1，图 3. 1 从左到右依次为井壁、泡沫板和冻结壁。计算中井壁段高取 2. 5m，接茬板厚度为 12mm，泡沫板厚为 75mm，冻结管距井帮距离为 2m。为了减小端部效应对模拟结果的影响，建立 3 个段高井壁，取中部段高井壁来分析。温度和应力监测路径（LJ）布置如图 3. 2 所示。

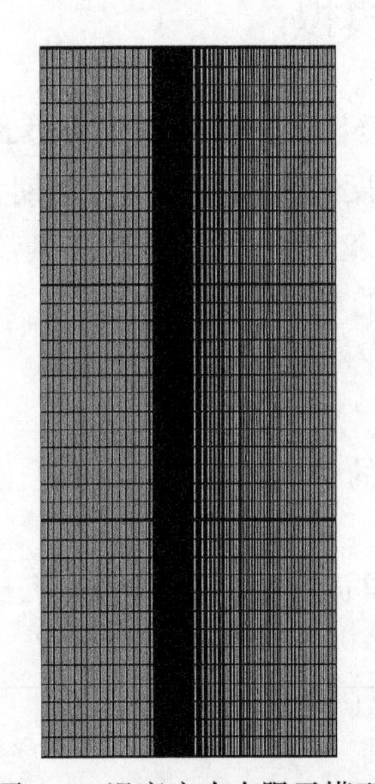

图 3. 1　温度应力有限元模型

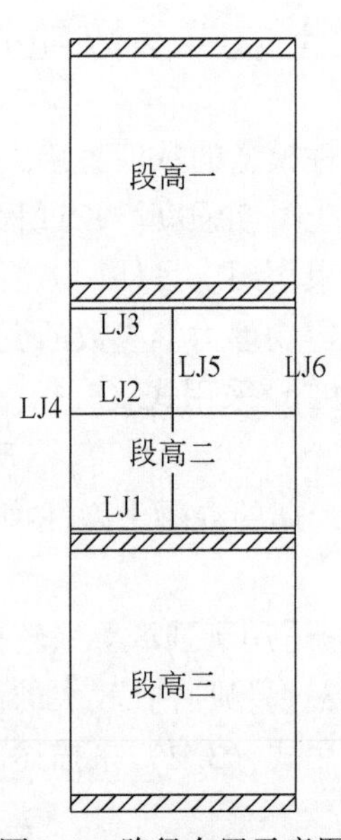

图 3. 2　路径布置示意图

数值模拟中仍采用跟温度场模拟相同的 PLANE55 单元，首先进行温度场的模拟，温度场形成以后，再将 PLANE55 热单元直接转换成等价的结构单元（PLANE42）用于温度应力的分析。PLANE42 常用于建立二维实体结构模型，该单元既可用作平面单元（平面应力或类平面应变），也可以用作轴对称单元，共有 4 个节点，每个节点有两个自由度，分别为 X 和 Y 方向的位移。本单元具有塑性、蠕变、辐射膨胀、应力刚度、大变形以及大应变的能力。

3. 2. 4　边界条件

井壁自上而下逐段施工的特点，使其在浇筑初期，距工作面较近时，各井壁外表面受到的纵向约束作用较弱，井壁受力更接近“平面应力”状态。

鉴于该特点，结构分析时的边界条件设置如下（X 方向为水平向，Y 方向为井壁轴向)：①内圈冻结管所在的竖向边界设置为水平位移约束边界（$UX=0$)。②冻结壁顶、底部设置为竖向位移约束边界（$UY=0$)。③井壁顶部边界设置为竖向位移约束边界（$UY=0$)。④泡沫板顶部边界设置为竖向位移约束边界（$UY=0$)。⑤井壁底部边界。浇筑 1d 内按自由边界考虑，即认为下一段高浇筑前井壁在竖向不受约束；1d 以后，下一段高浇筑，该段高下部的自由边界将自行解除，代之以下一段高井壁对其的位移限制。

另外，由于钢筋和混凝土热膨胀系数很接近，又因井壁施工过程中所用钢筋多为螺纹钢，其与井壁混凝土之间的围抱力足以促使井壁温度变化过程中钢筋和混凝土协调变形，因此在本书温度应力计算中暂不考虑钢筋的存在，将温度应力计算模型简化为空间轴对称模型。

3.2.5　计算参数

井壁温度应力计算时，主要参数是材料的热膨胀系数及弹性模量、泊松比以及限制量的大小，参数取值如下。

（1）井壁混凝土

不考虑其热膨胀系数随时间（强度）的变化，按有关规范规定取值：钢筋为 $12\times10^{-6}/℃$，混凝土为 $10\times10^{-6}/℃$。

王衍森（2005）研究表明，井壁混凝土早期强度增长迅速，1d 强度达到其设计强度的 30% 以上，3d 达到 70% 以上，7d 达到 90% 以上。本书所采用混凝土 28d 强度约为 80MPa，混凝土在各时间段的强度及按有关规范规定的弹性模量近似取值（无试验数据的按线性插值近似处理)，见表 3.1。

表 3.1　各龄期混凝土强度及弹性模量

项目	时间/d					
	0～0.5	0.5～1	1～2	2～3	3～7	7～21
强度/MPa	5.0	30	45	55	70	80
弹性模量/(10^4MPa)	0.5	3	3.35	3.55	3.7	3.8

不考虑泊松比 ν 随时间的变化，统一取 $\nu=0.2$。

温度应力计算参考温度按混凝土入模温度取值，为 20℃。

（2）聚苯乙烯泡沫塑料板

理论上讲，井壁外侧面受到的约束越强，约束温度应力就越大。井壁外侧直接受到泡沫塑料板的约束，而泡沫板初期的弹性模量是很低的，随着时间的推移，泡沫板逐渐压实，其弹性模量逐渐加大，对井壁的约束也越来越强，为尽可能准确模拟井壁内温度应力场分布，本书考虑泡沫塑料弹性模量随时间的变化，各时段泡沫板弹性模量按表 3.2 取值，7d 以后泡沫板弹性模量取冻土弹性模量不再随时间变化。

表 3.2　各时段泡沫板弹性模量　　单位：MPa

项目	时间/d							
	0.5	1	2	3	4	5	6	7
弹性模量	10	50	150	200	250	300	350	400

不考虑泡沫塑料泊松比随时间的变化，统一取 $\nu=0.499$。

不考虑泡沫板的温度变形，其线膨胀系数 $\alpha=0$。

（3）冻土

建模时将冻土的径向温度变形体现于泡沫塑料板的压缩上，故可取冻土的热膨胀系数 $\alpha=0$。

弹性模量、泊松比按“冻土试验资料”取值为 $E=400\text{MPa}$，$\nu=0.3$。

3.2.6　计算方案

从第2章井壁温度场数值模拟方案中选出几个计算方案进行温度应力的数值模拟计算，方案规划见表3.3，该组方案研究是不加膨胀剂的混凝土井壁内的温度应力分布。所有方案的井内风速均为0.5m/s；泡沫板压缩方式均按不利情况考虑，即按快速压缩考虑；现有冻结凿井复合井壁的内、外层井壁厚度均在1m左右，预计单层冻结井壁的厚度将大于复合井壁的单一层厚度小于复合井壁的总厚度。因此，本书只针对井壁厚度为1.2m的情况进行研究分析（井壁内半径为3.5m）。

表 3.3　数值模拟规划

井帮温度 /℃	井内温度 /℃	方案编号
−20	4	A1
	8	A2

3.2.7　计算步骤

在进行单层冻结井壁温度应力的模拟过程中，必须考虑井壁混凝土弹性模量及泡沫塑料板的压缩量随时间变化这一特点才能得出符合实际的结果。为此，采用如下计算步骤。

1）首先进行温度场的数值模拟，并将各个时间点的温度场文件定义成工况“GKn”（如0.5d的温度场文件定义成“GK1”，1d的温度场文件定义成“GK2”，$n=1\sim N$，N为时间点数）。

2）依次将相邻两个时间点的工况相减，得到两个时间点井壁内的温度差分布，并定义成工况“GKm”［$m=(N+1)\sim(2N-1)$］。

3）对每个工况GKm，利用该时间段的井壁混凝土弹性模量和泡沫塑料板弹性模量进行温度应力计算，即可得到该时间段内由于井壁温度变化而产生的温度应力场。

4）将每个时间点前各个时段得到的温度应力场叠加，即可得到该时间点上井壁内的温度应力场分布。

3.3　井壁混凝土膨胀应力场的数值计算研究

3.3.1　混凝土膨胀模拟方法

微膨胀混凝土在硬化过程中会产生少量的膨胀，从而可部分或全部抵消井壁混凝土降温冷缩变形，这对避免出现混凝土裂缝有利。

本书利用热胀来模拟混凝土因膨胀剂作用而产生的膨胀。根据微膨胀混凝土限制膨胀率的实测曲线，对于相邻的两个时间点，按下式计算出该时间段对应的当量温升变化。

$$\Delta T = \Delta\varepsilon_p / \alpha \tag{3.4}$$

式中，ΔT 为当量温升（℃）；$\Delta\varepsilon_p$ 为在膨胀剂作用下混凝土的膨胀应变（10^{-6}）；α 为混凝土热膨胀系数（10^{-6}/℃）。

实测的微膨胀混凝土的限制膨胀率曲线如图3.3所示。对其6个试块的限制膨胀率进行平均，可得本书研究所采用的微膨胀混凝土的限制膨胀率。然后，按式（3.4）计算当量温差，计算结果见表3.4。

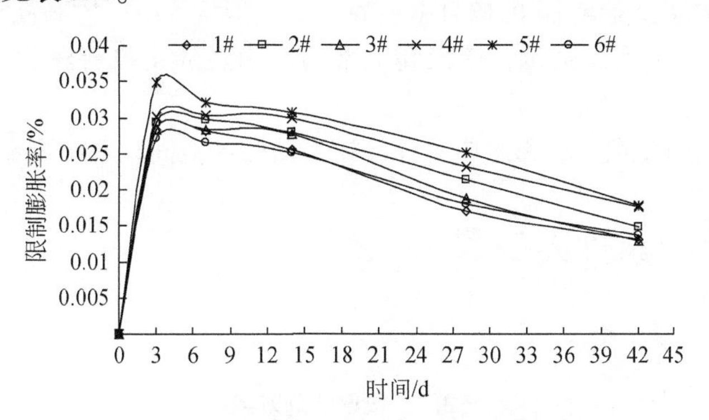

图3.3　实测微膨胀混凝土限制膨胀率

表3.4　混凝土限制膨胀率

项目	时间/d									
	1	2	3	4	5	6	7	14	28	42
混凝土弹模/(10^{10}Pa)	3.00	3.35	3.55	3.70	3.70	3.70	3.70	3.80	3.80	3.80
限制膨胀率/%	0.010	0.020	0.030	0.031	0.031	0.030	0.029	0.028	0.021	0.015
当量温差/℃	10	20	29.7	31.5	31	30	29.2	27.9	20.6	15
相邻时间点温差/℃	—	10	9.7	1.8	-0.5	-1	-0.8	-1.3	-7.3	-5.6

冻结壁对井壁约束的模拟同3.2.1小节，混凝土力学参数随时间变化的模拟同3.2.2小节，计算参数同3.2.5小节。

3.3.2　数值计算模型

数值计算模型只研究井壁在膨胀剂作用下受到泡沫板和冻结壁约束而产生的限制膨胀

应力分布规律。

有限元模型见图3.1。为了降低端部效应对模拟结果的影响，建立3个段高井壁，取中部段高井壁来分析。

数值模拟中混凝土采用SOLID65单元，该单元用于含钢筋或不含钢筋的三维实体模型，具有拉裂与压碎的性能。在混凝土的应用方面，可用单元的实体性能来模拟混凝土，而用加筋性能来模拟钢筋的作用。该单元也可用于其他方面，如加筋复合材料（如玻璃纤维）及地质材料（如岩石）。该单元具有8个节点，每个节点有3个自由度，即*X*、*Y*、*Z* 3个方向的线位移；还可对3个方向的含筋情况进行定义。温度可作为体荷载加载到该单元上。

3.3.3 边界条件

1）内圈冻结管所在的竖向边界设置为水平位移约束边界（$UX=0$）。

2）冻结壁顶、底部设置为竖向位移约束边界（$UY=0$）。

3）井壁顶部边界设置为竖向位移约束边界（$UY=0$）。

4）泡沫板顶部边界设置为竖向位移约束边界（$UY=0$）。

5）井壁底部边界：浇筑1d内按自由边界考虑，即认为下一段高浇筑前井壁在竖向不受约束；1d以后，下一段高浇筑，该段高下部的自由边界将自行解除，代之以下一段高井壁对其的位移限制。

6）不考虑钢筋的存在，将膨胀应力计算模型简化为空间轴对称模型。

3.3.4 计算方案及计算参数

数值计算方案见表3.5。

表3.5 数值计算方案

井壁内半径 /m	井壁厚度 /m	方案编号
3.5	1.2	P

本节采用热胀冷缩原理来模拟膨胀剂的膨胀效应，因为由膨胀剂引起的混凝土膨胀本身无传导性，所以数值计算中不应有热传导产生。为达此要求，可采用两种方法。第一种方法是在数值计算中令：泡沫塑料板层的热膨胀系数为0、导热系数为0；钢接茬板的热膨胀系数为0、导热系数为0；井壁内缘为绝热边界；将3.3.1小节计算的当量温升作用体荷载作用于混凝土单元上，先进行温度场计算，再进行温度应力计算。第二种方法是不进行温度场计算，而将3.3.1小节计算的当量温升作用以体荷载形式作用于混凝土单元上，进行温度应力计算。本书采用第一种方法。

3.3.5 计算步骤

在进行单层冻结井壁膨胀应力的模拟过程中，必须考虑井壁混凝土弹性模量及泡沫塑料板的压缩量随时间变化这一特点才能得出符合实际的结果。为此，采用如下计算步骤。

1）取整个模型的初始参考温度为0℃；泡沫塑料板层的热膨胀系数为0、导热系数为0；钢接茬板的热膨胀系数为0、导热系数为0；井壁内缘为绝热边界。

2）开始掘砌模拟，按时间步激活相应的混凝土单元和钢接茬板单元。

3）按规定的时间点将3.3.1小节计算的当量温升作用温度荷载施加在相应的混凝土单元和钢接茬板单元上。

4）进行温度场计算，并将各个时间点的温度场文件定义成工况“PKn”（如0.5d的温度场文件定义成“PK1”，1d的温度场文件定义成“PK2”，$n=1\sim N$，N为时间点数）。

5）依次将相邻两个时间点的工况相减，得到两个时间点井壁内的温度差分布，并定义成工况“PKm”，[$m=(N+1)\sim(2N-1)$]。

6）对每个工况PKm，利用该时间段的井壁混凝土弹性模量和泡沫塑料板弹性模量进行温度应力计算，即可得到该时间段内由于井壁混凝土膨胀剂作用而产生的膨胀应力。

7）将每个时间点前各个时段得到的应力场叠加，即可得到该时间点上井壁内的膨胀应力场分布。

3.4 井壁混凝土温度应力场和膨胀应力场的数值计算研究

温度应力场和膨胀应力场计算结束后将两者计算结果相叠加，即可得到在温度和膨胀剂共同作用下的井壁应力场分布规律。

本书不单独分析膨胀应力场，而分析混凝土中不加膨胀剂和加膨胀剂两种情况下的温度应力场，以及膨胀应力与温度应力复合场。

在本书中，方案B1=方案A1+方案P，方案B2=方案A2+方案P。

3.5 计算结果及分析

为研究井壁内各点的应力随时间的变化规律，模型中共设置6条路径（LJ1～LJ6）。其中，LJ1～LJ3为径向路径，LJ4～LJ6为轴向路径。LJ1、LJ3距离该段高上下钢板各0.05m，其起点都在井壁内缘上，终点离井壁外表面0.05m；LJ2布置在井壁段高中部，长度等于LJ1和LJ3。LJ4布置在井壁内表面，LJ6布置在距离井壁外表面0.05m处，其起点均距离段高下部钢板0.05m，终点距离段高上部钢板0.05m；LJ5布置在井壁厚度中部，长度等于LJ4和LJ6，路径布置示意图见图3.2。每条路径上都均匀布置31个点。

本节所研究的井壁应力场均是由温度变化，或温度变化与膨胀剂共同作用引起的。

3.5.1 井壁径向应力的变化规律

在不同时间点上各路径上的径向应力见图3.4～图3.27。由于不研究冻土和泡沫板内的应力场，因此图中只反映了井壁内的应力。

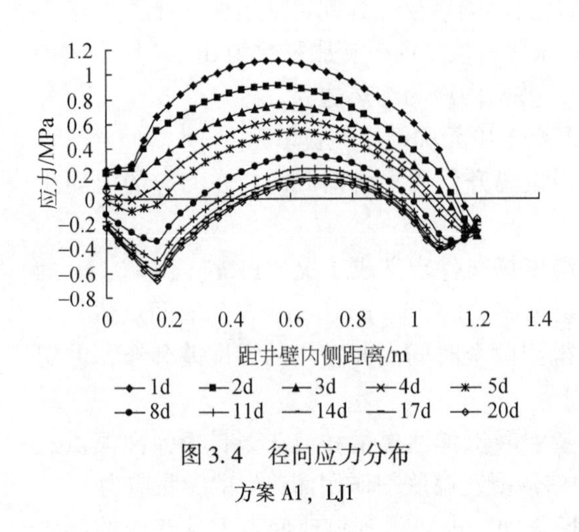

图 3.4　径向应力分布

方案 A1，LJ1

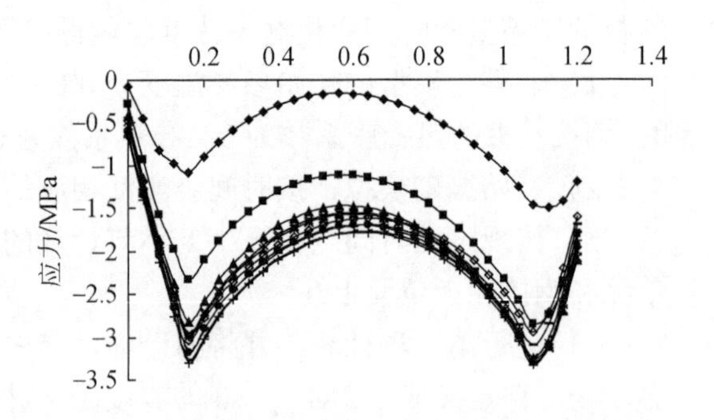

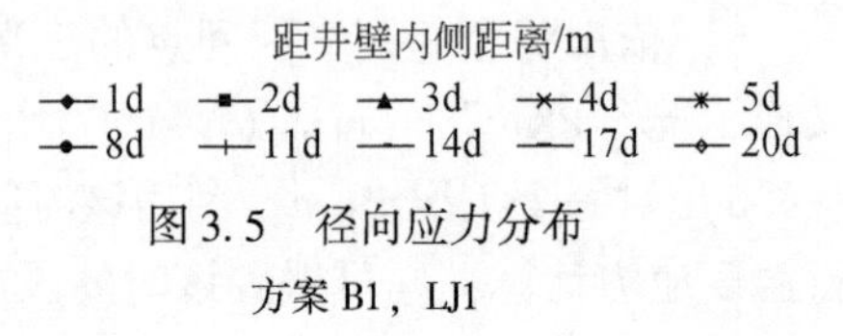

图 3.5　径向应力分布

方案 B1，LJ1

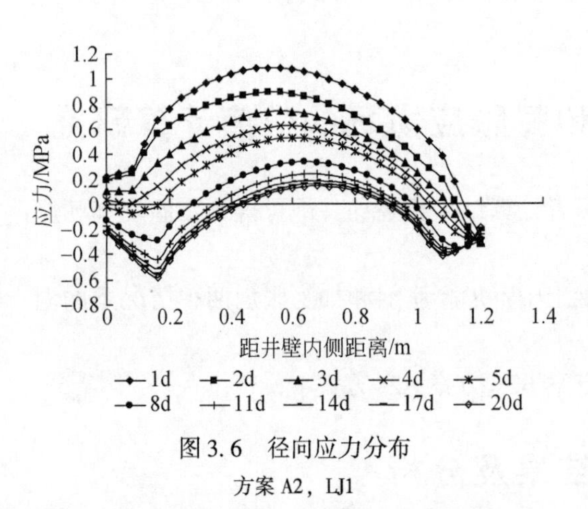

图 3.6　径向应力分布

方案 A2，LJ1

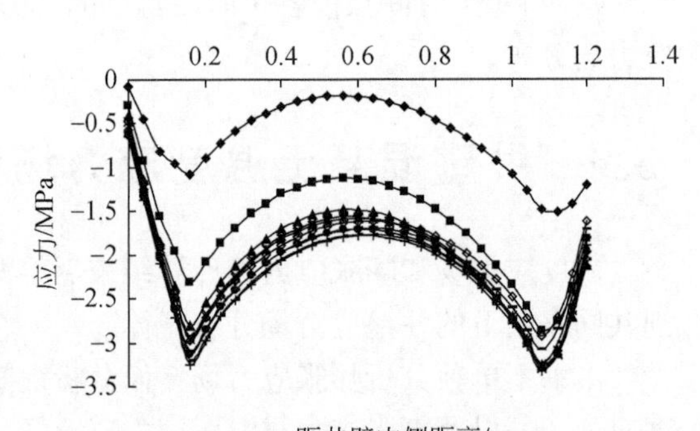

图 3.7　径向应力分布

方案 B2，LJ1

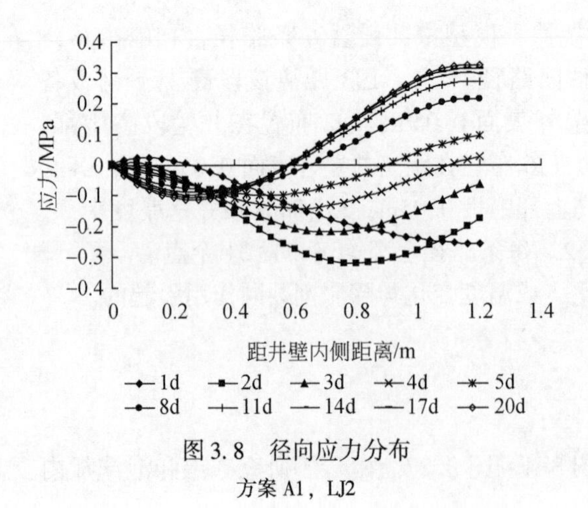

图 3.8　径向应力分布

方案 A1，LJ2

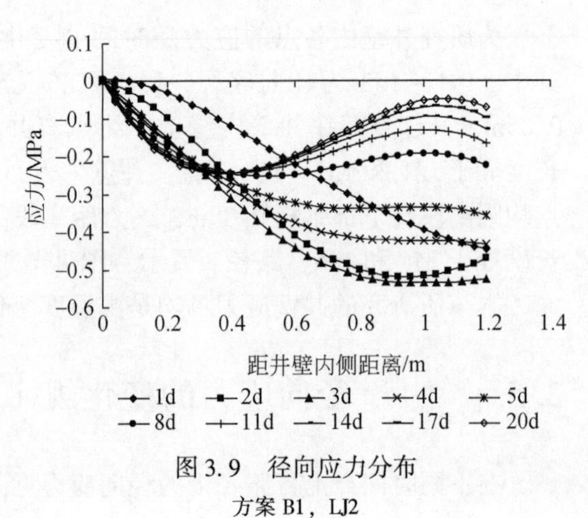

图 3.9　径向应力分布

方案 B1，LJ2

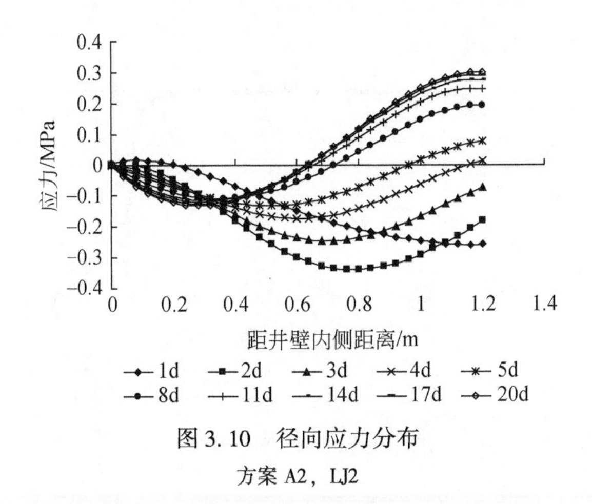

图 3.10 径向应力分布

方案 A2，LJ2

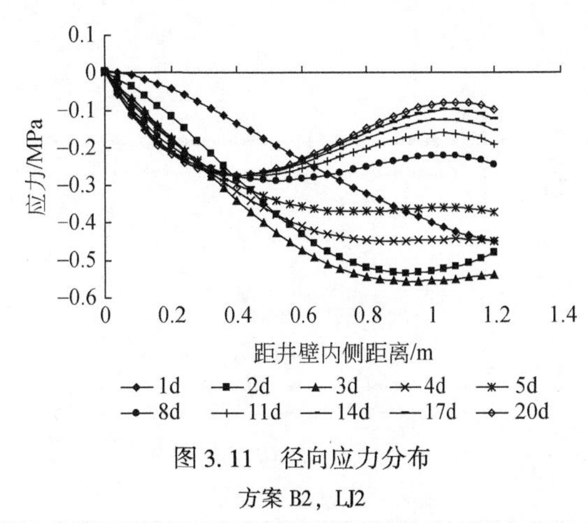

图 3.11 径向应力分布

方案 B2，LJ2

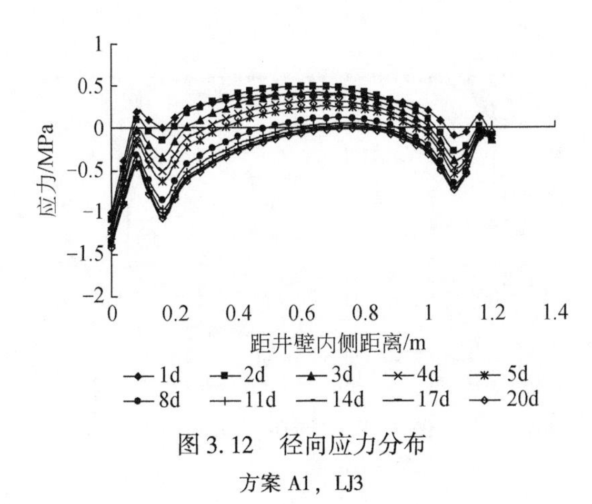

图 3.12 径向应力分布

方案 A1，LJ3

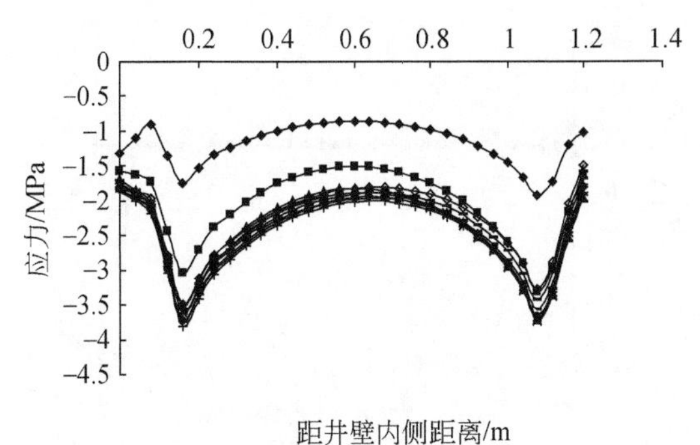

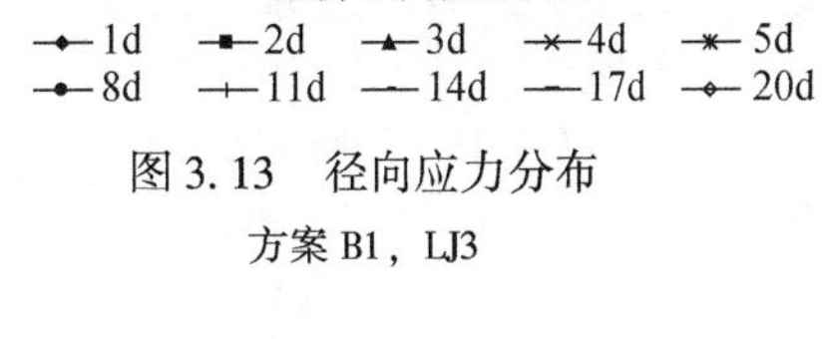

图 3.13 径向应力分布

方案 B1，LJ3

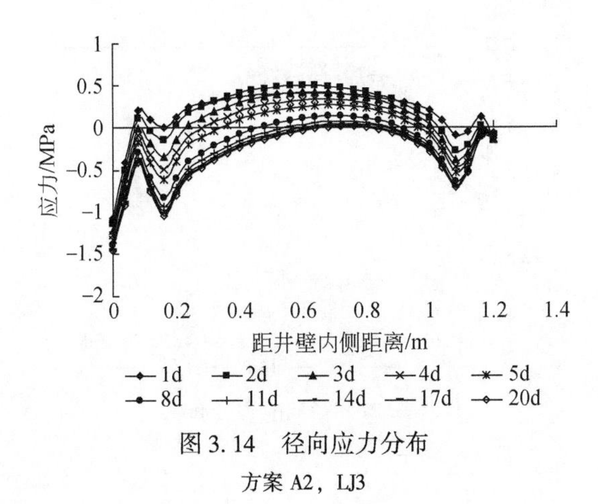

图 3.14 径向应力分布

方案 A2，LJ3

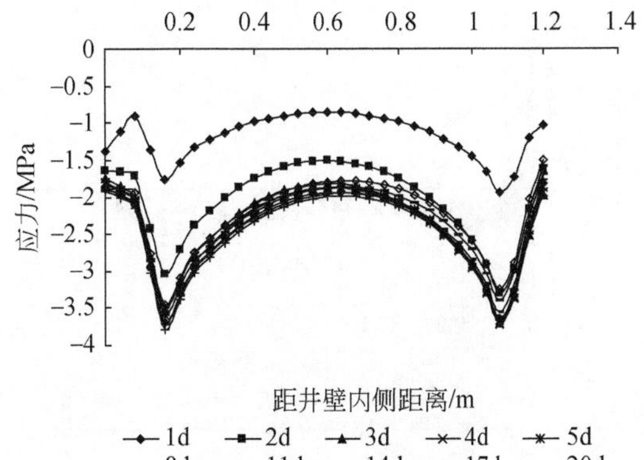

图 3.15 径向应力分布

方案 B2，LJ3

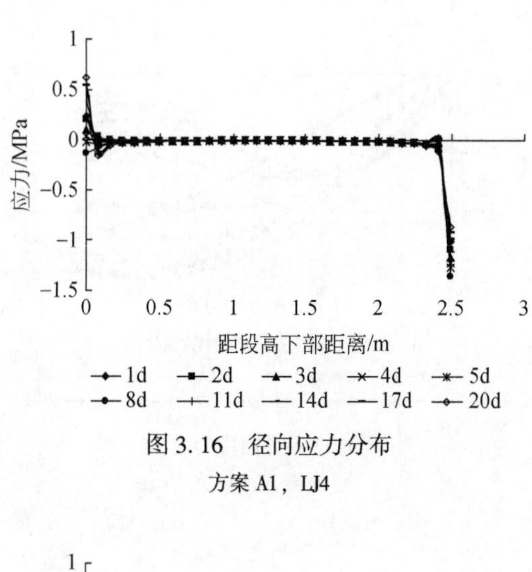

图 3.16　径向应力分布

方案 A1，LJ4

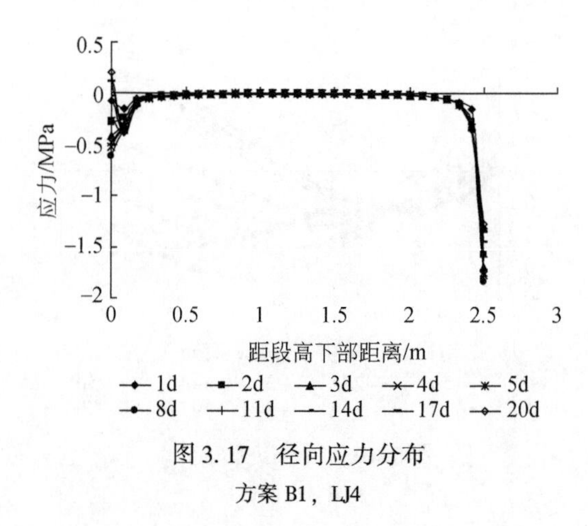

图 3.17　径向应力分布

方案 B1，LJ4

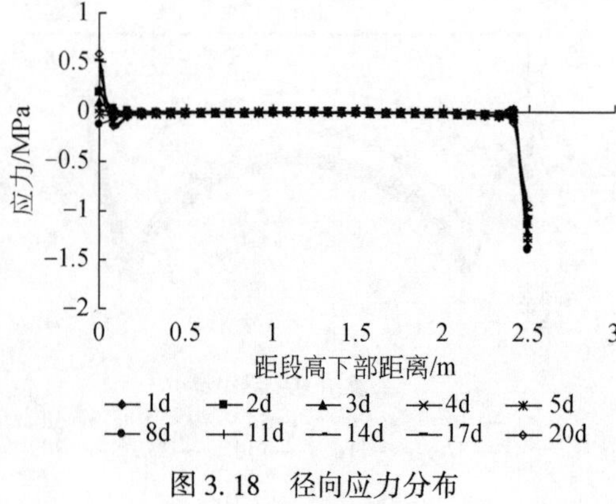

图 3.18　径向应力分布

方案 A2，LJ4

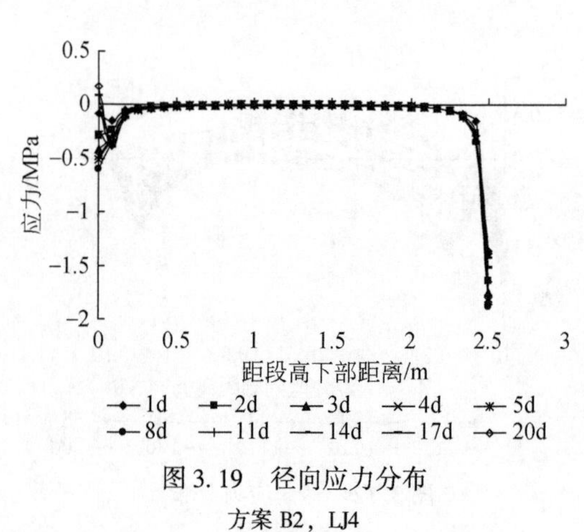

图 3.19　径向应力分布

方案 B2，LJ4

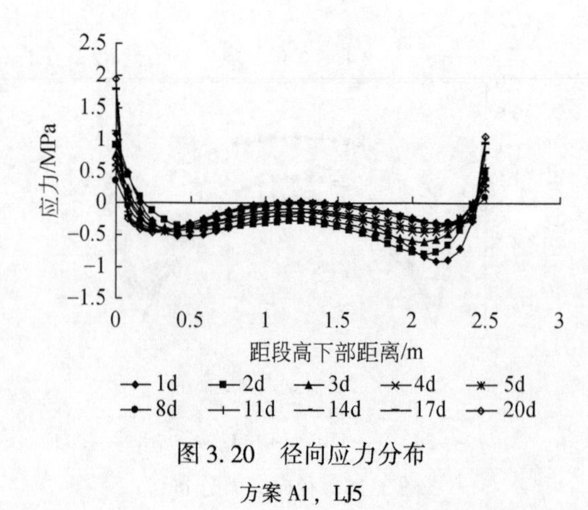

图 3.20　径向应力分布

方案 A1，LJ5

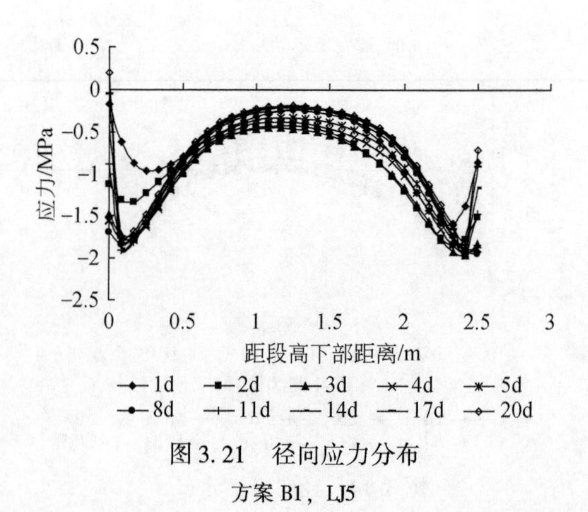

图 3.21　径向应力分布

方案 B1，LJ5

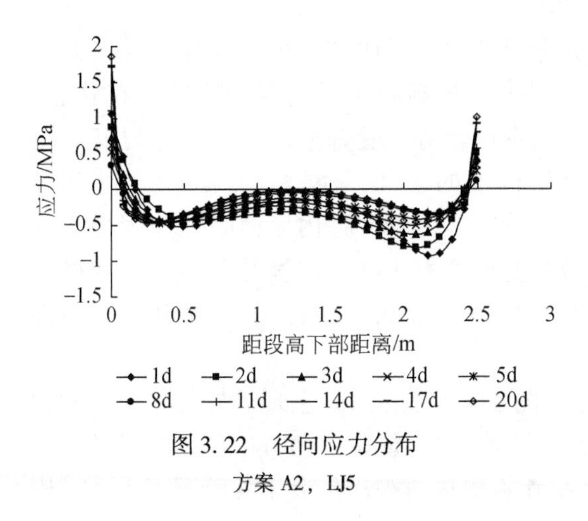

图3.22　径向应力分布

方案A2，LJ5

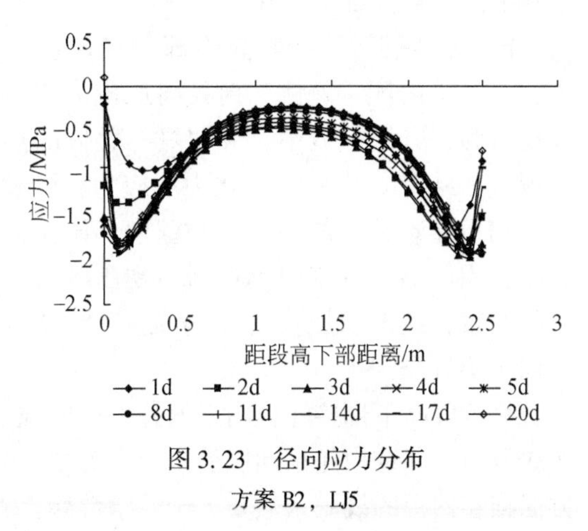

图3.23　径向应力分布

方案B2，LJ5

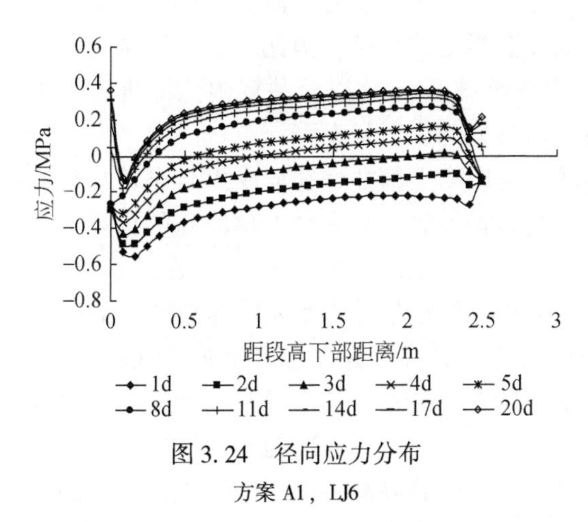

图3.24　径向应力分布

方案A1，LJ6

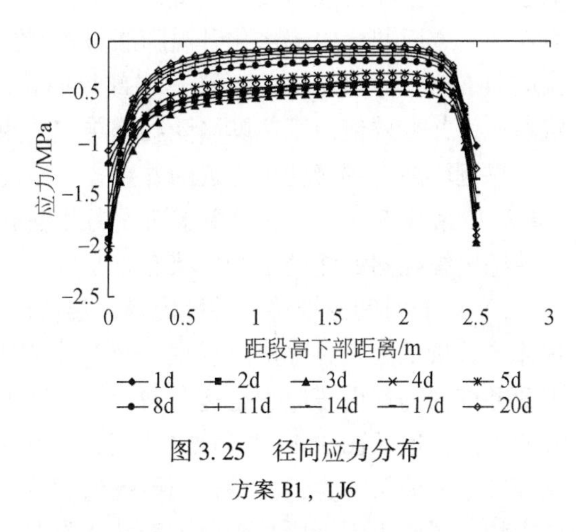

图3.25　径向应力分布

方案B1，LJ6

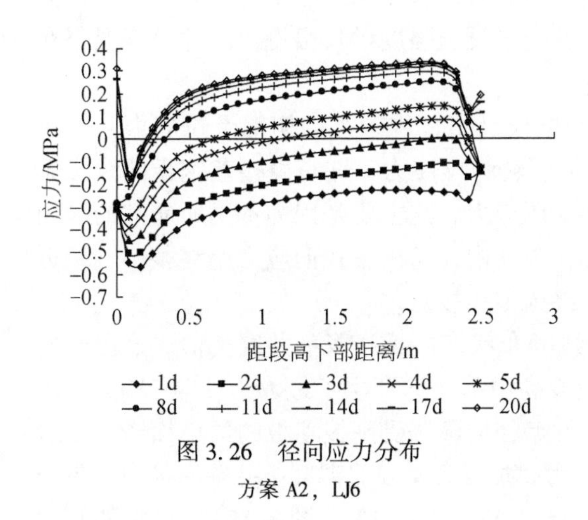

图3.26　径向应力分布

方案A2，LJ6

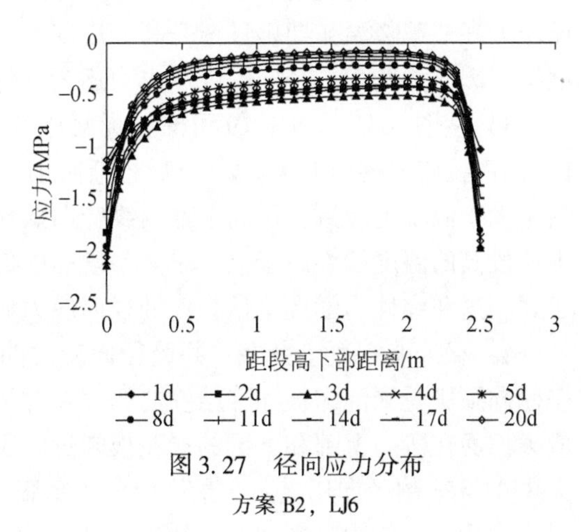

图3.27　径向应力分布

方案B2，LJ6

由图 3.4 ~ 图 3.27 可知。

1）无膨胀剂井壁段高中部的径向应力分布（图 3.8 和图 3.10）初期以压应力为主，从井壁内侧—外侧方向径向压应力先逐渐增大后逐渐减小，呈现非线性分布状态。分析认为，升温过程中，井壁具有整体的热膨胀变形趋势，受井壁内部、外部约束（泡沫板和冻结壁）作用，转化为压应力；随着井壁温度的上升，径向应力在 2d 时达到最大，随后随着井壁的降温，井壁内部压应力逐渐减小。由于井壁内表面降温速度慢于外表面，因此靠近井壁内侧逐渐出现压应力，而井壁外侧由于降温收缩受到泡沫板和冻结壁的约束，逐渐从压应力变为拉应力，20d 时拉应力接近 0.3MPa，显然井壁段高中部径向不会开裂。

靠近段高下部接茬板附近的井壁径向温度（图 3.4 和图 3.6）呈现近似开口向下的抛物线分布，井壁内侧早期以受拉应力为主。分析认为，这可能是由两方面原因造成的，一方面接茬钢板的线胀系数要大于井壁混凝土，接茬板受热膨胀趋势大于井壁混凝土，且模拟过程中将接茬钢板与混凝土直接黏结为一整体的处理方式造成井壁段高下部径向受拉应力；另一方面井壁内部水化升温膨胀过程受到端部混凝土的约束，因此，端部混凝土即受拉应力。随着井壁温度的下降，端部径向拉应力逐渐减小，5d 以后井壁内侧即进入受压状态，而井壁外侧由于热膨胀受到冻结壁约束，始终处于受压状态。

靠近段高上部接茬板附近的井壁径向应力状态与段高下部井壁径向受力状态基本相同（图 3.12 和图 3.14），只是由于该段高井壁的升温膨胀趋势一直受到上部段高的约束，因此井壁内缘径向始终处于受压状态。

2）随着时间的推移，井壁内径向温度压应力均表现为先逐渐增大后逐渐减小的变化规律。分析认为，井壁浇筑后在水化热作用下温度逐渐升高，井壁混凝土强度逐渐变大，因此井壁内的径向压应力也逐渐增大。井壁温度一般在 30h 左右达到最高，此后井壁温度开始下降，但从图 3.4 ~ 图 3.27 中可以看出井壁在浇筑 1.5d 后内部的径向压应力才开始逐渐减小。分析认为，井壁达到最高温度后，虽井壁已开始降温，但井壁混凝土强度却增长很快，混凝土强度增长趋势大于井壁降温趋势，二者综合作用的结果导致井壁内的径向压应力在井壁降温初期仍逐渐升高；后期由于井壁混凝土强度增长很慢，而井壁降温仍在继续，因此井壁内的径向温度压应力逐渐降低。

3）从图 3.16 ~ 图 3.19 可知，无膨胀剂井壁段高下部内缘径向初期受拉应力，并在 1 ~ 2d内拉应力逐渐变大，2d 以后逐渐减小，最后转为压应力，这是由接茬钢板的线胀系数略大于混凝土所致；段高上部内缘径向始终受压应力，这主要是因为本书所研究的时间内该段高的温度始终高于上一段高，段高中部在 20d 内井壁内缘径向应力始终很小，接近于零，这和弹性力学理论认为该处径向应力始终为零相接近。

4）微膨胀混凝土井壁，井壁径向应力曲线分布状态同无膨胀剂井壁类似。这由于井壁侧向膨胀受到泡沫板和冻结壁的约束在井壁段高中部径向产生了最大为 0.465MPa 的压应力，而在段高上部和下部的接茬板附近由于井壁径向膨胀受到接茬板的约束而产生了最大 3.31MPa 的径向压应力，最终应力和膨胀应力叠加导致微膨胀混凝土井壁沿径向在整个段高内均受压应力（图 3.5、图 3.7、图 3.9、图 3.11、图 3.13 和图 3.15），可见膨胀剂的使用，大大减小了井壁径向开裂的风险（主要是井壁段高上下接茬板附近）。

5）比较方案A1和A2可知，由于井内温度4℃和8℃对井壁内温度最高值以及井壁内温度分布影响很小，因此，由此引起的径向应力也相差很小。

6）从图3.20和图3.22可知，靠近井壁（无膨胀剂）段高上部接茬板附近混凝土内的拉应力1d内即接近1.4MPa，如果此时混凝土强度不足可能会导致段高上部接茬板附近的井壁在径向开裂；而加入膨胀剂的混凝土井壁即使在膨胀剂未发生作用时产生部分拉应力，在随后的膨胀作用下，拉应力也会逐渐转为压应力。

7）井壁段高下部一定范围内的混凝土中拉应力的大小可以通过减小混凝土内部和端部温差的方法来减小，实际施工过程中可以采取在钢板下方铺设泡沫塑料板等保温措施来减小通过钢板散失的热量，从而减小井壁内部和端部温差。

3.5.2　井壁竖向应力的变化规律

井壁竖向应力分布见图3.81～图3.51。

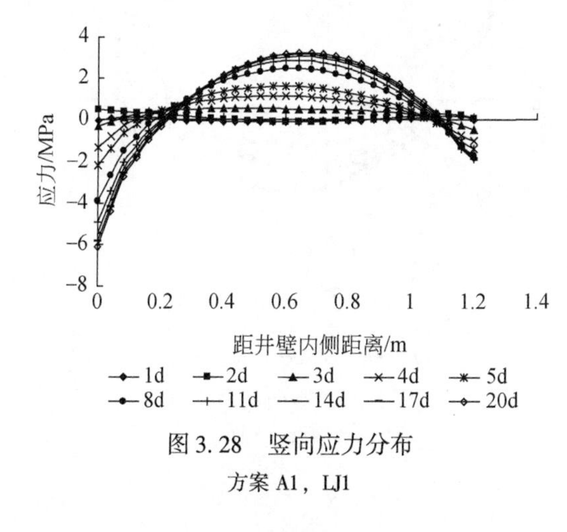

图3.28　竖向应力分布
方案A1，LJ1

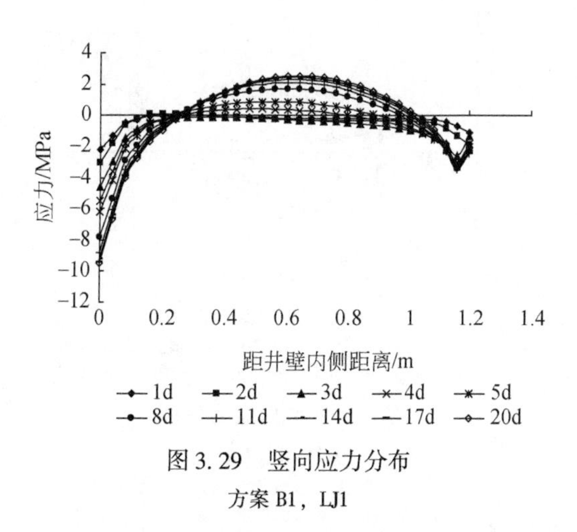

图3.29　竖向应力分布
方案B1，LJ1

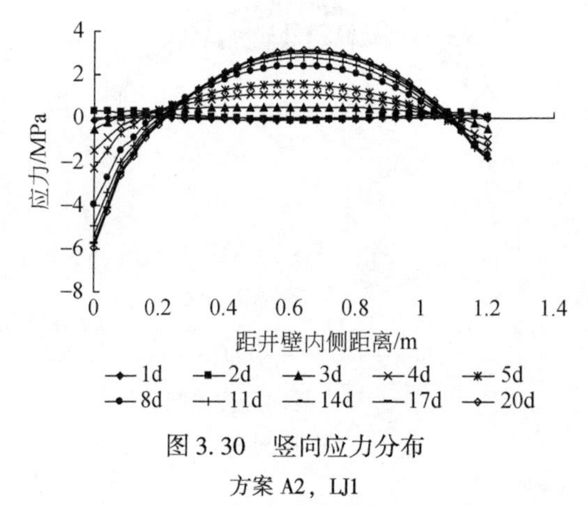

图3.30　竖向应力分布
方案A2，LJ1

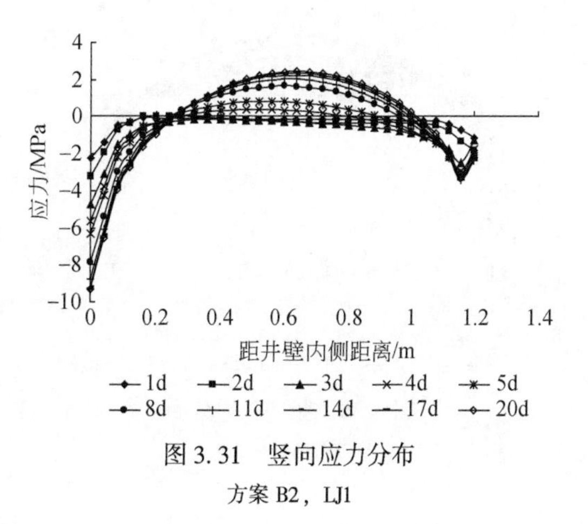

图3.31　竖向应力分布
方案B2，LJ1

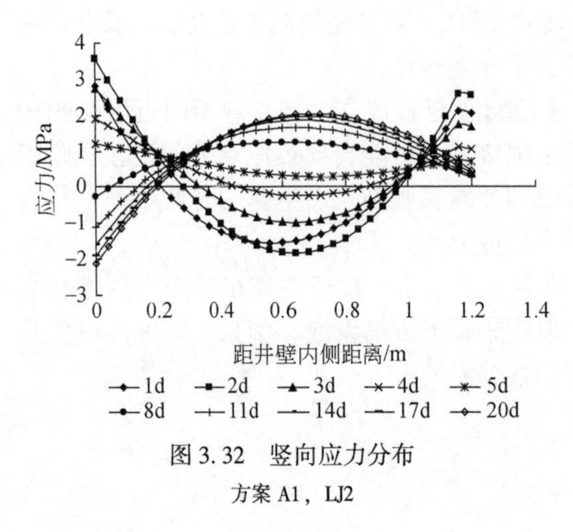

图 3.32　竖向应力分布

方案 A1，LJ2

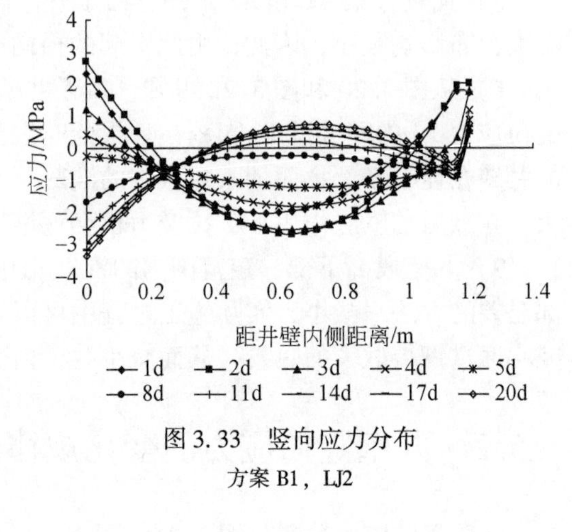

图 3.33　竖向应力分布

方案 B1，LJ2

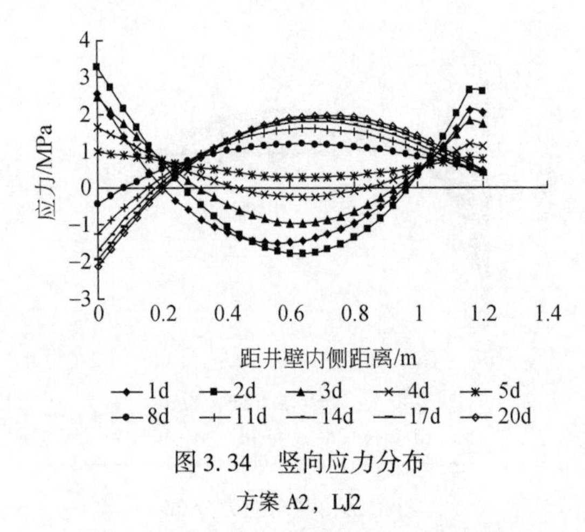

图 3.34　竖向应力分布

方案 A2，LJ2

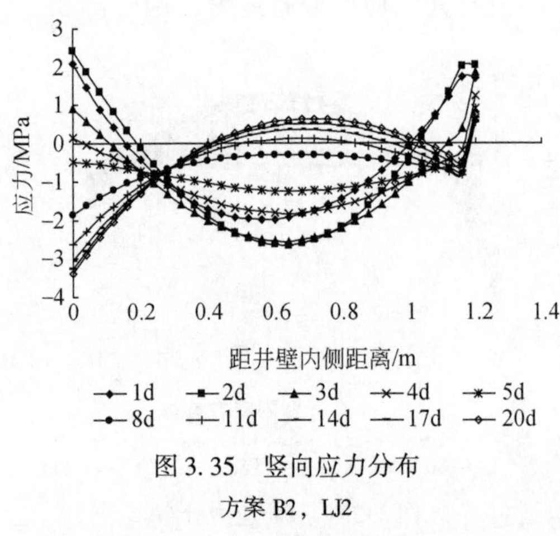

图 3.35　竖向应力分布

方案 B2，LJ2

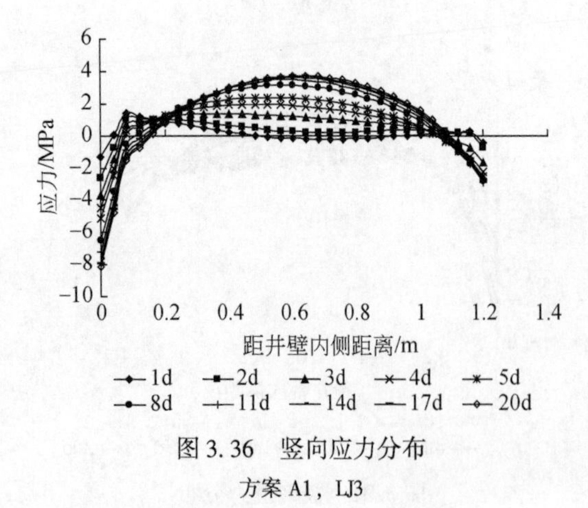

图 3.36　竖向应力分布

方案 A1，LJ3

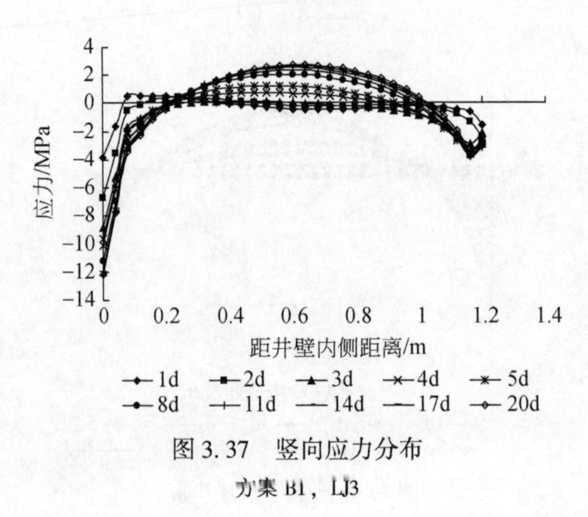

图 3.37　竖向应力分布

方案 B1，LJ3

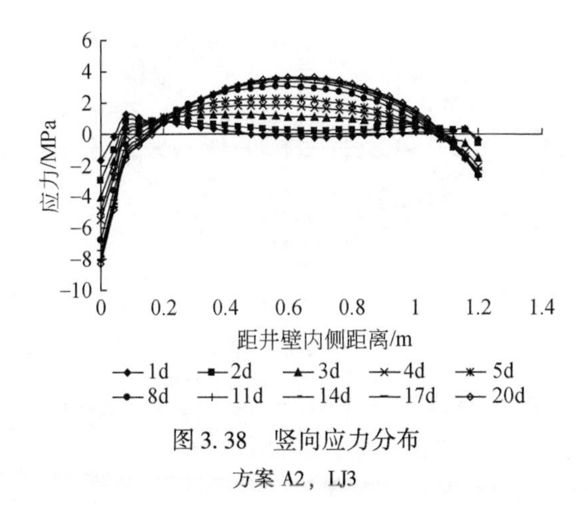

图 3.38 竖向应力分布

方案 A2，LJ3

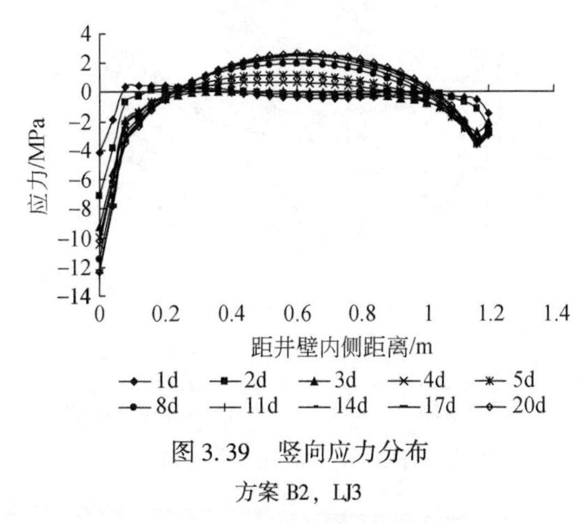

图 3.39 竖向应力分布

方案 B2，LJ3

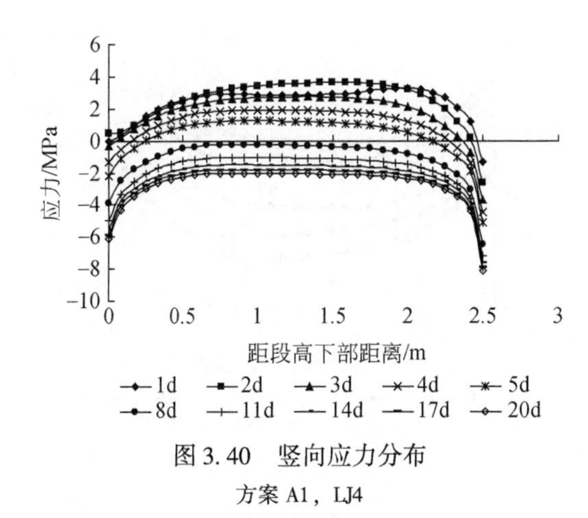

图 3.40 竖向应力分布

方案 A1，LJ4

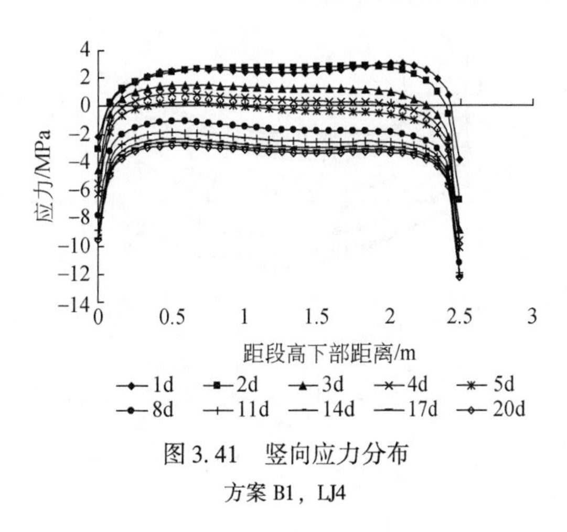

图 3.41 竖向应力分布

方案 B1，LJ4

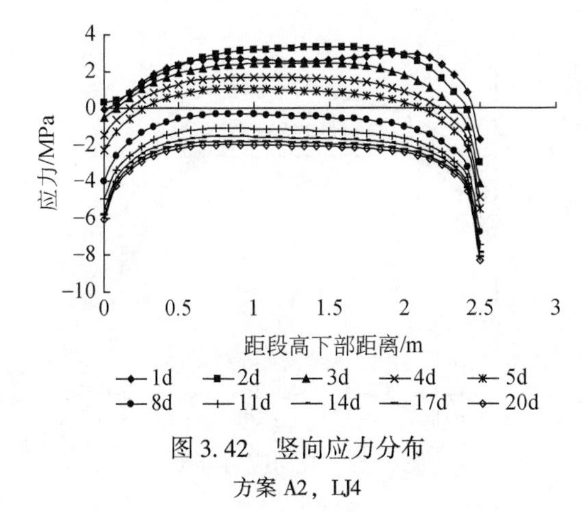

图 3.42 竖向应力分布

方案 A2，LJ4

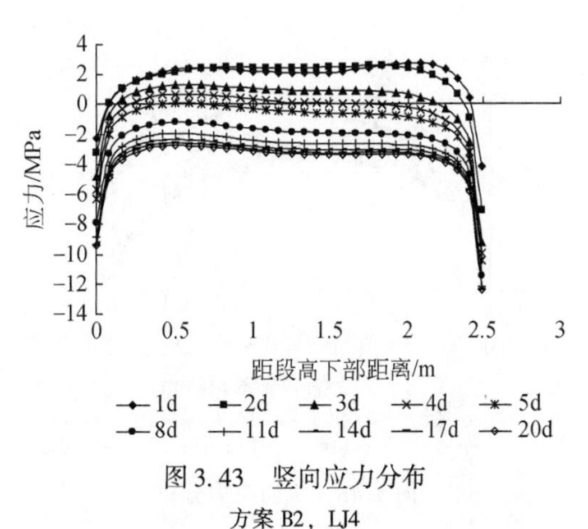

图 3.43 竖向应力分布

方案 B2，LJ4

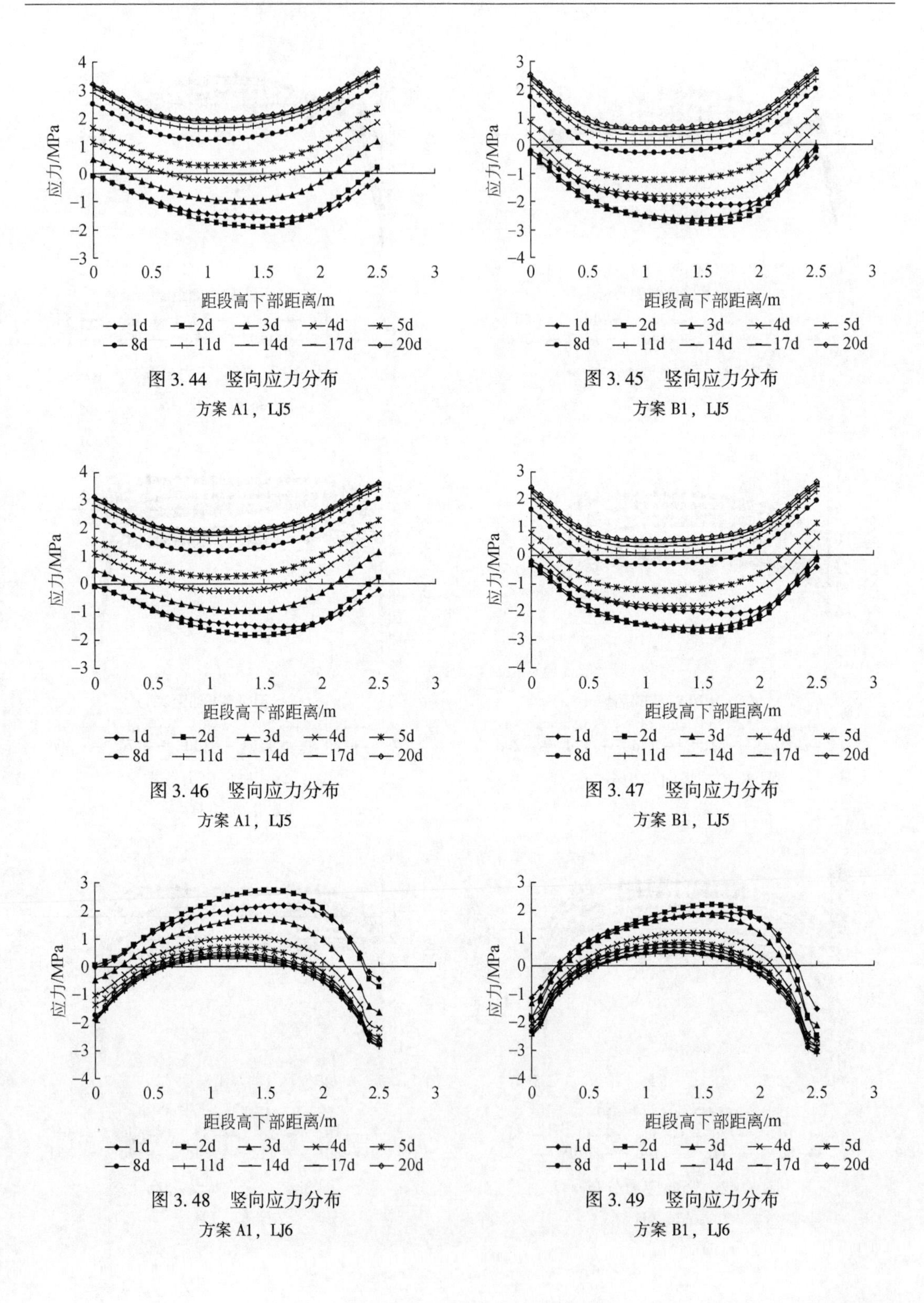

图 3.44　竖向应力分布

方案 A1，LJ5

图 3.45　竖向应力分布

方案 B1，LJ5

图 3.46　竖向应力分布

方案 A1，LJ5

图 3.47　竖向应力分布

方案 B1，LJ5

图 3.48　竖向应力分布

方案 A1，LJ6

图 3.49　竖向应力分布

方案 B1，LJ6

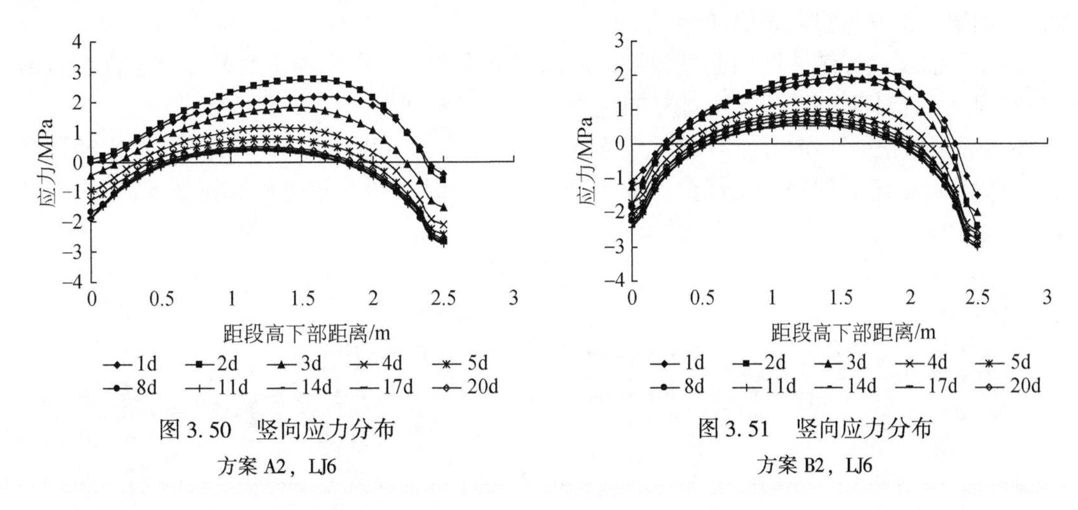

图 3.50　竖向应力分布

方案 A2，LJ6

图 3.51　竖向应力分布

方案 B2，LJ6

由图 3.28 ~ 图 3.51 可知：

1）从图 3.32 ~ 图 3.35 可以看出，受早期井壁水化热的影响，井壁具有整体的热膨胀变形趋势，因此，井壁内部的竖向温度应力分布在早期均以压应力为主，井壁竖向应力沿井壁厚度方向均呈“中部高，向两侧逐渐减小”的分布状态，应力变化曲线与井壁温度场的径向温度分布曲线特点一致，即近似呈抛物线分布；随着时间的推移，井壁逐渐降温，井壁内的压应力逐渐减小，第 8d 时井壁内部压应力转为拉应力，20d 时拉应力达到 2MPa 左右，井壁混凝土存在开裂风险。

2）受井壁内部热膨胀趋势的影响，井壁表面初期以拉应力为主，由于大体积混凝土的早强性质，井壁混凝土弹性模量增长很快，井壁表面拉应力一般在 2d 左右即达到最大，拉应力值大小达到 3.87MPa（而此时混凝土的强度只能达到设计强度 80MPa 的 60% ~ 80%，相应的抗拉强度在 2.5 ~ 2.65MPa），因此此时井壁内缘附近存在较大的产生水平裂纹的风险，可能会出现水平方向的温度拉伸裂缝。但从图 3.32 ~ 图 3.35 中可以看出，井壁裂缝一般只可能出现在井壁内表面不到 100mm 深度内，属于浅表性裂缝；此后，随着时间推移，井壁表面的拉应力逐渐减小，8d 时井壁内表面拉应力转为受压状态；井壁外侧受拉趋势随着井壁降温逐渐变大。分析认为，这主要是由于计算过程中随着泡沫板的压缩，其弹性模量逐渐加大，对井壁的约束也逐渐加大，因此，井壁外侧拉应力随着温度降低仍然有继续加大趋势。

3）从图 3.28 ~ 图 3.31 和图 3.36 ~ 图 3.39 中可知，井壁段高下部靠近钢板处竖向压力逐渐增加。

4）从图 3.44 ~ 图 3.47 可以看出，井壁内竖向温度压应力沿井壁段高的分布规律为中部最大、两端最小。这主要是由水化热在井壁内部积聚造成的，其随时间的变化规律在 1 ~ 3d 内为逐渐增大，3d 以后减小，其变化规律与径向应力相同。

5）比较方案 A1 和 A2，B1 和 B2 可知，由于井内温度 4℃ 和 8℃ 对井壁内温度最高值影响很小，因此，由此引起的竖向应力也相差很小。

6）比较 A 和 B 两组方案可知，采用微膨胀混凝土井壁能在井壁竖向产生最大约 1.59MPa 的压应力，能降低井壁内、外侧的竖向温度拉应力，增大井壁内部的竖向压应力，有利于防止井壁温度裂缝的形成。

由于目前现浇冻结井壁的温度裂缝以环向裂缝为主，分析原因主要是井壁竖向受拉造成的，因此，本书对井壁段高中部竖向应力作进一步的分析。

从井壁内侧沿径向向井壁外侧均匀布置 11 个测点，分别记做 R1 ~ R11，用来监测井壁内各测点温度随时间的变化规律。井壁竖向应力随时间的变化规律如图 3. 52 ~ 图 3. 55 所示。

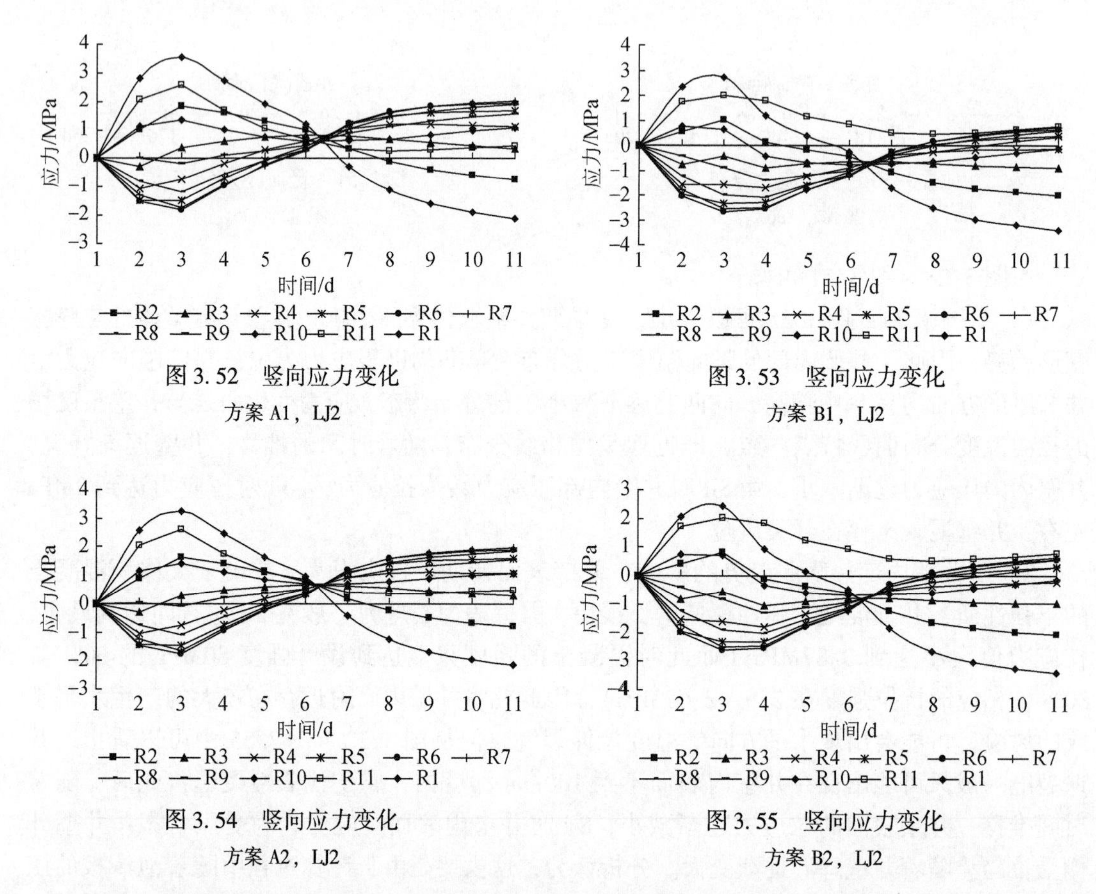

图 3. 52 竖向应力变化
方案 A1，LJ2

图 3. 53 竖向应力变化
方案 B1，LJ2

图 3. 54 竖向应力变化
方案 A2，LJ2

图 3. 55 竖向应力变化
方案 B2，LJ2

1）井壁浇筑初期应力峰值的出现时间稍滞后于井壁温度峰值出现的时间。井壁浇筑后，井壁内的拉、压应力的最大值均出现在 2 ~ 3d，稍滞后于温度峰值的出现时间。分析认为，这是由于温度出现峰值时井壁混凝土弹性模量还不是很高，随着时间推移，井壁弹性模量迅速增大，导致出现应力峰值。

2）井壁内质点初始竖向应力状态为受压时，随着时间推移，2 ~ 3d 内所受压应力达到最大，而后随着井壁降温压应力逐渐减小，最后转为受拉状态；若质点最初竖向应力状态为受拉时，随着时间推移，2 ~ 3d 时其所受拉应力达到最大，而后拉应力逐渐减小，最后变为压应力；竖向应力无论为拉应力还是压应力，最后均趋于某一稳定值，井壁竖向应力能够稳定为某一稳定值，这主要是因为后期井壁温度变化极其缓慢。

3）井壁应力与混凝土弹性模量具有密切的关系。弹性模量值增大，将使同样温度变化条件下混凝土内的应力量值增加。

4）井壁段的约束条件对井壁的应力具有显著的影响。影响井壁约束程度大小的因素主要是壁后泡沫板的弹性模量，泡沫板弹性模量不同，井壁内应力状态会有很大差别。

井壁竖向应力的主要计算结果见表3.6。由于混凝土应力计算结果的大小直接取决于温度变化、弹性模量变化、约束条件变化，尽管井壁温度变化能够以较高的精度模拟，但由于井壁混凝土的弹性模量实质上属于渐进增长的过程，井壁外部约束条件变化极其复杂难以准确模拟，因此，表3.6中应力计算值具有一定误差。而且，由于不同井壁混凝土的强度增长速度不同，因此，最大拉应力和最大压应力出现的时间及数值可能会存在较大差别。

表3.6 井壁竖向应力计算结果

方案编号	拉应力			压应力		
	最大值/MPa	发生时间 /d	出现位置	最大值/MPa	发生时间 /d	出现位置
A1	3.56	2	内表面	-2.12	20	内表面
B1	3.26	2	内表面	-2.13	20	内表面
A2	2.72	2	内表面	-3.38	20	内表面
B2	2.42	2	内表面	-3.89	20	内表面

对表3.6中的计算结果，分析可知：

1）最大温度拉应力出现在井壁内表面，出现时间均在浇筑后2~3d；井壁外表面温度拉应力小于井壁内表面。分析认为，这可能是由于井壁内表面降温快于外表面。

2）最大温度压应力也出现在井壁内表面，出现的时间一般为混凝土浇筑后20d左右或者更长时间。井壁内部的最大温度压应力一般出现在井壁浇筑后2~3d，这是井壁内混凝土的高温膨胀变形因内、外部约束作用受阻所致。

3）井壁浇筑后2~3d（具体时间与井壁混凝土强度增长速度有关）井壁面临着最大的开裂风险。由于此时拉应力达到2.42~3.56MPa，因此，当井壁表面混凝土的早期抗拉强度不足时，将会出现水平方向的温度拉伸裂缝。

需指出的是，温度拉应力仅出现在井壁表面很浅的区域，如图3.32~图3.35所示，可能超过混凝土抗拉强度的范围一般距井壁表面100mm左右，因此，拉伸裂缝将属于浅表裂缝，且井壁内的竖向配筋（混凝土保护层多在50~80mm）将有助于抑制水平裂缝的出现。另外，只要井内空气温度高于井壁外侧，一般后期井壁内缘即可进入受压状态，浅表裂缝即会被重新压实，该情形通过调节通风温度便很容易实现。因此，由竖向温度拉应力造成的井壁内表面的浅表裂缝不会对井壁承载力和抗渗透造成灾害性的影响。

3.5.3 井壁切向应力变化规律

本节主要以LJ4~LJ6 3条竖向路径上的切向应力为分析对象，3条路径上的切向应力分布如图3.56~图3.67所示。

（1）由图3.56~图3.59可知，无膨胀剂井壁内表面的切向应力在浇筑初期呈现段高上部受压、下部受拉的非线性分布状态，并随着水泥水化热释放，在2d时拉应力和压应力均达到最大，此后，随着井壁的降温，段高下部的拉应力逐渐减小，且在第8d转为压应力，而上部的压应力随时间推移逐渐增大。

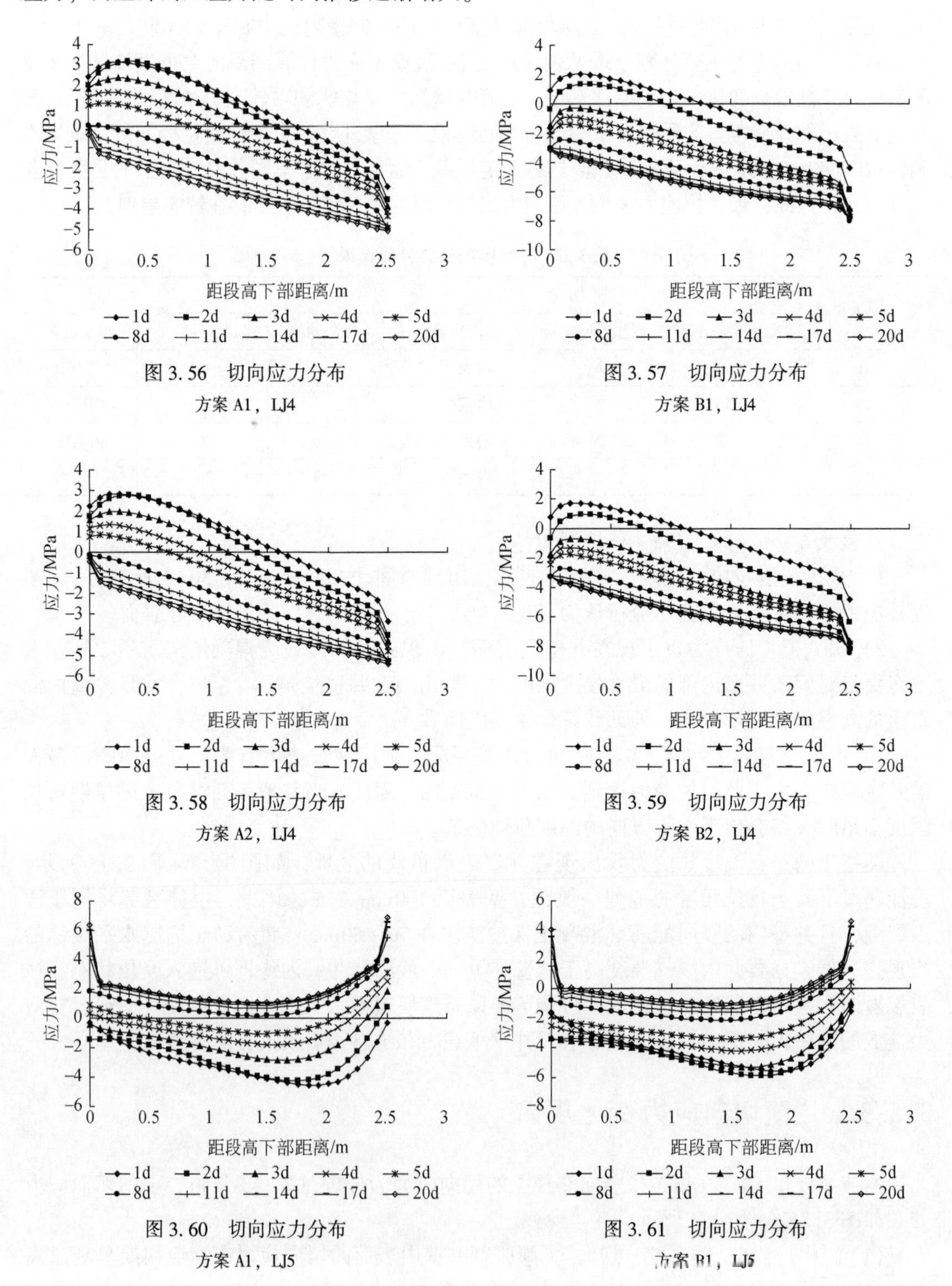

图 3.56　切向应力分布

方案 A1，LJ4

图 3.57　切向应力分布

方案 B1，LJ4

图 3.58　切向应力分布

方案 A2，LJ4

图 3.59　切向应力分布

方案 B2，LJ4

图 3.60　切向应力分布

方案 A1，LJ5

图 3.61　切向应力分布

方案 B1，LJ5

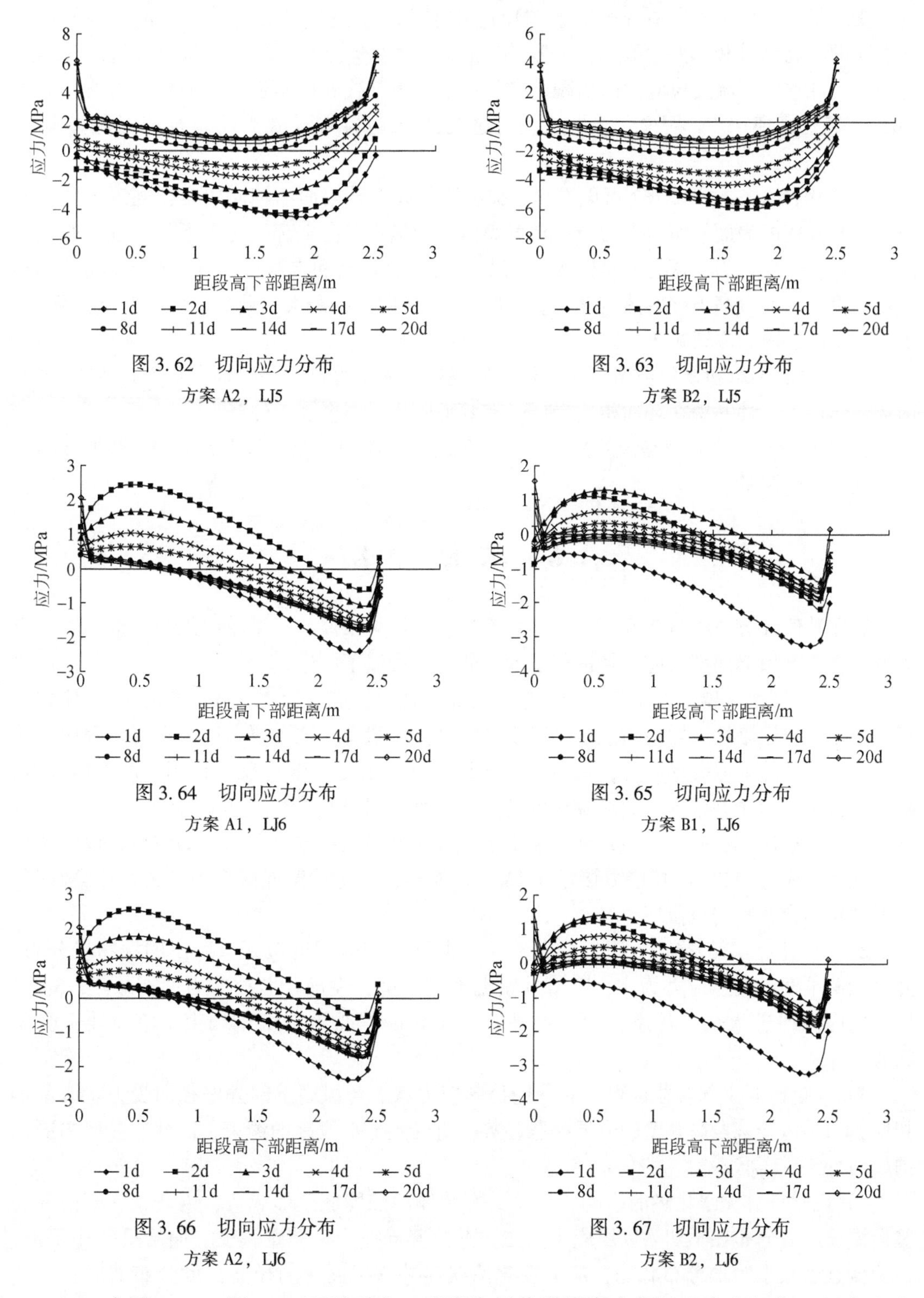

图3.62　切向应力分布
方案A2，LJ5

图3.63　切向应力分布
方案B2，LJ5

图3.64　切向应力分布
方案A1，LJ6

图3.65　切向应力分布
方案B1，LJ6

图3.66　切向应力分布
方案A2，LJ6

图3.67　切向应力分布
方案B2，LJ6

（2）由图3.60～图3.63可以看出，无膨胀剂井壁厚度中部切向应力初期以压应力为主，浇筑后2～3d达到最大，此后随着井壁降温压应力逐渐减小，第8d以后井壁全断面处于受拉状态，但拉应力值普遍低于2MPa。分析认为，这主要是计算中的泡沫板处理方式引起的（将泡沫板和井壁黏结为一整体），因为后期降温过程中泡沫板对井壁的收缩产生限制，导致约束温度拉应力的出现。在段高上、下部接茬板附近，切向拉应力值均大于2MPa，甚至达到6MPa左右。分析认为，这与接茬钢板与混凝土的弹性模量相差较大有关。

（3）由图3.64～图3.67可以看出，无膨胀剂井壁外表面的切向应力在浇筑初期的分布规律与井壁内表面的切向应力分布规律类似，均呈现段高上部受压、下部受拉的非线性分布状态。分析认为，这主要是因为段高上部受上一段高和自身段高水化热温度的影响，散热速度慢，而段高下部散热速度快。拉应力在2d即达到最大，此后，随着井壁的降温，段高下部的拉应力逐渐减小。

（4）对比A组和B组方案可见，微膨胀混凝土井壁可以在井壁环向最大提供2.8MPa的环向压应力，使井壁在环向始终受压，有效地防止了温度裂缝的产生。

（5）井壁是否会开裂是由外荷载作用产生的竖向应力、变形和应力、变形叠加后的应力与变形值决定的。

3.6 本章小结

利用数值计算方法对变温度、变弹性模量、变约束条件的新型单层冻结井壁的温度应力场和膨胀剂引起的膨胀应力场进行了深入研究，有以下结论。

1）无膨胀剂井壁段高中部的径向应力分布初期以压应力为主，从井壁内侧-外侧方向径向压应力先逐渐增大后逐渐减小，呈现非线性分布状态。这主要是因为升温过程中，井壁具有整体的热膨胀变形趋势，受内、外部约束（主要是外部约束）作用，产生压应力；降温过程中，由于井壁内表面降温速度慢于外表面，且井内空气温度高于0℃，因此靠近井壁内侧逐渐出现压应力，而井壁外侧由于降温收缩受到泡沫板和冻结的约束，逐渐从压应力变为拉应力，20d时拉应力接近0.3MPa。显然，无论井壁混凝土中是否存在膨胀剂，一般井壁不会在径向被拉坏。

2）靠近段高下部接茬板附近的井壁径向温度分布呈现近似开口向下的抛物线分布，井壁内侧早期以受拉应力为主，随着井壁温度的下降，端部径向拉应力逐渐减小，5d以后井壁内侧即进入受压状态，而井壁外侧由于热膨胀受到冻结壁约束，始终处于受压状态。

3）靠近段高上部接茬板附近的井壁径向应力状态与段高下部井壁径向受力状态基本相同，只是由于该段高井壁的升温膨胀趋势一直受到上部段高的约束，因此，井壁内缘径向始终处于受压状态。

4）受早期井壁水化热的影响，井壁具有整体的热膨胀变形趋势，因此，井壁内部的竖向温度应力分布在早期均以压应力为主，井壁竖向应力沿井壁厚度方向均呈“中部高，向两侧逐渐减小”的分布状态，应力变化曲线与井壁温度场的径向温度分布曲线特点一致，即近似呈抛物线分布；随着时间的推移，井壁逐渐降温，井壁内的压应力逐渐减小，第8d时井壁内部压应力转为拉应力，20d时拉应力达到2MPa左右，井壁混凝土存在开裂风险。

5）采用微膨胀混凝土井壁能在井壁竖向产生最大约1.59MPa的压应力，能减小井壁内、外侧的竖向温度拉应力，增大井壁内部的竖向压应力，有利于防止井壁温度裂缝形成。

6）无膨胀剂井壁厚度中部切向应力初期以压应力为主，浇筑后2～3d达到最大，此后随着井壁降温压应力逐渐减小，第8d以后井壁全断面处于受拉状态，但拉应力值普遍低于2MPa。

7）无膨胀剂井壁内、外表面的切向应力在浇筑初期呈现段高上部受压、下部受拉的非线性分布状态，并随着水泥水化热释放，在2d时拉压应力均达到最大，此后，随着井壁的降温，段高下部的拉应力逐渐减小。

8）微膨胀混凝土井壁可以在井壁环向最大提供2.8MPa的环向压应力，使井壁在环向始终受压，这有效地防止了温度裂缝的产生。

9）井壁是否会开裂是由外荷载作用产生的竖向应力、变形和温度应力、变形叠加后的应力与变形值决定的。

第 4 章　钢板与混凝土黏结性能研究

4.1　概　　述

土与结构系统的荷载-位移响应受到结构与土体界面的应力-位移关系的重要影响，国内外进行了大量关于土与结构接触界面的试验和研究。然而，钢板与混凝土结构物接触面的试验研究国内未见报道。在带接茬板的单层冻结井壁中，钢板与混凝土的黏结强度直接关系到井壁整体的抗渗性能，这也是单层冻结井壁首先要解决的问题之一。因此，研究钢板与混凝土黏结面的力学性能十分重要。

井壁在生产期间所受的应力状态复杂，黏结面受到的两种典型作用就是拉剪作用和压剪作用。此时，黏结面的拉剪强度与压剪强度就成为井壁施工的控制指标。由于黏结面是由钢板和新浇混凝土组成的一个复杂组合体，其黏结强度就与钢板的表面粗糙度、混凝土龄期以及黏结面上的正应力等多种因素有关。整体混凝土的剪切强度与垂直于剪切面上作用的正应力有关，当正应力为拉应力时，随拉应力增大，剪切强度逐渐减小；当正应力为压应力时，剪切强度的变化变得比较复杂，在低应力范围内，剪切强度随压应力的增加而提高，当压应力增大至一定程度时，剪切强度又随着压应力的增大而降低。

实际试验过程中发现，钢板与混凝土在没有正向压应力的情况下，其黏结强度很低，要进行黏结面的拉剪试验，难度较大。因此，本书只对钢板与混凝土黏结的抗压和压剪强度进行研究。实际上，在单层井壁结构中，段高上下接茬板与竖向构造筋焊接在一起，因此，接茬板与混凝土仍具有较高的拉剪强度。

为了研究混凝土与钢板接触面的力学特性，本书采用自行配制的 C80 微膨胀高强混凝土在中国科学院武汉岩土力学研究所研制生产的 JQ-200 型岩石剪切流变仪上，进行了三种钢板表面粗糙度、三种混凝土龄期和三种法向应力的钢板与混凝土黏结性能的抗压和抗剪试验，研究钢板与混凝土黏结面的力学性质及其对界面特性的影响。

4.2　钢板与混凝土黏结面的抗压性能研究

4.2.1　试验内容及所用材料

钢板与标准混凝土立方体试块黏结在一起，当其轴心受压时，钢板会对混凝土的横向变形产生一定的限制作用，因此，混凝土的强度和破坏形态有可能会发生变化。本试验研究的主要目的在于得出有、无钢板黏结情况下标准混凝土立方体试块的抗压强度和破坏形态的区别。

试验所用材料及配合比见2.3.6小节。

4.2.2　试验规划

抗压强度分三种情况试验。

1）没有钢板，共做3组（3d、7d、28d），每组3个。

2）钢板在上，共做3组（3d、7d、28d），每组3个，粗糙度分为5.36μm、4.24μm和1.53μm。

3）钢板在下，共做3组（3d、7d、28d），每组3个，粗糙度分为5.36μm、4.24μm和1.53μm。

按《普通混凝土力学性能试验方法标准》（GB/T 50081—2002）规定方法进行。试块尺寸为：150mm×150mm×150mm；养护条件：温度20℃±3℃、湿度98%±2%，拆模时间1~2d，然后按照3d、7d、28d测量其抗压强度。

4.2.3　试验步骤

由于带接茬板的单层井壁浇筑后，井壁混凝土的纵向膨胀会受到竖筋的限制作用，即井壁混凝土浇筑后会产生限制膨胀，混凝土内部会产生一定的压应力。为模拟混凝土的受力过程，自制了一套加压装置，四角的钢筋尺寸按井壁混凝土实际配筋率给定。具体的试验步骤如下。

1）对于无钢板的混凝土立方体试块直接按《普通混凝土力学性能试验方法标准》（GB/T 50081—2002）规定的方法浇筑、拆模和养护（图4.1）。

2）对于有钢板黏结的混凝土立方体试块，先将标准立方体试模去底，固定在加压架上（图4.2）。

3）由于拆模过程中不能移动上下限制钢板，为防止拆模扰动、破坏钢板与混凝土黏结面，根据事先确定的钢板在上或在下试验，将缓压海绵条贴在靠近黏结钢板的一端以便拆模（图4.2）。

图4.1　无钢板混凝土试块

图4.2　固定在加压架上的试模

4）将黏结钢板事先用丙酮清洗干净，除去表面氧化物备用（图 4. 3）。

5）搅拌、浇筑混凝土，振捣并用抹子将混凝土表面抹平，安装黏结钢板（钢板在下时直接浇筑到钢板上）（图 4. 4）和上限制钢板。

6）拧紧限制筋的螺母，并用水平尺找平（图 4. 5）。

7）1d 后拆模（图 4. 6），送进标养室养护。

8）到规定龄期时取出试块，拆除加压架（图 4. 7），进行抗压强度试验（图 4. 8）。

图 4. 3　清洗干净钢板

图 4. 4　安装黏结钢板

图 4. 5　用水平尺找平

图 4. 6　拆模后的试块

图 4. 7　待试验的试块

图 4. 8　试验中的试块

4.2.4　试验结果及分析

4.2.4.1　混凝土抗压强度增长规律

不同表面粗糙度的钢板和混凝土黏结的标准立方体试块在标准养护条件下的抗压强度增长趋势分别见表4.1和图4.9～图4.12。

表4.1　混凝土抗压强度试验结果

项目	钢板表面粗糙度/μm	龄期及抗压强度/MPa		
		3d	7d	28d
钢板在下	无	68.03	72.44	78.01
	1.53	72.65	84.67	95.16
	4.24	72.59	83.13	88.93
	5.36	68.21	83.57	89.07
钢板在上	—	68.66	71.64	81.81
	1.53	75.44	81.84	89.78
	4.24	76.39	80.74	85.11
	5.36	73.73	82.92	86.44

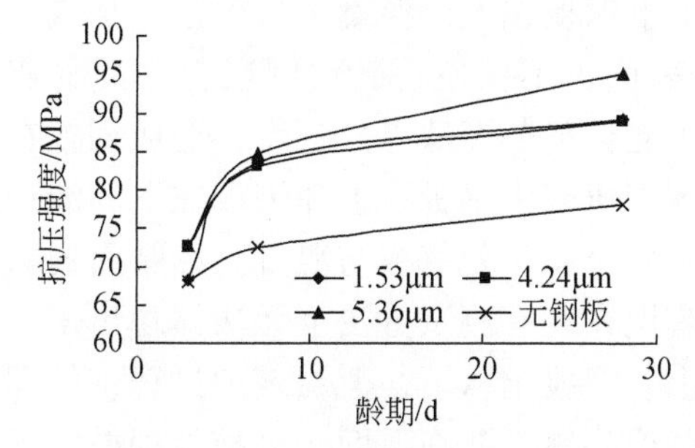

图4.9　抗压强度随龄期增长规律
钢板在下

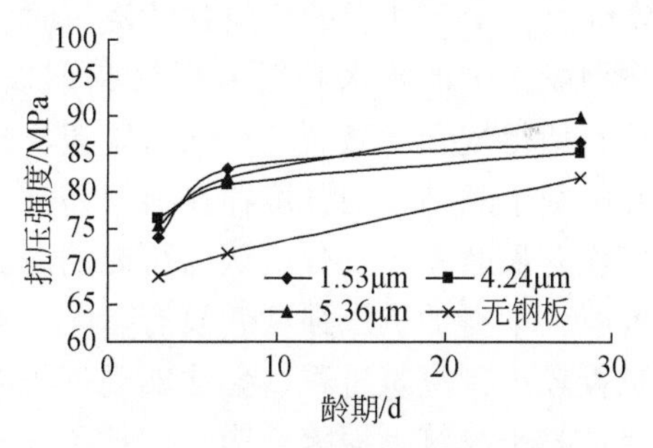

图4.10　抗压强度随龄期增长规律
钢板在上

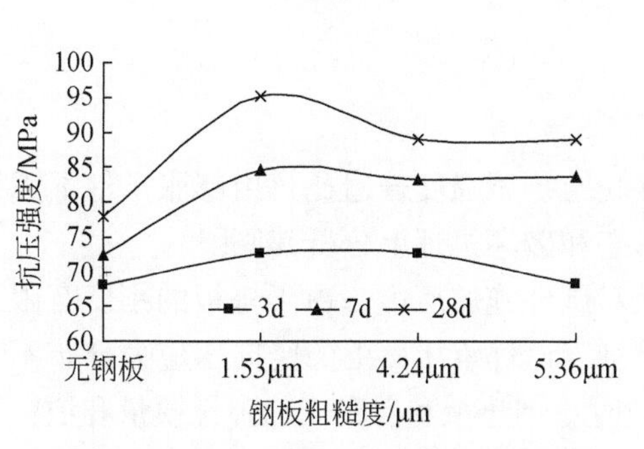

图4.11　抗压强度随表面粗糙度增长规律
钢板在下

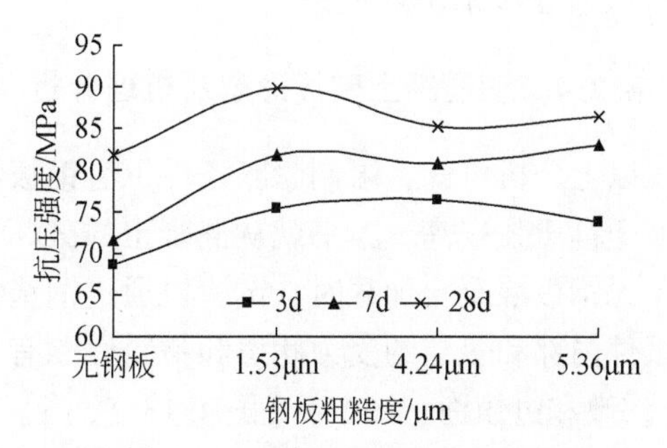

图4.12　抗压强度随表面粗糙度增长规律
钢板在上

从表4.1和图4.9～图4.12可以看出，无论有无钢板，无论钢板在下还是在上，混凝土抗压强度都随龄期的增长而增大。从曲线的斜率可以看出，混凝土早期强度增长快，随后逐渐减慢，到28d后仍有继续增大趋势。

3d龄期时，有钢板和无钢板混凝土的抗压强度相差不大，随着龄期的增加，有、无钢板混凝土的抗压强度差距逐渐加大，7d和28d龄期时，有钢板混凝土抗压强度普遍比无钢板混凝土抗压强度高5～10MPa。分析认为，无钢板混凝土在膨胀剂作用下自由膨胀，强度必然损失，而有钢板混凝土在加压架的限制作用下膨胀，相当于混凝土本身存在于有压养护环境中，外部压力使混凝土更加致密，有助于混凝土的强度增大，而不会造成混凝土强度损失。因此，带钢板的混凝土强度普通大于无钢板混凝土。

不同表面粗糙度的钢板与混凝土黏结后对混凝土抗压强度没有明显影响，各龄期不同表面粗糙度的钢板混凝土抗压强度值相差为1～3MPa（偶有相差较大可能跟试验误差有关），可认为是由混凝土本身的离散性造成的。分析认为，这可能是由两种原因造成的：一是钢板表面粗糙度对混凝土的抗压强度本身没有影响或影响很小；二是三种钢板表面粗糙度的值相差太小，钢板表面粗糙度对混凝土抗压强度的影响被试块强度的离散性所覆盖，如果继续加大钢板表面粗糙度或者使几种钢板表面粗糙度的值相差悬殊，试块表面由于受到钢板的约束不同其抗压强度必然产生区别。

钢板在上与钢板在下对混凝土抗压强度没有明显影响，各龄期相同表面粗糙度的钢板抗压强度值相差普遍在3MPa以内（偶有达到5MPa可能跟试验误差有关），可认为是由混凝土本身的离散性造成的。

实际上，带接茬板的单层井壁浇筑时，由于钢板在上，混凝土从下往上浇筑，振捣过程中混凝土中的泌水和气泡积聚在钢板下表面，不仅使得新浇混凝土局部水灰比更高，而且使得气孔和微裂缝在该区富集，这可能会显著降低界面强度，造成钢板在下和钢板在上两个黏结面的强度存在显著差异。本书研究中钢板在上和钢板在下的混凝土抗压强度没有显著差异，分析认为可能的原因有两个：一是钢板与混凝土黏结面的黏结效果对混凝土本身的抗压强度并没有影响，或者说在现有测试方法下无法体现出来；二是由于试模较小，浇筑过程中无法实现钢板在上、混凝土从下往上浇筑的过程，处理办法是先将混凝土浇筑、振捣完毕，用抹子抹平然后将钢板放在上面，这种处理办法可能导致混凝土中的泌水和气泡不会积聚在钢板下表面，从而造成钢板在上和钢板在下的混凝土抗压强度区别不明显。

4.2.4.2　混凝土破坏形态及机理分析

以上分析可知，限制膨胀条件下有钢板混凝土抗压强度普遍比自由膨胀条件下无钢板混凝土抗压强度高，本书就从混凝土的破坏形态和破坏机理上分析其原因。

无钢板混凝土加载时，试验机通过钢垫板对试件施加压力，由于垫板的刚度有限，以及试件内部和表层的受力状态和材料性能有差别，试件承压面上的竖向压应力分布不均匀（李伟政和过镇海，1991）［图4.13（a）］。同时，钢垫板和混凝土的弹性模量和泊松比不等，在相同应力作用下的横向应变不等，故垫板约束了试件的横向变形，在试件的承压面上作用着水平摩擦力［图4.13（b）］。

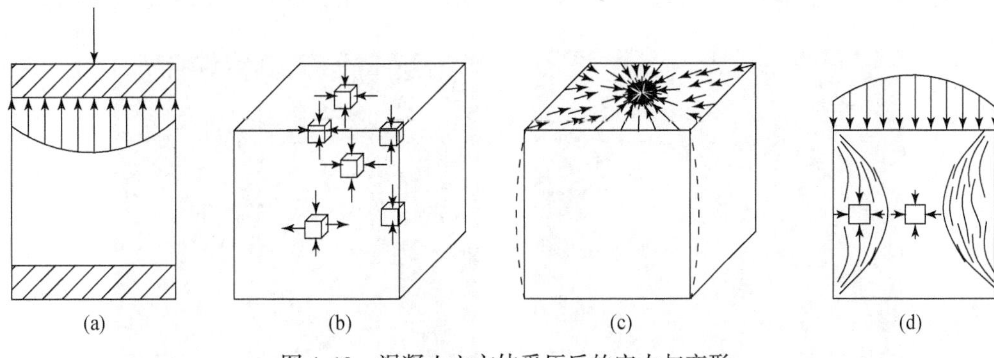

图4.13　混凝土立方体受压后的应力与变形

试件加载后，竖向发生压缩变形，水平向为伸长变形，试件的上下端因受加载垫板的约束而横向变形小，中部的横向变形最大［图4.13（b）］。随着荷载的加大，试件的变形逐渐加快，试件接近破坏前，首先在试件高度的中央、靠近侧表面的位置上出现竖向裂缝，然后往上和往下延伸，逐渐转向试件的角部，形成正倒相连的八字形裂缝［图4.13（d）］，继续加载，新的八字形裂缝由表层向内部扩展，混凝土中部向外鼓胀，开始剥落，最终成为正倒相接的四角锥破坏形态（图4.14和图4.15）。

图4.14　无钢板混凝土破坏形态

图4.15　无钢板混凝土破坏形态

从图4.14和图4.15可以看出，无钢板混凝土破坏后形成的正倒相连的四角锥的顶角均大致在混凝土高度的中部，即两个四角锥的高度大致相同。

图4.16和图4.17为带钢板混凝土的破坏形态，从图中可以看出，带钢板的混凝土破坏形态与无钢板混凝土破坏形态存在明显区别，带钢板混凝土破坏后形成的锥体顶角一般小于无钢板混凝土，且混凝土破坏后形成的两个对角的四角锥中，有钢板黏结的一面锥体高度明显大于无钢板的一侧。分析认为，试件加载后钢板与混凝土黏结面上的水平应力明显大于混凝土与试验机之间的水平摩擦力，水平向伸长变形时，有钢板一侧的混凝土由于受到钢板的黏结约束而横向变形小，无钢板一侧的横向膨胀变形大。因此，破坏时无钢板一侧的混凝土最先向外鼓胀、剥落，最终形成正倒相接、高度不等的四角锥。

有些钢板与混凝土黏结效果非常好，试块压碎后钢板与混凝土仍牢固地黏结在一起，需用其他方法强行拆开，此类混凝土破坏后，有钢板一侧的四角锥高度几乎贯穿整个试块高度，无钢板一侧的混凝土只是鼓胀、剥落而并不形成四角锥（图 4. 18 和图 4. 19）。

图 4. 16　有钢板混凝土破坏形态 1

图 4. 17　有钢板混凝土破坏形态 2

图 4. 18　有钢板混凝土破坏形态 3

图 4. 19　有钢板混凝土破坏形态 4

有些试块破坏形态呈 45°角剪坏，如图 4. 20 和图 4. 21 所示。分析认为，这主要是由于钢板和试块的下表面不平行。浇筑过程中保持钢板上表面和混凝土下表面平行是很困难的，如果两个表面不平行，试件加载后一般钢板会与混凝土块脱开后再压紧，这样钢板对混凝土的限制作用就无法体现出来，混凝土的破坏形态就与无钢板混凝土无异。

图 4. 20　有钢板混凝土剪切破坏形态 1

图 4. 21　有钢板混凝土剪切破坏形态 2

另外，带钢板的试块主要呈爆炸式破坏，爆裂情况明显，声音大，爆裂时碎片飞出的范围大；不加钢板时的爆裂情况不明显，声音小，碎片飞出的范围小。而且，加钢板限制爆裂后飞出的混凝土主要呈碎片状态，而无钢板限制的混凝土破裂后碎片呈大块片状结构的占大多数。

无钢板的混凝土加压到最大值时则回压，如果不回压继续加压，则爆裂；而有钢板限制时，则加压到最大值时直接爆裂，没有回压过程或回压过程很不明显。分析认为，带钢板混凝土的“限制膨胀”使混凝土的强度提高的同时也提高了其脆性。

4.2.4.3　试验中存在的问题

1）浇筑过程中要尽量保持钢板上表面和混凝土下表面平行，如不平行，则钢板的作用就无法体现出来。

2）在拆模和拆除加压架的过程中试块与钢板接触面难免会受到扰动，拆除加压架过程中钢板与试块脱离的情况时有发生，以后的试验中要重视这个问题。

3）由于标养室空间有限，起初试验时将不同粗糙度的 3 个试块依次叠加放在同一个加压架上养护，这样试块所处的层位不同，很可能掩盖了不同粗糙度的钢板对混凝土抗压强度的影响；而后改成将钢板粗糙度相同的试块放在同一个加压架上养护，这样又造成了同种粗糙度的 3 个试块离散性较大，超过规范规定的要求，成为无效值；最后采用每个试块一个加压架，这样就避免了试块强度由于处于不同层位而造成的强度离散，以后的试验中要注意这个问题。

4）造成混凝土单轴抗压强度离散性大的原因还包括：①震动泵太大，造成有的震动过量，有的震动不实，拆模后混凝土外表面气泡很多；②在安装上、下限制钢板时，如果初始不给压力，则混凝土初凝后的干缩会造成混凝土与钢板脱离，如果给的压力太大，则混凝土内的水被挤压渗出，从而不同的压力挤压出的水量不同，造成混凝土试块的水灰比不同，因此，混凝土强度就有所不同。以后的试验中要注意掌握初始压力的大小，既不能太大也不能太小。

5）对于钢板在上的试验，要想办法真正实现钢板在上，混凝土从下往上浇筑。

4.3　钢板与混凝土黏结面的抗剪性能研究

4.3.1　试验内容及所用材料

钢板与混凝土的黏结强度与钢板的表面粗糙度、混凝土龄期以及黏结面上的正应力等多种因素有关，与混凝土本体的抗剪强度相比会具有一定的差异。本试验研究的主要目的在于探索随着钢板表面粗糙度的增大、混凝土龄期的增长以及黏结面上的正应力的加大钢板与混凝土黏结强度的变化规律。

所用材料及混凝土配合比见 2.3.6 小节。

4.3.2　试验规划

对于钢板与混凝土的黏结强度，本试验主要考虑的影响因素和水平见表 4.2。

表 4.2　钢板与混凝土黏结面剪切强度影响因素和水平

钢板位置	钢板表面粗糙度/μm	龄期/d	埋深/m
钢板在上	1.53	3	300
	4.24	7	400
	5.36	28	500
钢板在下	1.53	3	300
	4.24	7	400
	5.36	28	500
无钢板	—	3	300
	—	7	400
	—	28	500

以上因素和水平全组合共63 组试验，每组试验3 个试块，共189 个试块。通过189 个试块的抗剪试验，得到钢板与混凝土黏结强度同钢板的表面粗糙度、混凝土龄期以及黏结面上的正应力的关系。

4.3.3　试验系统

钢板与混凝土剪切试验装置采用中国科学院武汉岩土力学研究所研制生产的 JQ-200 型岩石剪切流变仪，该仪器适用于岩石、混凝土、岩石与混凝土交结面、各种岩体软弱夹层等的快剪及慢剪（流变）试验。

该仪器由主机、稳压系统、操纵台三部分组成（图 4.22）。主机包括机座、水平千斤顶、垂直千斤顶及其有关附件；稳压系统包括垂直稳压器、水平稳压器；操纵台包括手摇泵、压力表、控制阀门等。机座系整体铸钢件，稳定性好、刚度大，千斤顶出力准确，整个系统安装、调节方便，操作简单。

试验中各传感器的数据均由监控与数据采集系统自动采集。该系统由荷重传感器、位移计、DataTaker515 型数据采集器和计算机等组成（图 4.23）。该系统稳定性好，易于安装，具有强大的数据采集功能，支持频率范围从 500Hz 到 5000Hz 的振弦式传感器，数据能够方便和安全地存储到 RAM 内存和可取下的、可存储多达 1390000 个数据点的 PC 存储卡中。

试验的竖向和侧向荷载是由荷重传感器来量测的，本试验选用上海华东电子仪器厂生产的额定负荷为 50t 的荷重传感器；位移的量测选用量程为 10mm 的 YHD-10 型位移计，钢板侧面左右对称安装两个，取其平均值作用钢板的实际位移。位移计用磁性表座固定，安装于剪切流变仪的支座上，与整个仪器连接成一个整体，保证了位移量测基点的可靠性，见图 4.24。

图 4.22　JQ-200 型岩石剪切流变仪

图 4.23　数据采集系统

图 4.24　位移计的安装

4.3.4　试验步骤

1）将养护好的待剪切试块运至剪切仪器旁边，小心放置试块，避免碰掉钢板。

2）连接试验装置和数据采集系统，准备试验。

3）将试块按不同粗糙度安装到剪切仪器中（图 4.25），为避免放置侧向荷重传感器和位移计的过程中碰掉钢板，先放置竖向荷重传感器（图 4.26）。

图 4.25　安装中的待试验试块

图 4.26　安装好的待试验试块

4）缓慢将竖向荷载一次性加到设计值。

5）安装位移计和侧向荷重传感器（图 4.26）。

6）缓慢加侧压，直到钢板与混凝土黏结面破坏。

7）试验结束，清理试验装置，进行下一个试块的试验。

4.3.5 试验结果分析

需要说明的是，由于剪切仪器本身的局限性，试验试件尺寸与仪器卡座尺寸不协调，试验时将仪器卡座取下，尽管试验时力求将试件与挡板挤紧，但仍导致了混凝土与前挡板之间存在部分空隙。因此，试验得到的黏结面破坏时的剪切位移可能存在较大误差，但并不影响剪切强度的大小，黏结面剪切强度值仍具有较高的可信度。

4.3.5.1 钢板与混凝土黏结面抗剪黏结力的构成

邢福东（2004）对钢管与混凝土界面黏结力的构成已经作了一些分析。关于钢板与混凝土界面抗剪黏结力的构成，结合本次试验结果，本书认为主要由三部分组成：①水泥凝胶体与钢板接触表面的化学胶结力；②粗糙不平的钢板表面与混凝土之间的机械咬合力；③钢板与混凝土接触面之间的摩擦力。下面对这三种力作简要叙述。

胶结力：胶结力是水泥石与钢材表面的化学吸附力，胶结强度与混凝土的性质有很大的关系，如混凝土强度、水灰比等。钢筋与混凝土的黏结试验表明，钢筋与混凝土之间的胶结强度很小，一旦界面发生局部滑移，胶结作用即丧失且不再恢复。

机械咬合力：机械咬合力是由钢管表面凹凸不平及楔入其间的混凝土咬合而实现的，其大小取决于钢板表面的粗糙程度和混凝土抗剪强度，是构成界面抗剪黏结力的主要组成部分。

摩擦力：钢板与混凝土之间发生滑移后，界面摩擦力开始发生作用，摩擦力与接触面的法向压力及摩擦系数的大小成正比。钢板与混凝土界面摩擦系数的大小与钢板表面的粗糙程度有一定关系。

4.3.5.2 混凝土龄期对黏结面抗剪强度的影响

在轴向压力与钢板表面粗糙度相同情况下，钢板与混凝土黏结面的抗剪强度随混凝土龄期增长的变化规律见图 4.27 ~ 图 4.32，图中所用值为每组试块剪切强度的平均值。

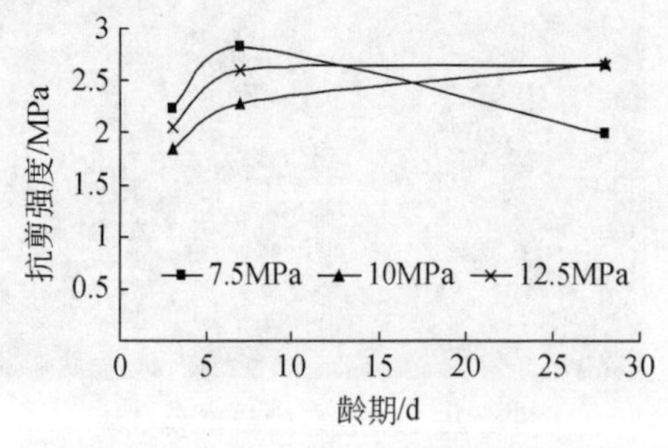

图 4.27 混凝土龄期与抗剪强度的关系

钢板在上，钢板表面粗糙度 1.53μm

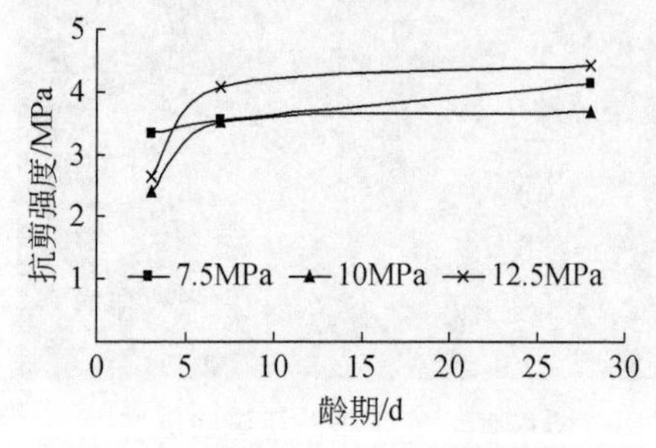

图 4.28 混凝土龄期与抗剪强度的关系

钢板在上，钢板表面粗糙度 4.24μm

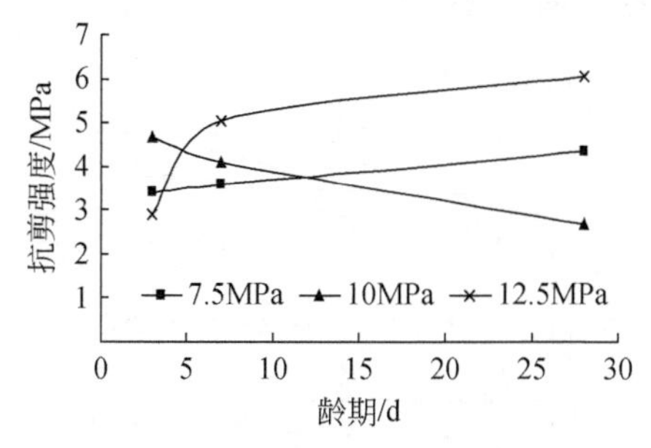

图4.29　混凝土龄期与抗剪强度的关系

钢板在上，钢板表面粗糙度5.36μm

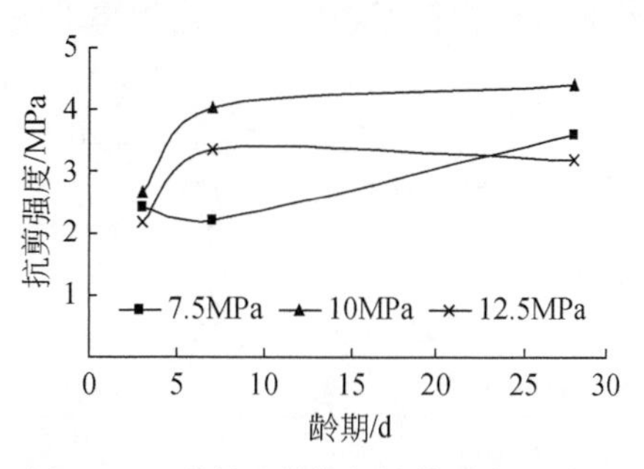

图4.30　混凝土龄期与抗剪强度的关系

钢板在下，钢板表面粗糙度1.53μm

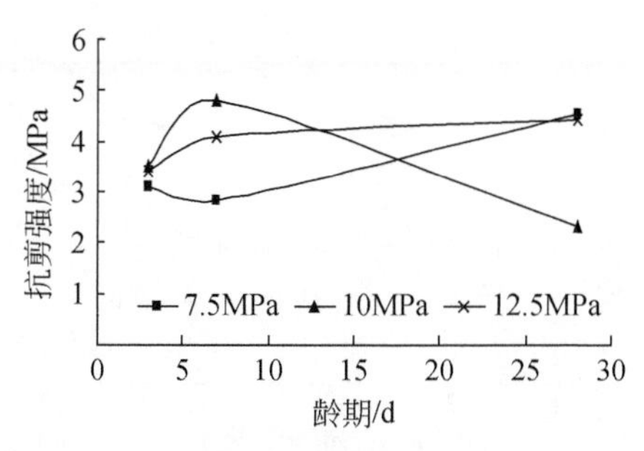

图4.31　混凝土龄期与抗剪强度的关系

钢板在下，钢板表面粗糙度4.24μm

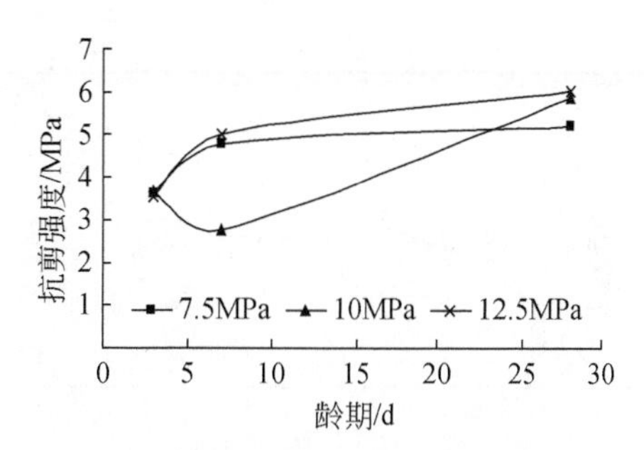

图4.32　混凝土龄期与抗剪强度的关系

钢板在下，钢板表面粗糙度5.36μm

由图4.27～图4.32可知，在钢板表面粗糙度和轴压相同的情况下，虽然试验结果某些试块的离散性较大，但仍可看出，混凝土与钢板黏结面的剪切强度随混凝土龄期的增长而逐渐加大，7d龄期时的剪切强度值普遍比3d时的剪切强度高0.5～1.5MPa。分析认为，这主要是因为混凝土的强度增长了，因7d龄期时的混凝土抗压强度普遍比3d时强度高10MPa左右，混凝土的强度增长导致钢板与混凝土之间的机械咬合力和胶结力增大，从而导致7d龄期时的抗剪强度大于3d的抗剪强度；随着混凝土龄期的继续增长，钢板与混凝土黏结面剪切强度增长减缓，这主要跟混凝土后期强度增长缓慢有关。

由4.2.4.1小节分析可知，钢板在下时混凝土与钢板黏结面的抗剪强度应明显大于钢板在上时的抗剪强度，而实际试验过程中发现，相同龄期时，在钢板表面粗糙度和轴压相同的情况下，钢板在上或钢板在下时钢板与混凝土黏结面的抗剪强度离散性较大。分析认为，这主要是因为混凝土本体强度受诸多因素影响而具有很大的离散性，没有真正实现“下浇”等。

4.3.5.3　钢板表面粗糙度对黏结面抗剪强度的影响

新老混凝土黏结面的抗剪强度和多种因素有关，其中二者接触面的粗糙度是一个十分重要的因素，中国矿业大学在这方面已做了一些研究，得到了一些有益的结论，但其表面粗糙度的数量级一般为毫米，对于表面粗糙度数量级在微米级的钢板与混凝土的黏结面抗剪强度还未见报道。在混凝土轴向压力与龄期相同的情况下，钢板与混凝土黏结面的抗剪强度随钢板表面粗糙度增大的变化规律见图 4. 33 ~ 图 4. 38。

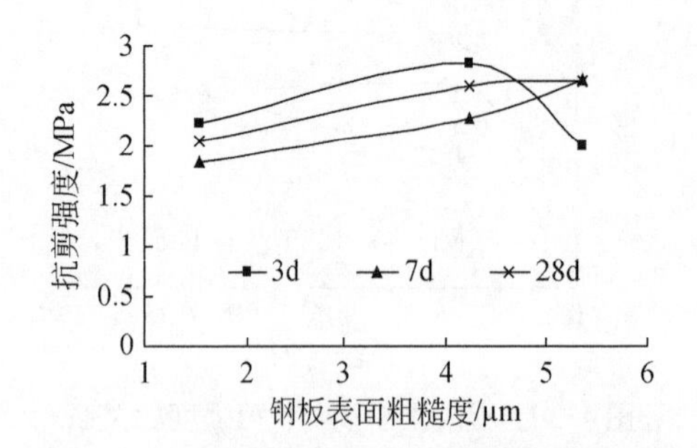

图 4. 33　钢板表面粗糙度与抗剪强度的关系
钢板在上，法向应力 7. 5MPa

图 4. 34　钢板表面粗糙度与抗剪强度的关系
钢板在上，法向应力 10MPa

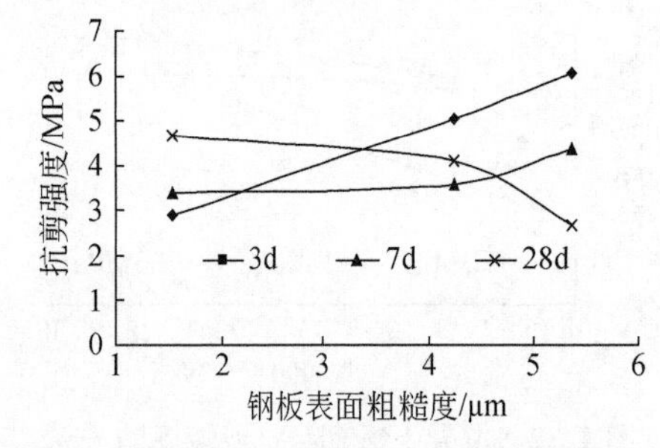

图 4. 35　钢板表面粗糙度与抗剪强度的关系
钢板在上，法向应力 12. 5MPa

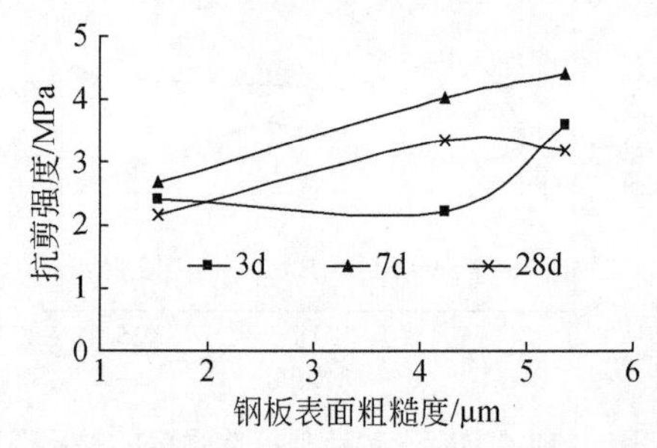

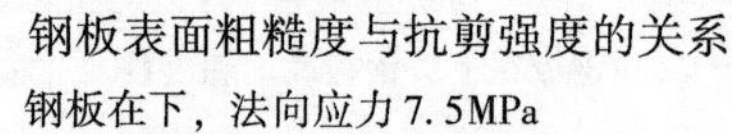

图 4. 36　钢板表面粗糙度与抗剪强度的关系
钢板在下，法向应力 7. 5MPa

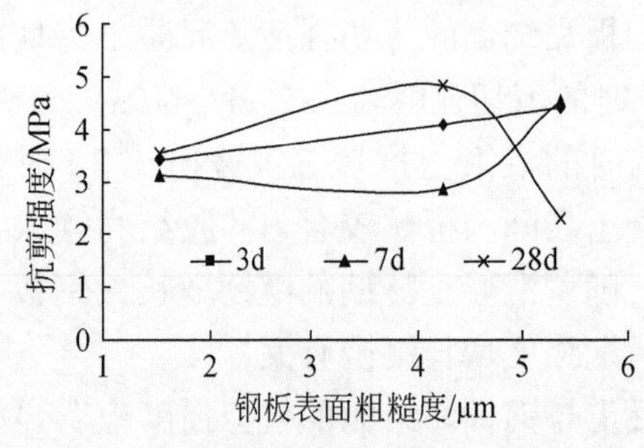

图 4. 37　钢板表面粗糙度与抗剪强度的关系
钢板在下，法向应力 10MPa

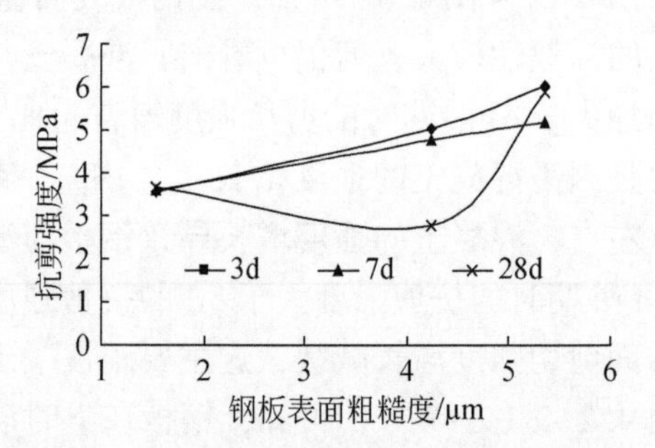

图 4. 38　钢板表面粗糙度与抗剪强度的关系
钢板在下，法向应力 12. 5MPa

由图 4. 33 ~ 图 4. 38 可知，在混凝土龄期和轴压相同的情况下，混凝土与钢板黏结面的剪切强度随钢板表面粗糙的增加而逐渐加大，钢板表面粗糙度为 4. 24μm 时的剪切强度值普遍比 1. 53μm 时的剪切强度高 0. 19 ~ 1. 1MPa，钢板表面粗糙度为 5. 36μm 时的剪切强度值普遍比 4. 24μm 时的剪切强度高 0. 15 ~ 1MPa。可见，在一定粗糙度范围内，随着钢板表面粗糙度的增加，钢板与混凝土的黏结接触面积和机械咬合力均逐渐加大，因此，钢板与混凝土黏结面的抗剪强度也逐渐加大。

钢板表面粗糙度相同时，在混凝土龄期和轴压相同的情况下，钢板在上或钢板在下时钢板与混凝土黏结面的抗剪强度无明显区别，原因同 4. 3. 5. 3 小节分析。

4.3.5.4　钢板与混凝土黏结面法向应力对黏结面抗剪强度的影响

在钢板表面粗糙度与混凝土龄期相同情况下，钢板与混凝土黏结面的抗剪强度随混凝土法向应力增大的变化规律见图 4.39 ~ 图 4.44。

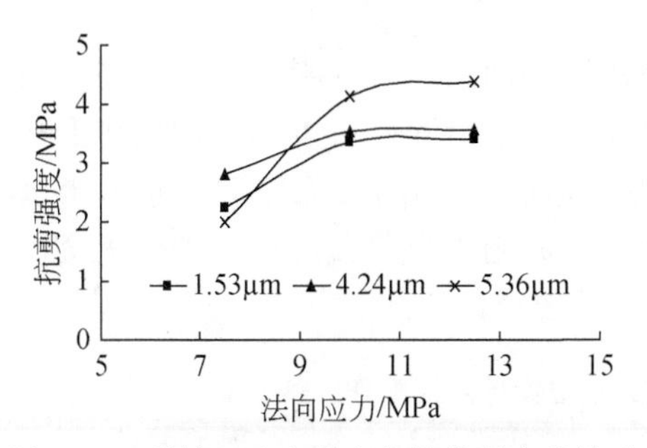

图 4.39　黏结面法向应力与抗剪强度的关系

钢板在上，龄期 3d

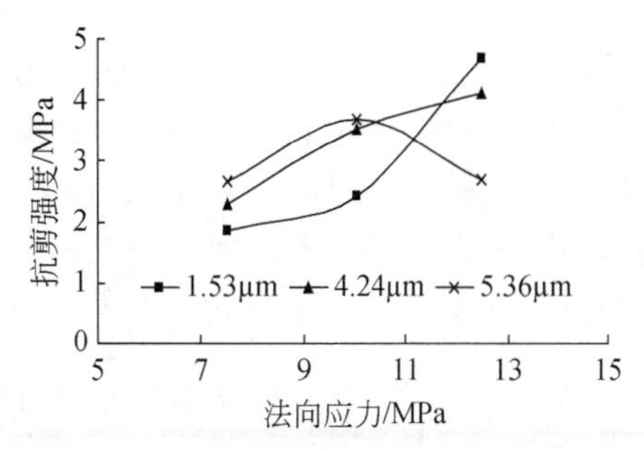

图 4.40　黏结面法向应力与抗剪强度的关系

钢板在上，龄期 7d

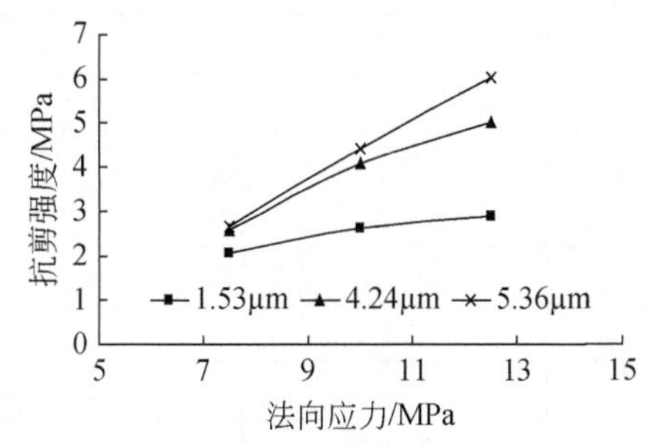

图 4.41　黏结面法向应力与抗剪强度的关系

钢板在上，龄期 28d

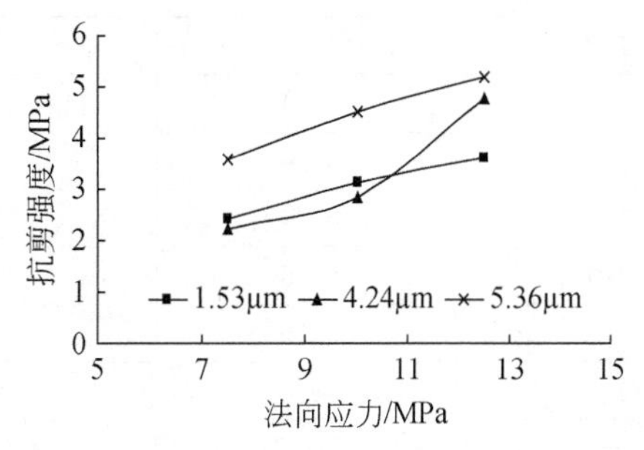

图 4.42　黏结面法向应力与抗剪强度的关系

钢板在下，龄期 3d

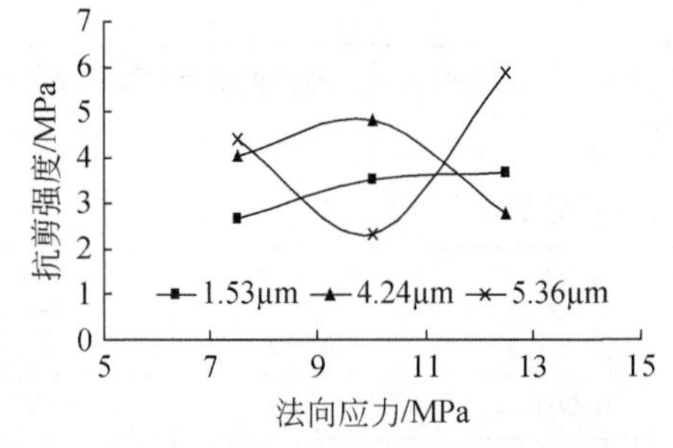

图 4.43　黏结面法向应力与抗剪强度的关系

钢板在下，龄期 7d

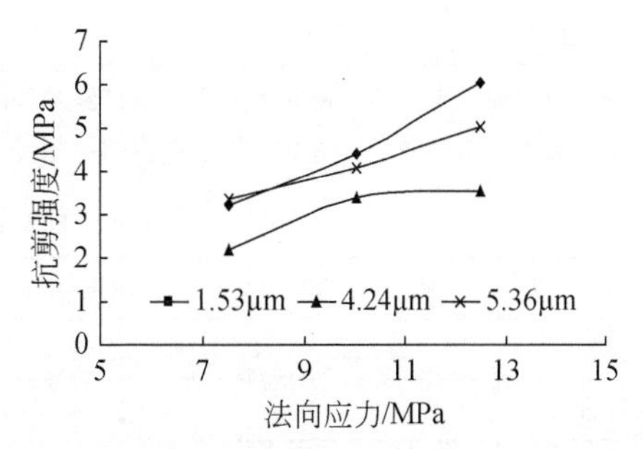

图 4.44　黏结面法向应力与抗剪强度的关系

钢板在下，龄期 28d

由图 4.39 ~ 图 4.44 可知，在钢板表面粗糙度与混凝土龄期相同情况下，混凝土与钢板黏结面的剪切强度随试块法向应力的增加而逐渐加大，法向应力为 10MPa 时的剪切强度值普遍比 7.5MPa 时的剪切强度高 0.6 ~ 1.54MPa，法向应力为 12.5MPa 时的剪切强度值普遍比法向应力为 10MPa 时的剪切强度高 0.5 ~ 0.9MPa。可见，在一定法向应力范围内，随着法向应力的增加，二者之间的机械咬合也逐渐增强，因此，钢板与混凝土黏结面的抗剪强度也逐渐加大。

试块法向应力相同时，在钢板表面粗糙度与混凝土龄期相同情况下，钢板在上和钢板在下时钢板与混凝土黏结面的抗剪强度无明显区别，原因同4.3.5.3小节分析。

4.3.5.5 钢板与混凝土黏结面剪切强度影响因素的正交试验

钢板与混凝土黏结面的剪切强度主要考虑的影响因素为：混凝土龄期、钢板表面粗糙度和钢板与混凝土黏结面上的正应力。根据4.3.5.4小节的分析可知，钢板在上和钢板在下对混凝土与钢板黏结强度影响不大（试验方法造成的，实际应该有区别），根据表4.3列出的影响因素和水平，不区别钢板在上和在下，利用正交表 L_9（3_4）进行正交组合，得到的正交组合方案和极差分析见表4.4，每组试验3个试块。

表4.3　剪切强度-位移关系正交设计及极差分析表

试验组号	粗糙度/μm	龄期/d	法向应力/MPa	平均剪切强度/MPa
1-1	1.53	3	7.5	2.324
1-2	1.53	7	10	2.722
1-3	1.53	28	12.5	3.54
2-1	4.24	3	10	4.137
2-2	4.24	7	12.5	4.596
2-3	4.24	28	7.5	3.353
3-1	5.36	3	12.5	4.47
3-2	5.36	7	7.5	3.533
3-3	5.36	28	10	4.083
m_1	2.862	3.644	3.070	—
m_2	4.029	3.617	3.647	—
m_3	4.029	3.659	4.202	—
极差 R	1.167	0.042	1.132	—

注：表中同一种因素条件下相同水平的三组试验结果的均值列于“m_1”行，类似地其他水平的试验结果列于相应的行，各个因素3次试验的平均值的极差列在表的“极差 R”行。

表4.4　正交试验方差分析表

因素	偏差平方和	自由度	F 比	F 临界值	显著性
粗糙度/μm	2.722	2	1.757	5.140	显著
龄期/d	0.003	2	0.002	5.140	—
轴压/MPa	1.922	2	1.241	5.140	—
误差	4.65	6	—	—	—

注：$a=0.05$。

由试验的极差分析和方差分析可知，计算模型的统计意义十分显著，影响钢板与混凝土黏结强度的3个因素，按影响程度由大到小排列为：钢板表面粗糙度、法向应力和混凝土龄期。其中影响十分显著的因素为：钢板表面粗糙度和法向应力。因此，在单层冻结井壁竖向压力一定的情况下，要增加接茬钢板与混凝土的黏结强度，增大钢板表面粗糙度是一个非常有效的方法。

4.3.5.6　钢板与混凝土黏结面剪切强度与位移的关系

由于试验过程中无法控制使所有试块的加载速率都一致，因此，在同一图中显示不同试块的荷载-位移曲线就很困难。本书选取表4.3中部分试块的荷载-位移曲线来分析，见图4.45～图4.53。另外，本书采用普通的试验机而非刚性机，当侧向剪力逐渐加大到试块抗剪强度后，积聚在试验机里的能量突然急剧释放，试块和钢板之间突然滑动，因此，试块达到抗剪强度后的剪力-位移关系无法记录，本书只研究钢板与混凝土黏结试块达到峰值剪力之前的剪力-位移关系。

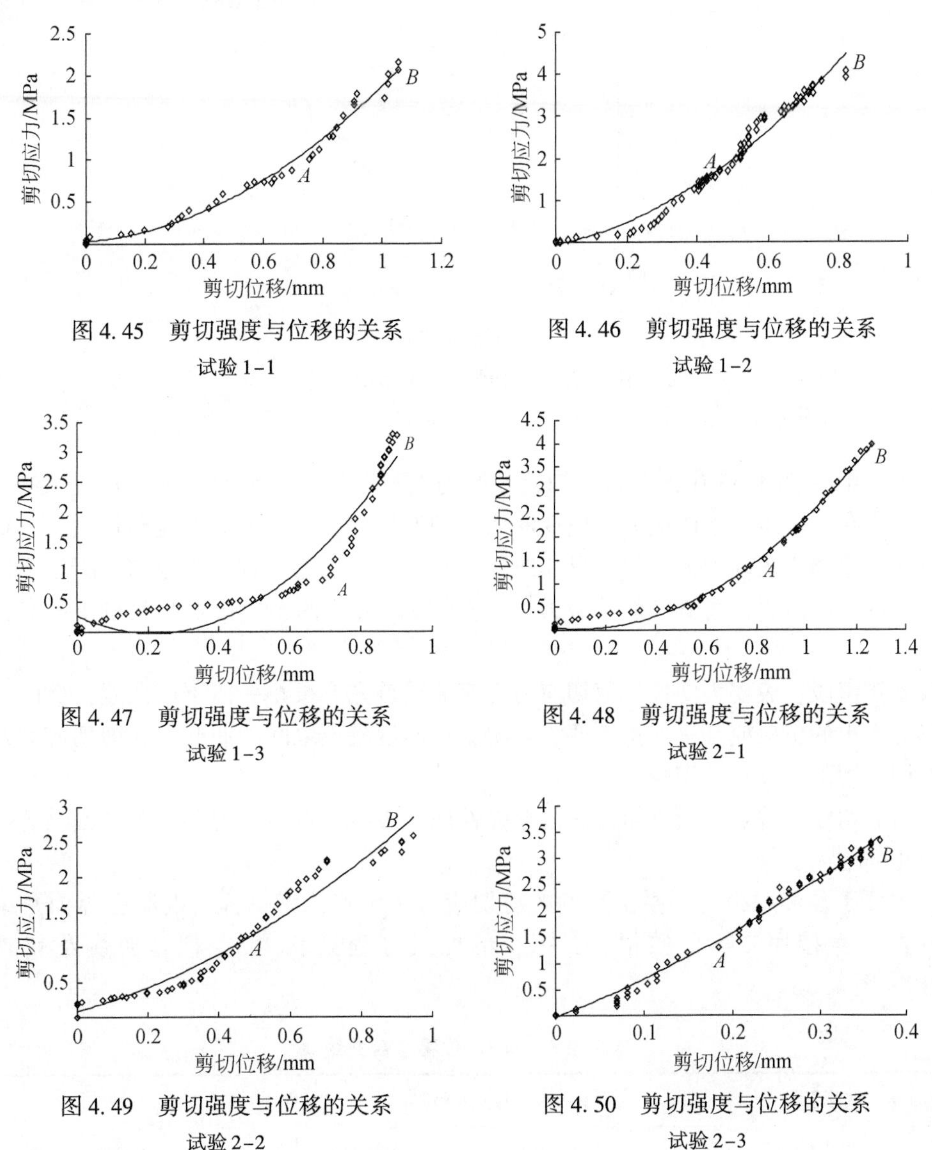

图4.45　剪切强度与位移的关系
试验1-1

图4.46　剪切强度与位移的关系
试验1-2

图4.47　剪切强度与位移的关系
试验1-3

图4.48　剪切强度与位移的关系
试验2-1

图4.49　剪切强度与位移的关系
试验2-2

图4.50　剪切强度与位移的关系
试验2-3

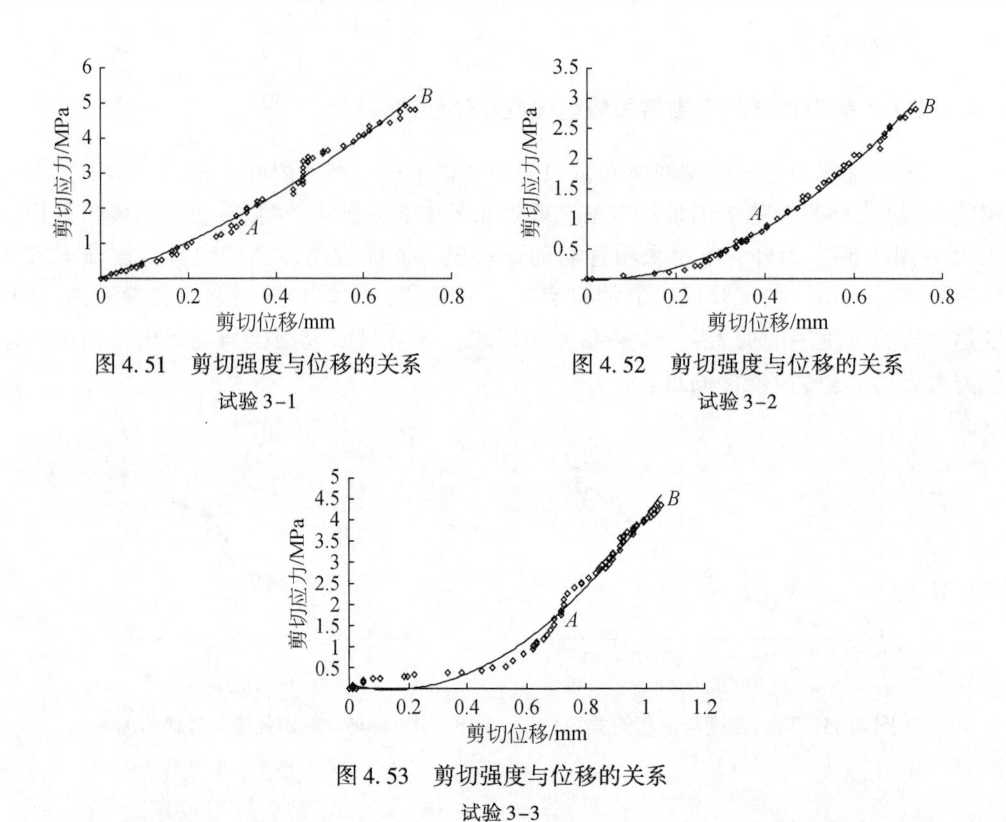

图 4.51　剪切强度与位移的关系
试验 3-1

图 4.52　剪切强度与位移的关系
试验 3-2

图 4.53　剪切强度与位移的关系
试验 3-3

由图 4.45 ~ 图 4.53 中的散点可知，一般钢板与混凝土黏结面的破坏发展过程均与岩石或混凝土在单轴压缩下的应力、应变曲线有相似之处，随着剪力的逐渐加大，钢板与混凝土的相对位移也逐渐加大，二者呈非线性关系，为了说明和理解钢板与混凝土界面抗剪黏结破坏的发展过程，将其峰前的剪力-位移曲线划分为两个阶段：咬紧挤密段和弹性剪切段。

咬紧挤密段：表现为塑性，剪切应力应变曲线首先有很小一段下凸曲线，此时对应法向变形为很小的负值或基本保持不变，表明钢板与混凝土之间的凹凸体在剪切应力及法向应力共同作用下继续被挤密咬紧。

弹性剪切段：剪切曲线近似直线段至弹性屈服极限，钢板与混凝土黏结面被剪坏，法向变形正向增大。

为了便于预测钢板与混凝土界面的剪切应力和位移，将钢板与混凝土界面黏结强度与位移曲线直接用二次函数拟合，拟合的曲线方程见表 4.5，拟合曲线及其散点见图 4.35 ~ 图 4.53。

表 4.5　剪力-位移拟合曲线

试验组号	拟合方程	R^2
1-1	$y=1.5865x^2+0.2504x+0.0334$	0.9893

续表

试验组号	拟合方程	R^2
1-2	$y=4.5981x^2+1.7647x-0.0635$	0.9788
1-3	$y=6.2543x^2-2.6958x+0.2673$	0.9215
2-1	$y=2.9229x^2-0.5587x+0.0481$	0.9925
2-2	$y=1.6066x^2+1.389x+0.0854$	0.9629
2-3	$y=7.4752x^2+6.5414x-0.0235$	0.9905
3-1	$y=4.316x^2+4.135x+0.0381$	0.9902
3-2	$y=5.5478x^2-0.073x-0.0189$	0.9959
3-3	$y=5.5734x^2-1.5503x+0.0814$	0.9903

由表4.5可知，拟合方程的相关系数较高，说明钢板与混凝土黏结面的剪力–位移关系与该函数符合较好。

4.3.5.7　混凝土本体的抗剪强度分析

由图4.54和图4.55可知，随着法向应力的增加，混凝土本体抗剪强度逐渐提高，抗剪强度基本上与法向应力呈线性关系；随着混凝土养护龄期的增长，混凝土抗剪强度也逐渐提高，这主要和混凝土强度增长有关，二者呈现非线性关系。

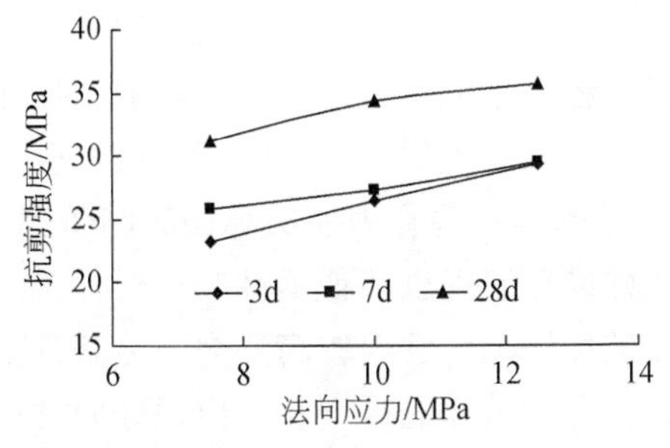

图4.54　剪切强度随法向应力的变化

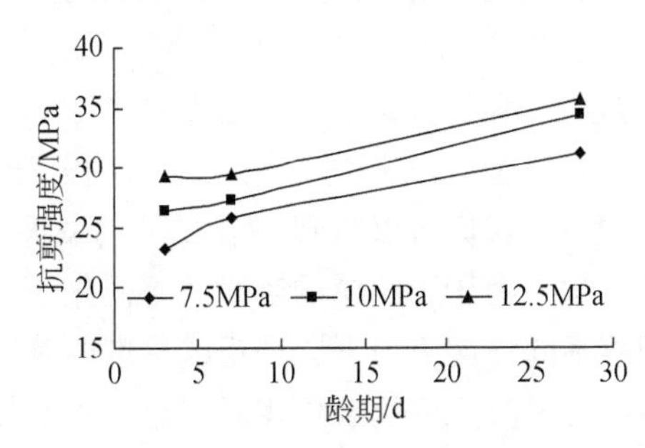

图4.55　剪切强度随龄期变化

与4.3.5.6小节对比可知，混凝土本体的抗剪强度为23.2～35.7MPa，而钢板与混凝土黏结面的抗剪强度为2.3～4.6MPa，约为混凝土本体抗剪强度的6.4%～19.8%。由此可见，黏结面为钢板与混凝土黏结试件中的薄弱环节。从试验结果可以看出，钢板与混凝土黏结面的破坏均发生在黏结面或其附近较小的区域内，受剪破坏面基本保持了黏结面的原貌，而混凝土试块本体受剪破坏后，水泥和粗骨料均发生了剪切破坏，粗骨料一般都被拦腰剪断（图4.56），这进一步验证了黏结面为钢板与混凝土黏结试件中的薄弱环节。

图 4.56　剪切破坏后的混凝土表面

4.3.5.8　钢板与混凝土黏结面以及混凝土本体的破坏形式及机制

经过剪切试验后的试样已经沿胶结面脱离，对破坏后的试样进行观察发现，试样均沿黏结面破坏，无一沿混凝土本体发生剪切破坏，这说明钢板与混凝土黏结面是试件中的薄弱环节。钢板与混凝土黏结面经过剪切后，混凝土表面受到某种程度的损伤，具体表现在混凝土黏结面微凸体的破坏和粗糙度的退化。粗糙程度不同，试样损伤破坏存在差异。对于钢板表面粗糙度为 1.53μm 的黏结面，剪切后，试样沿钢板与混凝土的胶结面脱离，混凝土还是完好的，接触面仍然比较光滑，属于明显的脆性断裂破坏。随着钢板表面粗糙度的增大，黏结面混凝土一侧有所磨损，并有微小啃断和划痕，有些试块剪切破坏时，在边缘部分有混凝土破裂，这是因为，钢板的强度比混凝土的强度大得多，破损主要发生在强度相对较小的混凝土一侧。

在剪切过程中，钢板首先是沿着黏结面的起伏齿产生爬坡，这导致实际剪切接触面积逐渐减小并产生应力集中，当达到一定程度时，部分混凝土凹凸体被啃断，试样破坏。在剪切过程中，我们可以听到“吱吱”的摩擦声和啃断声，并在剪切破坏的瞬间听到“砰”的一声巨响，由于凹凸体的咬合及阻碍作用，试样破坏表现出“似塑性”。

观察不同法向应力下同种粗糙程度的胶结面破坏情况，发现较高法向应力条件下，试件黏结面的混凝土一侧磨损相对严重，划痕较深，个别试样混凝土甚至出现竖向裂纹，可能是在压剪作用下产生劈裂效应引起的（图 4.57）。

图 4.57　剪切破坏后的混凝土表面

事实上，粗糙黏结面剪切损伤破坏的物理过程相当复杂。在特定的载荷环境中，黏结面损伤可能有几种破坏模式构成，如在较陡的粗糙点处产生拉劈裂，在较平缓处胶结面产生相对滑动，以及破坏后的粗糙体产生转动、碾碎、迁移等。此外，胶结面不同的损伤破坏机制，在整个载荷历史中，将以某种顺序出现，最终所观察到的表面损伤状态，实际上只反映了表面损伤中的那一刻现象。

4.3.5.9　试验过程中存在的问题及建议

本书研究了混凝土龄期、钢板表面粗糙度和法向应力对钢板与混凝土黏结面剪切强度的影响，并在试验基础上研究了钢板与混凝土黏结面剪力和位移的关系，得出了一些有价值的结论及经验公式。但由于受试验条件及撰写时间限制，本书对试验过程中存在的一些问题以及今后进一步开展此方面研究的建议概括如下：

1）钢板与混凝土黏结面抗剪强度的影响因素是多方面的。书中试验所用混凝土强度是一定的，钢板表面粗糙度、混凝土龄期和法向应力所取的水平数太少，有必要进一步研究混凝土强度、不同数量级的钢板表面粗糙度以及高法向应力等因素对抗剪强度的影响，将各种因素的影响综合加以考虑，建立考虑多种因素共同作用下的抗剪强度-位移关系式，并分析研究不同条件下的剪切特征及破坏方式，完善胶结面的剪切破坏理论，为工程实践更好地服务。

2）试块法向位移从施加法向载荷时为负到破坏时发生剪胀为正的过程建议测出来分析。

3）剪切时粗糙度的条纹和剪切方向垂直和平行对剪切结果存在较大影响，建议以后的试验中要分开研究。

4）本书主要进行的是试验研究，试验期间正值严寒时期，试块强度离散性很大，对得出的规律性、经验性的结论只做了相对较为简单的分析，未通过数值模型加以模拟验证，也未从理论上加以严格论证，有待进一步完善。

第5章　新型单层冻结井壁抗渗性能研究

5.1　现有评价方法

我国的混凝土渗透性标准主要是采用水来评价混凝土的渗透性的，即“抗渗标号法”“渗透系数法”和“渗水高度法”。

《普通混凝土长期性能和耐久性能试验方法标准》（GB/T 50082—2009）中规定：试验从0.1MPa开始，每隔8h增加0.1MPa水压，直到6个试件中有3个端面渗水。停止试验，记录水压并以式：$S=10H-1$ 计算抗渗标号。

《水工混凝土试验规程》（DL/T 5150-2001）采用一次加压法，一次加0.8～1.2MPa，恒压24h后劈开试件，测算平均渗水高度，并以下式计算渗透系数。

$$K = a \times D_m^2/2TH \tag{5.1}$$

式中，K 为渗透系数（cm/h）；D_m 为渗透深度（cm）；T 为加压时间（h）；H 为水压力，以水柱高度表示（cm）；a 为混凝土的吸水率，一般为0.03。

渗水高度法就是一次加到1.2MPa水压，恒压24h，劈开试件，量算平均渗水高度。以渗透高度及渗透深度差别来评价抗渗性能的差异。

传统的水压力试验还有稳定流动法和渗透深度法。稳定流动法应用达西定律测量压力液体流过混凝土的流量、流速，适合于具有较高渗透性的混凝土。

用常规的水压法测量混凝土的渗透性是一种比较符合实际的测量方法，但也存在一些问题，如试验周期长、费时费力，以及测量不够精确等。另外，水泥的继续水化、物质的迁移、毛细管结构的改变等不确定因素，使得用水作为渗透介质的混凝土渗透过程难以达到稳态，因此用水来测定混凝土的渗透系数难以测得准确。并且随着混凝土外加剂的发展，混凝土的水灰比越来越小，混凝土的密实性越来越高，这导致采用水压法测量混凝土的渗透性时易出现水压不够或者渗透深度小等问题，因此，用电法测量混凝土的渗透性就表现出优越性。

Tang和Nilsson曾用30V电压下8小时混凝土氯离子渗透深度来描述混凝土的抗渗性能；Feldman等用电阻率和电导率来评价混凝土的渗透性；路新瀛等（1999）曾用饱水电导率测定混凝土的渗透性，还提出了绝缘电阻和极限电压法；Streiche等用高浓度盐溶液饱和的电导法，测定混凝土电导率来评价混凝土的渗透性。有学者曾采用1V电压、1kHz频率的交流电测试混凝土的渗透性。同济大学的学者采用交流阻抗法测定了混凝土的氯离子渗透性。

使用电法测量混凝土的渗透性尚存在一定的问题。例如，Tang和Nilsson的试件必须标准养护至预定龄期后真空饱水，对于抗渗性特别好的混凝土实现起来就比较困难，同样抗渗性特别好的混凝土在试验过程中温度的升高会引起试验值大幅度增加，试验结果直接受孔溶液中离子成分的影响；另外，直流电量法测定的周期太长、氯离子在切面的浓度很大程度上受到原材料成分的影响、温升引起的测量值偏大；交流电参数法测量受混凝土本身化学成分及外加剂的影响尤其是外加剂中的氯盐和钠盐影响较大。为此研究者把研究重点转移到采用气体来测定混凝土的渗透系数上来。

常用的气体有 CO_2、O_2、N_2 等，用气体开展混凝土渗透性的研究比较多，Martialay、Basheer 等和 Torrent 将空气作为渗透介质测试混凝土的渗透性；Bamforth、Martin 和 Mina 将 N_2 作为渗透介质；Hanaor 用液氮、Chen 和 Katz 用甲烷及 Watson 和 Oyeka 用油来测量混凝土的渗透性（刘嘉璐，2005）。刘嘉璐（2005）根据前人的测试方法自行设计了一套既适合液体渗透又适合气体渗透的试验装置，并将水、CO_2 和 O_2 作为介质测试了混凝土的渗透性。气体渗透法适合在现场测试，国内使用比较少。

以上文献所述的混凝土渗透性测试方法都是定量或定性地、直接或间接地测试出了混凝土渗透性，没有从动态上表征介质在混凝土内的流动过程，没有从机理上分析介质在混凝土内部的流动与哪些因素有关。而水在混凝土内部或钢板与混凝土胶结面上的运动不同于水在一般的粗砂砾石中的运动，而它类似于水在一般黏土中的渗透，只有在较大的水力坡降作用下水突破结合水的堵塞才开始发生渗流，所以这存在一个起始坡降问题。在开始渗透时，由于有效过水断面的变动，而不符合达西线性阻力定律，直到最后的渗透断面形成为止，才按照达西定律形成直线变化。因此，本书拟从动态上测量出介质在混凝土内的运动过程，并从机理上分析与介质运动有关的因素。

尽管用氯离子或气体渗透试验法来测量混凝土的渗透性表现出了很大的优越性，但是不能取代用水作介质来评价混凝土的渗透性。因为影响氯离子和气体渗透性试验数据的因素是多方面的，还有待进一步完善，同时在混凝土发生裂缝的情况下，通电是不适用的，但水压法却表现出不可替代的优越性，因此，本书试验拟将水作为介质来研究高性能混凝土本身和钢板与混凝土的结合面的渗透性能。

5.2　理论分析

水在混凝土内部的渗透类似于1981年中国矿业大学描述的不稳定导热问题中的圆柱冷却问题，该问题设有初始温度为 t_0 的无限长圆柱，突然放入恒温为 t_c 的浴中，并保持圆柱表面温度永远为 t_c，求 $\tau>0$ 时 $0<r<r_0$ 域中温度分布。这相当于将初始水头 h_0 为0的圆柱，放入恒水头为 h_c 的水中，并保持混凝土表面水头值不变，求混凝土内部的水头分布，该研究的解应该与圆柱冷却类似。下面就本研究的问题作简要分析（图5.1）。

用柱面坐标系表示的非稳定渗流微分方程为（毛昶熙，2003）：

$$\begin{cases}\dfrac{\partial h}{\partial \tau}=b\left(\dfrac{\partial^2 h}{\partial r^2}+\dfrac{1}{r}\dfrac{\partial h}{\partial r}\right)\quad(0<r<r_0)\\ h\ (0,\ r)\ =h_0\\ h\ (\tau,\ r_0)\ =h_c,\ \left.\dfrac{\partial h}{\partial r}\right|_{r=0}=0\end{cases}\tag{5.2}$$

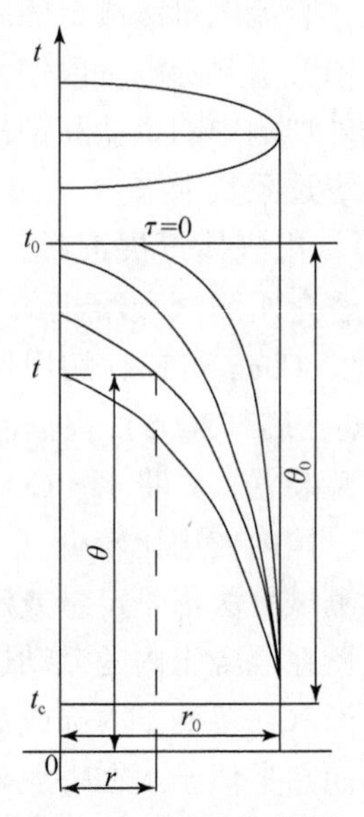

图 5.1　圆柱冷却模型

式中，h 为水头压力（m）；b 为导流系数，$b=K/S_s$，其物理意义为单位时间内压力传播的面积（m^2/s）；K 为渗透系数（m/s）；S_s 为单位储存量（s^{-1}），对于确定的材料为常数；r 为任意点半径（m）。

令 $\theta=h-h_c$，仿照传热学将其称为过余水压，则式（5.2）可变为如下形式：

$$\begin{cases} \dfrac{\partial\theta}{\partial\tau}=b\left(\dfrac{\partial^2\theta}{\partial r^2}+\dfrac{1}{r}\dfrac{\partial\theta}{\partial r}\right) \quad (0<r<r_0) \\ \theta\ (0,\ r)\ =\theta_0 \\ \theta\ (\tau,\ r_o)\ =0 \\ \left.\dfrac{\partial\theta}{\partial r}\right|_{r=0}=0 \end{cases} \tag{5.3}$$

这是个有界问题，可以用分离变量法求解（中国矿业学院，1981）：

$$\frac{\theta}{\theta_0}=\sum_{n=1}^{\infty}\frac{2J_0\left(\mu_n\dfrac{r}{r_0}\right)}{\mu_n J_1(\mu_n)}e^{-\mu_n^2\frac{b\tau}{r_0^2}} \tag{5.4}$$

式中，μ_n 为系数，可查表得到；$J_0\left(\mu_n\dfrac{r}{r_0}\right)$ 为零阶贝塞尔函数，$J_0\ (x)\ =1-\dfrac{(x/2)^2}{1!}+\dfrac{(x/2)^4}{2!}-\cdots$；$J_1\ (\mu_n)$ 为一阶贝塞尔函数，可查表得出。

因上式收敛得很快，所以 τ 值很大时，可只取一项，并经过查表得，$\mu_1=2.4$，$J\ (\mu_1)\ =0.52$，这样：

$$\frac{\theta}{\theta_0}=\frac{2J_0\left(\mu_1\dfrac{r}{r_0}\right)}{\mu_1 J_1(\mu_1)}e^{-\mu_1^2\frac{b\tau}{r_0^2}}=\frac{2J_0\left(2.4\dfrac{r}{r_0}\right)}{2.4\times0.52}e^{-5.78\frac{b\tau}{r_0^2}}=1.6J_0\left(2.4\dfrac{r}{r_0}\right)e^{-5.78\frac{b\tau}{r_0^2}} \tag{5.5}$$

因此，只要根据任意点的半径并测出该点的水头压力后即可根据式（5.5）计算出导流系数 b，带入公式 $b=K/S_s$ 即可得出渗透系数。

5.3　混凝土本体及钢板与混凝土黏结面的抗渗性能研究

5.3.1　试验内容及试验方案

鉴于试验时间和试验成本的控制，本书主要研究钢板表面粗糙度和法向应力对钢板与混凝土黏结面以及混凝土本体的渗流特性的影响规律，而不考虑水压对其的影响，水压统一取 6MPa，钢板与混凝土黏结面抗渗性能试验规划见表 5.1。

表 5.1　钢板与混凝土黏结面抗渗性能试验规划

钢板位置	钢板表面粗糙度 /μm	龄期 /d	埋深 /m
钢板在上	1.53	3	300
	4.24	7	400
	5.36	28	500
钢板在下	1.53	3	300
	4.24	7	400
	5.36	28	500
无钢板	—	3	300
	—	7	400
	—	28	500

5.3.2　试验装置及加载系统

无论采用何种方式研究混凝土的渗透性，过去大部分学者研究的都是混凝土不受应力条件下的渗透性。近年来陆续有学者开始研究应力对混凝土抗渗性能的影响，大部分学者把重点放在由于应力而产生的裂缝对抗渗性的影响上（张亦涛，2004），即先通过一定的方法获得裂缝，卸载后进行渗透试验，但卸载后裂缝会部分闭合，而且在持续荷载作用下裂缝会不断产生并扩展，其状态与卸载后再试验有所不同。因此，有极少数学者利用压力试验机或专门设计的液压伺服设备进行压荷载下混凝土的渗透性试验，此类机械保持压力的时间有限，并且受断电等因素的影响比较大，所以这方面试验大多数针对空气或者氯离子渗透这些短时间内能完成的试验进行，即便是水渗透试验往往也只持续数小时就结束。但是众所周知水在混凝土等水泥基材料中的渗透是一个长期变化的过程，随着渗透时间的增加渗透性会发生变化，所以水的渗透试验通常需要持续较长时间。但应如何解决这一问题呢？

张亦涛（2004）设计了一种可以长时间稳压的试验装置用来测量混凝土在轴向受压时

混凝土侧向的渗透性能。该试验是把混凝土做成圆柱筒状，在筒内部加水压，外部用量筒接受并测量通过混凝土渗透的水量来评价混凝土的渗透性。该装置的水压是加在混凝土筒内部，根据弹性力学知识可知，这将导致圆筒外侧环向受拉应力，和井壁的实际受力状况（内外侧环向都受压应力）不符。另外，井壁混凝土的抗渗性能一般要求很高，要求水不能通过混凝土渗透出来。因此，利用该装置将不能模拟井壁的实际受力状况，也不能测定出井壁高性能混凝土的渗透性能。

另外，井壁在施工和生产期间，由于自重，特别是混凝土膨胀剂、轴向拉杆的加入使轴向会产生一定的压应力，为此，本书自行设计了特殊的试验装置，装置示意图及实物图如图 5.2 所示。该装置能模拟井壁轴向的压应力并长时稳压，能较为真实地模拟井壁的实际受力状况。

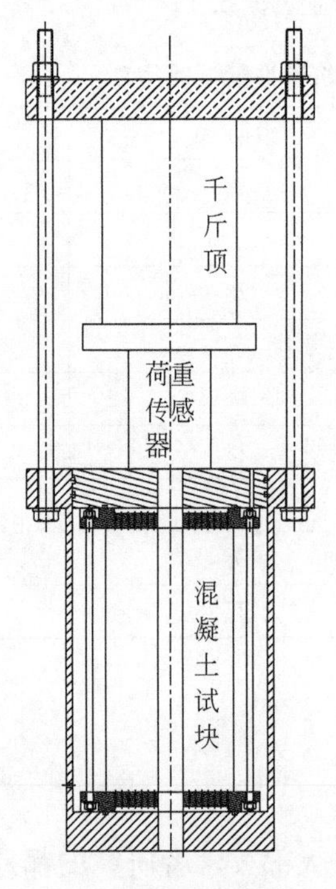

抗渗装置示意图

抗渗装置实物

图 5.2　抗渗装置

该装置加压部分使用 12 根 10.9 级高强螺杆对称布置，考虑到千斤顶量程，装置的设计最大压力为 100t，装置工作时由千斤顶对上盖板加压，利用上盖板作为反力架，从而达到对混凝土轴向加压的目的，压力值大小则由荷重传感器读出，到达规定压力值时停止加压，由于高强螺杆受混凝土变形等因素的影响很小、保压性能良好并且应力损失小、不受外部断电等干扰因素的影响，故可以长时间在压应力状态下进行混凝土渗透性能的研究。

试验加载系统由千斤顶和供压水泵组成，试块围压由作用在井壁与筒体间的水压力提供，其大小通过水泵对水量的控制来实现。

5.3.3　试验量测系统

本试验的目的主要是了解混凝土本身和混凝土与钢板接触面上的水头位置随时间变化情况，从而得到渗流速度等规律。先前的试验表明，在干燥的混凝土表面用滴管滴上一滴饱和的 NaCl 溶液，只要能看到水印，即可以用普通的万用表测出水印范围内任意两点的电阻值从无穷大变为一个可读值，因此，本试验拟采用测试钢板和混凝土接触面上任两点电阻的方法来获得水头的位置，在钢板表面同一直径方向布置 14 个测点，均匀分布在某一直径两侧，两侧测点相对黏结钢板中心点错开 5mm 的距离，钢板测点布置示意图及实物图如图 5.3 所示。

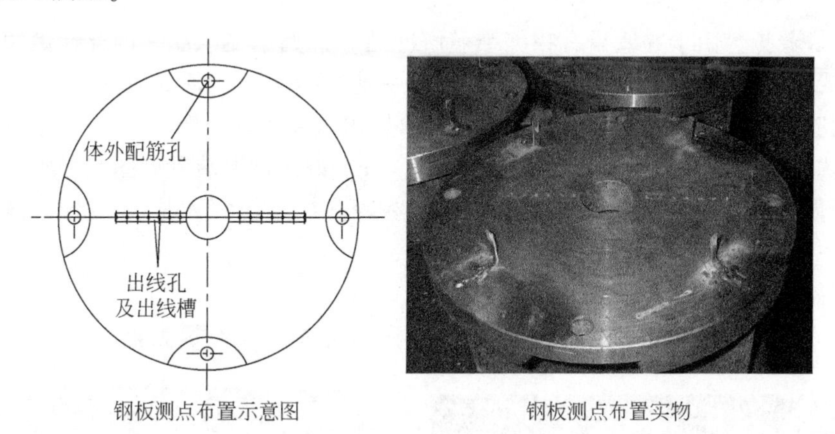

钢板测点布置示意图　　钢板测点布置实物

图 5.3　钢板测点布置

5.3.4　试验监控及数据采集

试验中各传感器数据均由监控与数据采集系统自动采集，该系统由传感器、量测仪器、数据采集器 DataTaker515 和计算机等组成。利用该套试验系统，混凝土本身和钢板与混凝土的结合面的渗透性能可以同时测定。

5.3.5　试验步骤

1）制作黏结钢板。先将直径 0.53mm 的漆包线插入测点布置孔中，然后用江西省宜春市化工二厂生产的 JC-311 型胶黏剂封闭测点孔，最后用无锡市华茂胶黏剂厂生产的 HZ-703 对测点漆包线进行保护（图 5.4）。

2）进行试块浇筑。采用 Φ200mmPVC 管作外模板，由于 PVC 管切割时不能保证上下两端面完全平行，为了便于试块两端的黏结钢板调平，在 PVC 管两端贴上海绵条（图 5.5），并进行浇筑，最后放置上黏结钢板，拧紧限制螺杆的螺母（图 5.6）。

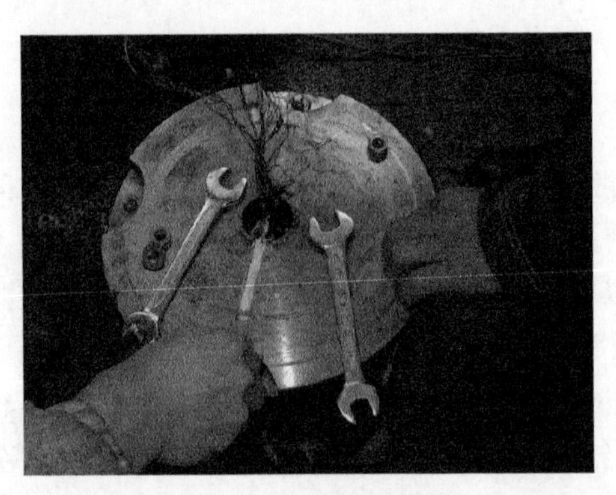
图 5.4　黏结钢板制作

图 5.5　贴上海绵条的 PVC 管

3）试块养护。由于井壁只有在冻结壁解冻后才开始承受水压，因此，试块采用高温养护，待试块强度达到 28d 标养强度时取出（一般 3～7d），准备试验。

4）试验准备。将养护好的试块小心吊装入抗渗试验装置（图 5.7），安装盖板和千斤顶，连接试验装置和数据采集系统，准备试验。安装好的试验装置如图 5.2 所示。

5）缓慢、一次性将轴压施加到设计值，然后施加围压（水压），围压与轴向类似，也缓慢、一次性施加到设计值。

6）开始测试并自动记录数据。

7）每天处理试验数据，待水完全渗透过钢板与混凝土黏结面为止。

图 5.6　浇筑完的试块

图 5.7　试块吊入抗渗装置

5.3.6　试验结果及分析

本书按照表 5.1 的规划进行试验，但是试验结果并没有同想象的那样水沿着钢板表面布置的测点依次渗透，而是跳跃着前进甚至在有的位置绕到测点前方后又往回渗流。分析认为，这主要是因为钢板与混凝土黏结面浇筑过程中没有充分振捣，黏结面内存在气泡，气泡导致黏结面内各点的钢板与混凝土黏结效果离散性较大。尽管如此，通过对试验数据的统计分析，选取了一些规律性明显的点来进行分析。试验水压、轴压-时间曲线见图 5.8～图 5.11，测试及数据分析结果见表 5.2～表 5.5，表中行程和历时为 0 说明是开始加压时间。

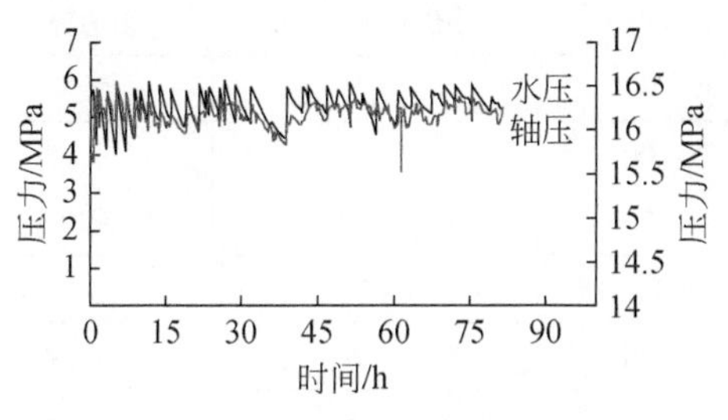

图5.8　1#试块水压、轴压-时间曲线

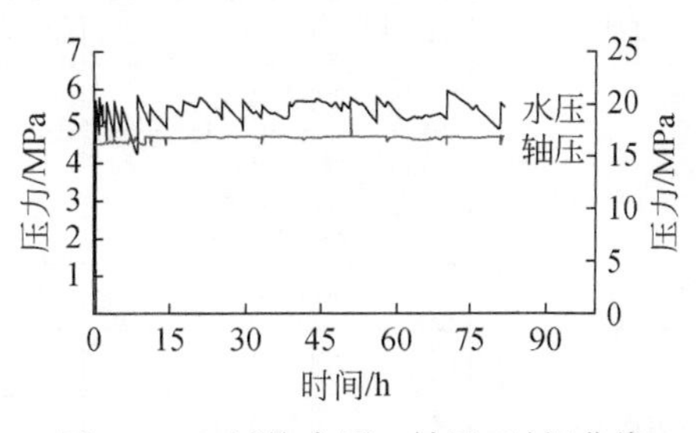

图5.9　2#试块水压、轴压-时间曲线

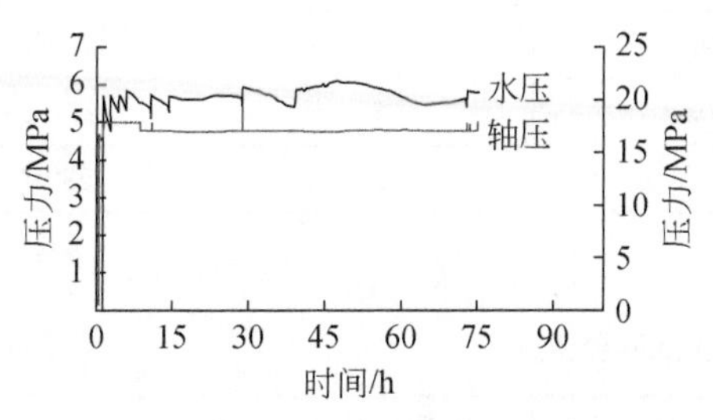

图5.10　3#试块水压、轴压-时间曲线

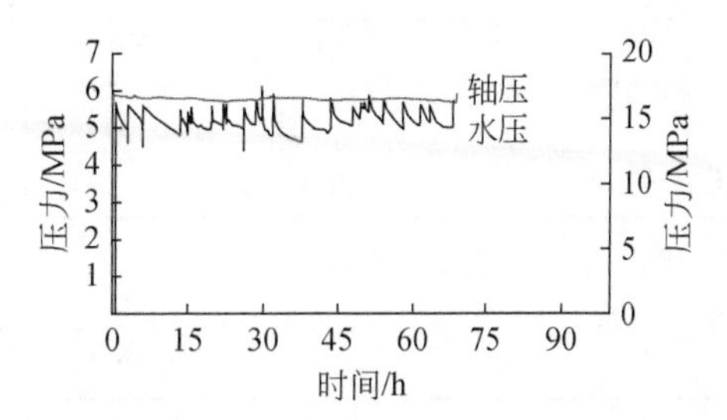

图5.11　4#试块水压、轴压-时间曲线

表5.2　1#试块试验结果

项目	试验日期（年-月-日）	试验时间	渗透行程 /mm	渗透历时 /s
下表面窄侧	2007-3-29	22：20：40	0	0
	2007-3-30	0：45：30	17	8690
	2007-3-30	19：18：30	27	75470
下表面宽侧	2007-3-30	9：21：50	41.5	39670
上表面窄侧	2007-3-29	22：32：00	27	680
	2007-3-29	22：37：00	47	980
	2007-3-29	22：46：20	57	1540
	2007-3-29	22：53：40	67	1980
上表面宽侧	2007-3-29	22：21：50	11.5	70
	2007-3-29	22：29：40	21.5	540
	2007-3-29	22：30：50	31.5	610
	2007-3-29	22：31：00	41.5	620
	2007-3-29	22：33：20	51.5	760

注：钢板表面粗糙度为5.36μm。

表 5.3　2#试块试验结果

项目	试验日期（年-月-日）	试验时间	渗透行程 /mm	渗透历时 /s
下表面窄侧	2007-4-2	21：32：30	0	0
	2007-4-2	21：33：00	17	30
	2007-4-2	21：49：20	27	1010
	2007-4-4	20：08	47	167730
下表面宽侧	2007-4-2	21：43：50	21.5	680
	2007-4-2	21：47：30	41.5	900
	2007-4-2	21：47：40	51.5	910
上表面窄侧	2007-4-3	5：30：50	17	28700
	2007-4-5	16：05：10	57	239560
上表面宽侧	2007-4-3	5：34：20	11.5	28910

注：钢板表面粗糙度为 5.36μm。

表 5.4　3#试块试验结果

项目	试验日期（年-月-日）	试验时间	渗透行程 /mm	渗透历时 /s
下表面窄侧	2007-4-10	17：02：00	0	0
	2007-4-11	8：58：20	17	57380
下表面宽侧	完全没有水渗透进去			259200
上表面窄侧	2007-4-10	17：04：30	17	15
	2007-4-10	21：22：00	27	15600
上表面宽侧	2007-4-10	17：48：30	11.5	2790
	2007-4-10	21：20：40	21.5	15520
	2007-4-10	21：53：40	71.5	17500

注：钢板表面粗糙度为 1.53μm。

表 5.5　4#试块试验结果

项目	试验日期（年-月-日）	试验时间	渗透行程 /mm	渗透历时 /s
下表面窄侧	2007-4-15	16：15：00	0	0
	完全没有水渗透进去			259200
下表面宽侧	2007-4-15	16：17：30	21.5	150
	2007-4-15	20：35：00	51.5	15600
	2007-4-16	3：07：20	61.5	39140
	2007-4-16	3：45：20	71.5	41420
上表面窄侧	2007-4-15	16：20：10	57	310
	2007-4-15	16：57：30	67	2550
上表面宽侧	完全没有水渗透进去			259200

注：钢板表面粗糙度为 1.53μm。

总体来说，本次钢板与混凝土黏结面的抗渗透试验试块数量少，离散性较大，但仍具有一定的规律性。

试验中的部分照片见图5.12～图5.15。

图5.12　试块渗透示意图1

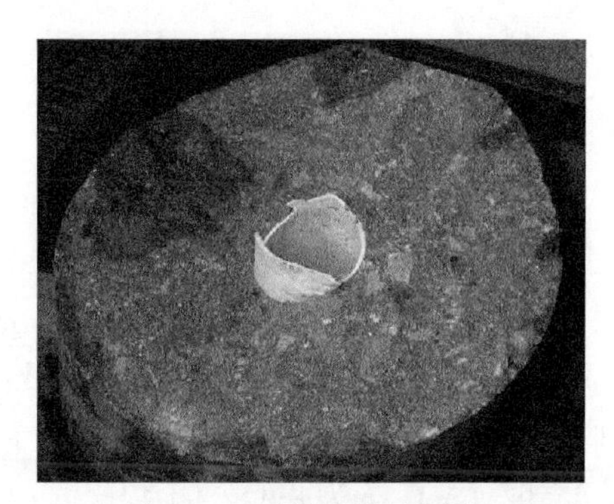

图5.13　试块渗透示意图2

图5.14　黏结面渗透示意图1

图5.15　黏结面渗透示意图2

1）从每个试验结束剖开试块本体来看（图5.12～图5.15），沿试块圆周面不均匀渗透进试块的水深度一般在3～5mm（个别有孔隙的地方除外），远小于钢板与混凝土黏结面渗水深度，说明即使在较高的压应力作用下，钢板与混凝土黏结面仍具有比相同性质的完整混凝土本体高得多的渗透系数。

2）在保证施工质量的情况下，钢板与混凝土黏结面具有良好的抗渗性能，从试验初期水压不易稳定到后期反而变得稳定可以判断，在轴向受压的情况下即使水头渗透经过黏结面到达试块内侧，仍不会形成流水。实际试验中1#～4#试块没有一个水完全渗透7个测点的，这表明黏结面的抗渗性能很好。因此，采用钢质接茬板可保证井壁接茬的密封性能满足要求。

3）在相同的轴向应力状态下，钢板与混凝土黏结面的渗透系数大小与钢板表面粗糙度有关，钢板表面粗糙度越大，钢板与混凝土黏结性能越好，黏结面的渗透系数越小。

4）在其他条件相同的情况下，钢板相对于混凝土上浇和下浇对钢板于混凝土黏结面的抗渗性能也有影响。钢板在下、混凝土从上往下浇筑的黏结面渗透系数要比钢板在上、混凝土从下浇筑的黏结面渗透系数小，这是因为混凝土从钢板下方浇筑时，混凝土中的泌水和气泡在上移过程中被钢板阻隔而积聚在钢板下表面，不仅使界面附近新混凝土的局部水灰比远高于设计值，而且使得气孔和微裂隙在该区富集，形成大量缺陷造成的。

5.4 单层井壁抗渗性能物理模拟研究

5.4.1 相似准则的推导

与水在混凝土与钢板接触面上流动有关的物理参数主要有

$$f(\omega, \tau, b, B, R, R_a, p, P_v) = 0 \tag{5.6}$$

式中，ω 为流体渗透速度（m/s），为待测量；τ 为时间（s）；b 为导流系数，其物理意义为单位时间内压力传播的面积（m^2/s）；B 为井壁厚度（m）；R 为井壁外半径（m）；R_a 为表面粗糙度（m）；p 为井壁外侧水压力（Pa）；P_v 为井壁的竖向应力（Pa）。

用因次分析法可导出如下相似准则：

$$L_1 = \frac{R}{B},\ L_2 = \frac{R_a}{B},\ \pi_1 = \frac{p}{P_v},\ \pi_2 = \frac{\omega\tau}{B},\ F_0 = \frac{b\tau}{R^2}。$$

5.4.2 模化设计

物理模拟原型假设单层井壁内径 R_1 为 3500mm，井壁厚径比取 0.25，井壁厚度 B 约为 1.17m，掘砌段高取 3000mm，为布置测点方便且接茬板厚度对井壁抗渗性能没有影响，接茬板厚度取 30mm。试验中混凝土强度等级取 C80。

5.4.2.1 几何缩比的确定

要使模型和原型各组成部分应力变形高度相似，必须使加载变形前、后井壁模型与原型始终保持几何相似。

试验在中国矿业大学地下工程实验室已有的试验台上进行，现有试验台最大可做外径 $D=1m$ 的井壁模型，则几何缩比为 $C_L = (3.5+1.17)/0.5 = 9.34$，故由准则 L_1 和 L_2 知：模型井壁厚度为原型井壁厚度的 1/9.34 倍，模型中钢板的表面粗糙度等于原型井壁的 1/9.34 倍。模型井壁外直径为 1m，高度为 2.4m，壁厚为 120mm。

5.4.2.2 模型参数设计

实验中采用与原型相同的流体，水压与原型相同，故由 π_1 知：模型井壁的竖向应力也与原型相同。

模型中采用与原型相同的井壁材料，则 b 缩比均为 1。由 F_0 可得，时间缩比 $C_\tau = C_L^2 = 87.23$，即模型井壁渗流 1d 相当于实际井壁原型渗透 87.23d。

由 π_2 可知，渗透速度缩比 $C_\omega = C_L/C_\tau = 1/C_L = 1/9.34$，模型井壁的渗透速度是原型井壁的 9.34 倍。

5.4.3　大型物理模拟模型试验系统

物理模拟试验是在中国矿业大学力学与建筑工程学院岩土工程研究所自行研制的“高压试验台”上进行（图 5.16）。试验台的有效试验空间为 ϕ1.2m×2.4m，整个试验系统由长筒体、短筒体、上盖、下盖、竖向千斤顶加载系统和液压系统几部分组成，可承受内压 28MPa。竖向加载系统为 6 个 500t 的千斤顶，利用上下盖作为反力架，最大可提供 3000t 的竖向荷载。环向荷载通过模型井壁与试验台之间的环形空间内的水压力提供，其大小通过水泵对水量的控制达到（图 5.17）。

图 5.16　模型试验台

图 5.17　围压供压泵站

5.4.4　测试方法与量测系统

试验需要量测的主要是混凝土本身和混凝土与钢板接触面上的水头位置随时间变化情况，其测试原理与方法为在每个测点布置两个探针式测点，利用 DT515 能连续长时采集功能，不断地采集同一测点两个探针之间的电阻，为了能够有效且准确地监测到水头位置，在水中加入 $FeSO_4$，$FeSO_4$ 加入水中后水一旦渗透到测点位置，DT515 即可准确显示该点两探针电阻变化。在吸取钢板与混凝土试块测试经验的基础上，将探针磨平，使其与钢板保持同一水平，这样可以避免探针太长浇筑到混凝土内部而被水泥紧紧抱住，形成“水泥包”，导致渗透水无法接触探针，从而导致该点的测试失败。本试验在接茬钢板两条相互垂直的直径位置布置 4 个测试位置，两个探针朝下，另两个探针朝上，这样可以利用同一接茬板同时测试钢板与混凝土的“上浇”和“下浇”面的渗流规律。钢板表面每个测点位置沿钢板厚度方向各布置 10 个测点，测点均匀分布，并错开 5mm 的距离，钢板测点布置示意图及实物图如图 5.18 所示。

试验监控及数据采集同 5.3.4 小节。

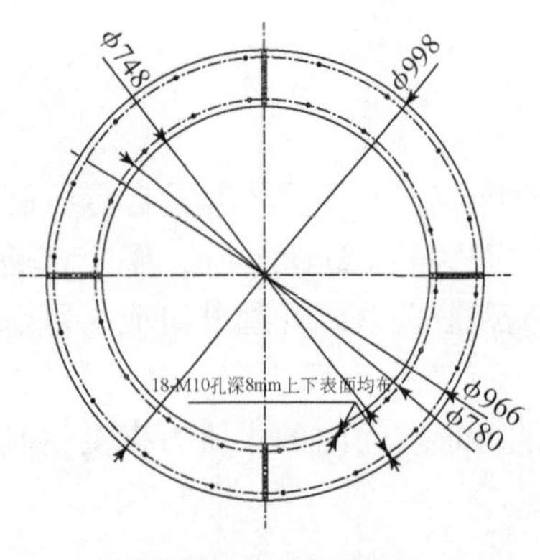

接茬板测点布置示意图

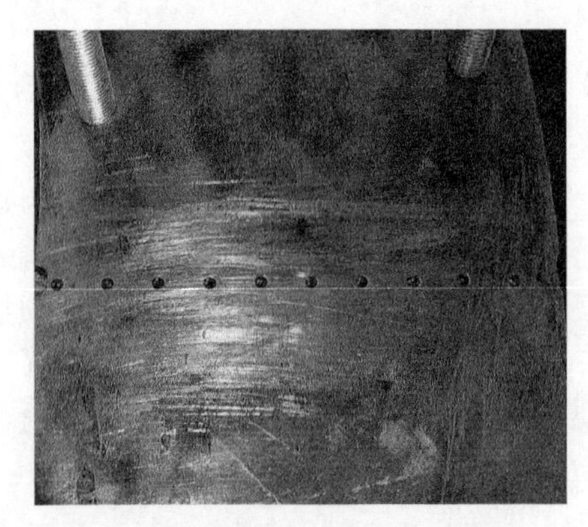

接茬板测点布置实物

图 5.18　接茬板测点布置

5.4.5　试验规划

本试验按现场单层井壁的浇筑工艺制作模型井壁，即从井壁内侧分段下行浇筑，与井壁的实际浇筑情况完全相同。限于时间，本书只研究井壁埋深 400m 和 500m 两种情况下的新型单层冻结井壁的抗渗性能。

5.4.6　试验过程

1）渗透面传感器布置和准备。为了能够监测不同时刻的水头位置，在接茬板沿厚度方向均匀布置 10 个点，每个点布置两个相互绝缘且和接茬钢板绝缘的漆包线测点，两测点之间距离不超过 2mm。接茬钢板的制作过程如下：首先将漆包线穿过测点位置预留的小孔，小孔直径 2mm，漆包线直径 0.53mm，然后采用 JC-311 型胶黏剂灌入其中，一定要确保小孔充满胶体（图 5.19）；待 JC-311 型胶黏剂晾干后，用美工刀片刮除接茬钢板表面的胶体，然后小心地将测点漆包线截断，其露出接茬板高度不超过 1mm（图 5.20），或者将测点漆包线切割与接茬板保持同一水平。

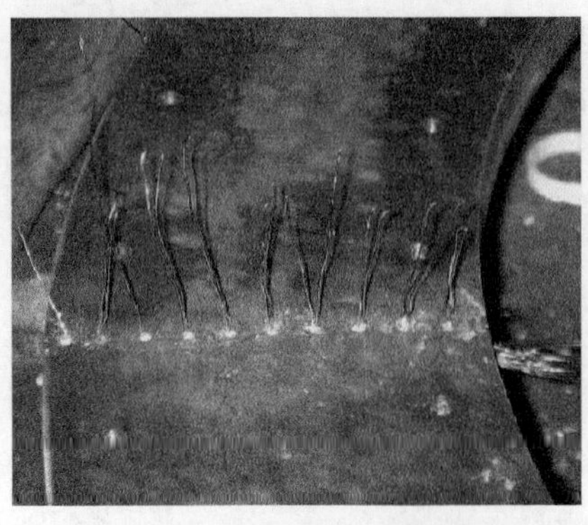

图 5.19　接茬板测点布置图 1

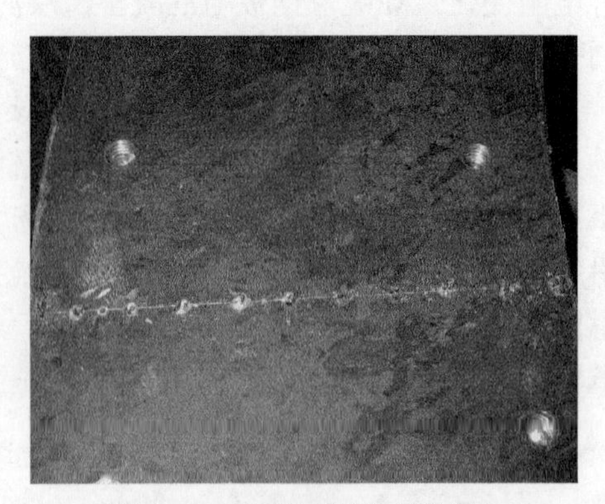

图 5.20　接茬板测点布置图 2

2）制作模型井壁。为使模型井壁试验段的浇筑工艺与实际井壁浇筑工艺完全相同，模型井壁分三段浇筑，首先浇筑最下段的井壁，然后安装组装好的接茬板（图5.21）（接茬板之间的竖筋是为实现膨胀混凝土限制膨胀而按照实际配筋率设置的）和上部井壁的外模板，浇筑最上面段高的井壁；井壁浇筑后1d左右，将井壁内模板拆开，吊入带有喇叭口的与现场相似的内模板（图5.22），浇筑中间段的井壁；养护1d左右，拆除内模板，吊入高温养护箱养护。

图5.21　安装接茬板

图5.22　内模板

3）调试试验台，检验试验系统的安全性、密封性及各类传感器的工作性能并对各类传感器编号。

4）将准备好的模型井壁吊装入试验台中，对中找正，联结测试系统从上部法兰圆盘中部用引线引出试验台；往井壁外侧环形空间注水，待水平面接近井壁上缘时停止注水，装上法兰圆盘，在井壁结构顶部铺设承力板，安装千斤顶和荷重传感器。安装井壁时应注意保证井壁和试验台之间的密封性。

5）使用围压供压泵站将水压加到6MPa，并稳压。

6）同时严密观察数据采集仪器测值的变化，加压到1d左右即停止加压（相当于原型井壁加压87d左右）。

7）试验完毕，卸去水压，拆除试验台，吊出井壁并想办法在接触面处剖开，观察其渗透深度并拍照片，然后和数据采集仪测量的渗透位置比较。

5.4.7　试验结果及分析

试验原设计一个井壁包含3个接茬钢板，从下至上分别编号为1#～3#。每个接茬钢板测点均布置在接茬板两侧，这样可以同时测试钢板与混凝土“上浇”和“下浇”两种情况。

井壁的浇筑工艺完全同现场实际情况相同。在井壁浇筑施工中发现，3#接茬板与其下混凝土在井壁外缘处存在部分孔洞（图5.23～图5.25）。经测试，孔洞深度一般只有2～3cm，最深处约为井壁厚度的1/2，即6cm。分析表明，在浇筑该段高井壁混凝土时，接茬板下方存有封闭空气，没有排出通道，因此在3#接茬板下方产生了空洞。采取了排气措施后，其他各接茬板均与混凝土结合紧密。这一现象提示我们：要保证单层井壁接茬的浇筑质量，必须要在接茬靠井帮一侧留有排气通道。在实际井壁浇筑过程中，由于壁后存在泡沫塑料板，而泡沫塑料板与井帮间是不密实的，这样，汇集在接茬板下方的空气可通过泡沫塑料板与井帮间的通道向下方工作面排气，故必须设专门的排气孔。

为防止3#接茬板下表面最先漏水而影响其他接茬面的抗渗试验，最后决定放弃对3#接茬板下表面抗渗测试研究，用JC-311胶黏剂将空洞充填密实，并用植筋胶涂抹，确保该接茬面不会渗漏（图5.26）。试验结果证明，采取此方法是可行的。

图5.23　井壁外侧接茬板下方孔洞1

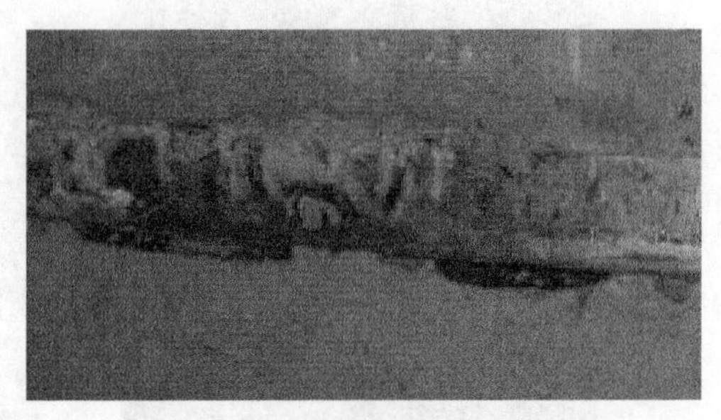

图5.24　井壁外侧接茬板下方孔洞2

图5.25　井壁外侧接茬板下方孔洞3

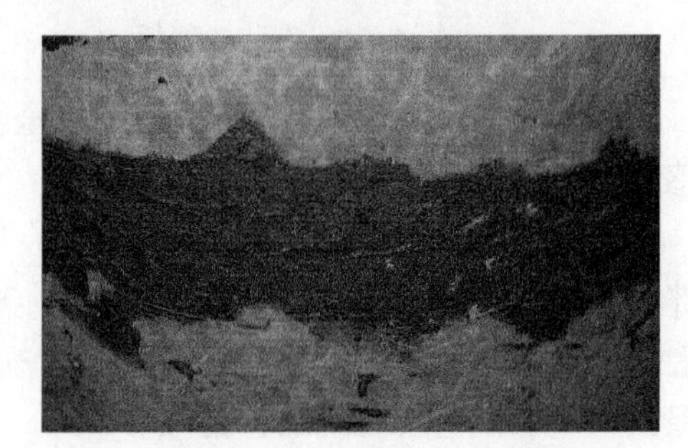

图5.26　处理好的接茬孔洞4

井壁整体抗渗性能试验中轴压、水压与时间曲线见图5.27～图5.30。从图5.27和图5.28可见，1#井壁平均轴压为15～20MPa，平均水压为6.2MPa，平均加载时间为1d左右，共有4个位置水渗透进入接茬钢板与井壁混凝土之间，虽然4个位置钢板渗透深度和渗透时间离散性较大，但均没有渗透到井壁内侧。因此，我们可以知道1#模型井壁24h内水没有渗透到井壁内侧，相当于原型井壁能在87d以上的时间保持不渗漏。

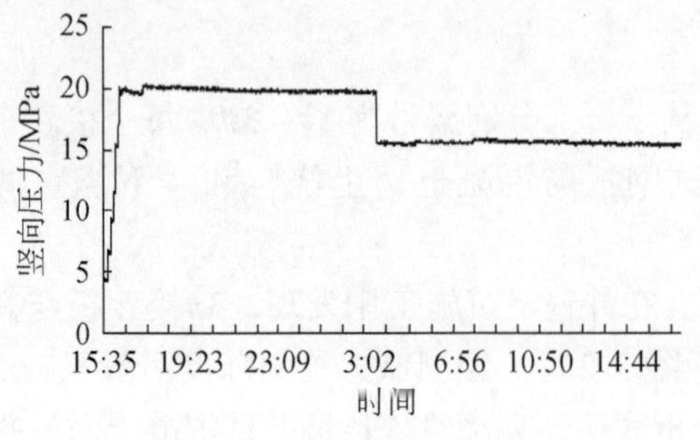

图5.27　1#井壁轴压-时间

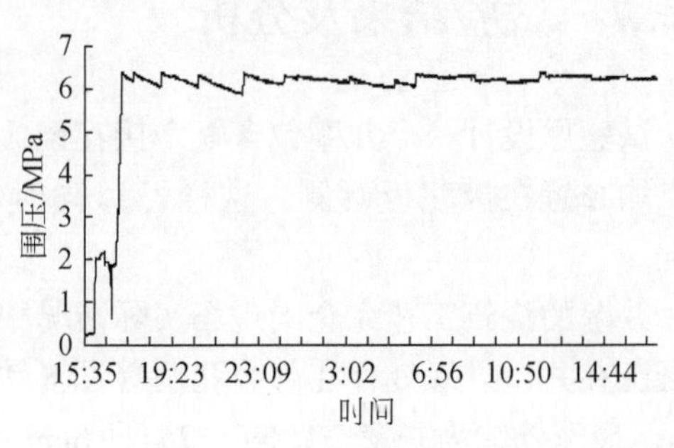

图5.28　1#井壁水压-时间

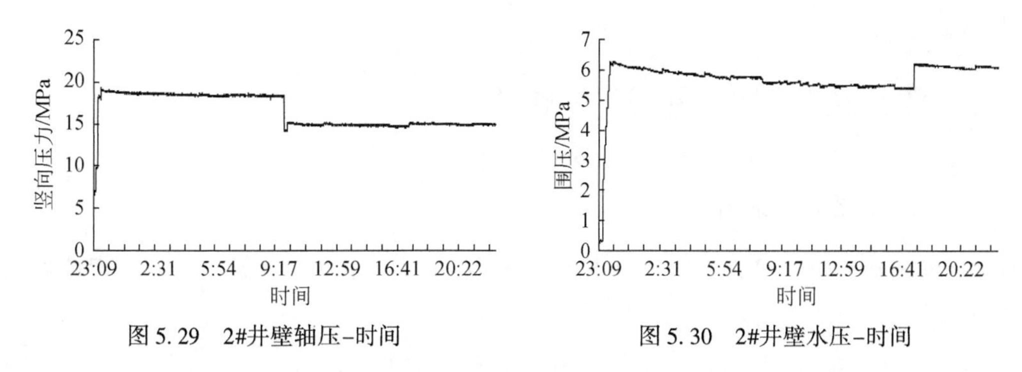

图5.29　2#井壁轴压-时间　　图5.30　2#井壁水压-时间

从图5.29和图5.30可见，2#井壁平均轴压为15～20MPa，加载的前24h平均水压为5.7MPa，由于该井壁内测点从安装开始各点阻值就相对较小，无法准确判断各时刻水头位置，但从井壁较好的稳压效果来看，水没有渗透到井壁内侧，也就相当于原型井壁能在87d以上的时间保持不渗漏；24h以后将水压加大到约8MPa，并保持12d左右（相当于原型1044d）压力不降低或降低很小（不超过0.5MPa/d），说明水即使渗透到了井壁内侧也没有形成稳定的流水。

由此可见，单层冻结井壁接茬板与井壁混凝土黏结性能较好，在保证施工质量的情况下，基本能保持井壁不渗水；后期即使井壁渗水，其水量也非常小，能满足井壁封水要求。

5.5　井壁混凝土与接茬板黏结面渗流的数值模拟研究

5.5.1　概述

渗流场和温度场比拟方法是以温度场中热流的流动与地下水在多孔介质中的运动在数学描述上的相似性为基础而设计的。借助这种相似性才得以用热流来模拟渗流以解决渗流的某些实际问题。温度模拟方法的核心问题就是以温度场模型代替渗流区域，根据温度场数学模型中测得的各点温度值绘制等温线，以模拟渗流场相应点的水头值及等水头线，利用这种相似性可以计算出渗流场中各渗流要素。

用温度场中的温度 T 来比拟渗流场中的水头 H，用热传导率来比拟渗透系数，热流速度来比拟渗流速度。这样，热传导定律（傅里叶假设）中的各物理量与达西定律中的各物理量一一对应。因此，以热流定律为基础的温度场的控制方程与以达西定律为基础的渗流场的控制方程在数学上均以拉普拉斯方程的形式表示出来。

温度场模型和渗流场模型相比拟，还要满足以下条件：①几何相似。温度场模型的外部边界应和所研究渗流区域的外部边界在几何上相似。当渗流区域为均质介质时，模型也应是均质的；当渗流区域是非均质介质时，则要求模型中不同导热介质的分界线应与非均质介质的分界线也保持相似。②边界条件一致。即温度模拟模型的绝热边界与渗流区域的隔水边界相对应，导热边界和透水边界相对应，导热边界上的温度则和透水边界上的水头相对应。

5.5.2　渗流场与温度场的理论相似

5.5.2.1　理论基础的相似

根据渗流基本理论可知，对于多孔介质满足达西定律（毛昶熙，1992；贺晓明等，2005）：

$$Q_s = Ak_s \frac{\Delta h}{L} \quad 或 \quad v = \frac{Q_s}{A} = -k_s \frac{dh}{dL} = k_s J \tag{5.7}$$

式中，Q_s 为渗流量；A 为断面面积；h 为测压管水头；k_s 为渗透系数；L 为渗径长度；v 为断面平均流速；J 为渗透坡降。

而对于热传导定律为（赵镇南，2002）：

$$Q_r = Ak_r \frac{dT}{dn} \quad 或者 \quad q = \frac{Q_r}{A} = -k_r \frac{dT}{dn} \tag{5.8}$$

式中，Q_r 为热（流）量；A 为断面面积；dT/dn 为温度场梯度值；q 为热传导热流强度；k_r 为传热系数。

5.5.2.2　微分方程相似

1）渗流场微分方程（毛昶熙，1992）。

对于不可压缩各向异性非均质无源稳定渗流微分方程为

$$\frac{\partial}{\partial x}\left(k_{sx}\frac{\partial h}{\partial x}\right)+\frac{\partial}{\partial y}\left(k_{sy}\frac{\partial h}{\partial y}\right)+\frac{\partial}{\partial z}\left(k_{sz}\frac{\partial h}{\partial z}\right)=0 \tag{5.9}$$

对于可压缩各向异性非均质非稳定瞬态渗流微分方程为

$$\frac{\partial}{\partial x}\left(k_{sx}\frac{\partial h}{\partial x}\right)+\frac{\partial}{\partial y}\left(k_{sy}\frac{\partial h}{\partial y}\right)+\frac{\partial}{\partial z}\left(k_{sz}\frac{\partial h}{\partial z}\right)=S_s\frac{\partial h}{\partial t} \tag{5.10}$$

式中，k_{sx}、k_{sy}、k_{sz} 为 x、y、z 方向的渗透系数；S_s 为单位储存量。

2）温度场微分方程。

对于无热源的各向异性非均质稳定热传导微分方程为

$$\frac{\partial}{\partial x}\left(k_{rx}\frac{\partial T}{\partial x}\right)+\frac{\partial}{\partial y}\left(k_{ry}\frac{\partial T}{\partial y}\right)+\frac{\partial}{\partial z}\left(k_{rz}\frac{\partial T}{\partial z}\right)=0 \tag{5.11}$$

对于无热源的各向异性非均质瞬态热传导微分方程为

$$\frac{\partial}{\partial x}\left(k_{rx}\frac{\partial T}{\partial x}\right)+\frac{\partial}{\partial y}\left(k_{ry}\frac{\partial T}{\partial y}\right)+\frac{\partial}{\partial z}\left(k_{rz}\frac{\partial T}{\partial z}\right)=C\frac{\partial T}{\partial t} \tag{5.12}$$

式中，k_{rx}、k_{ry}、k_{rz} 为 x、y、z 方向的热传导传热系数；C 为比热。

5.5.2.3　初始条件与边界条件的相似

渗流场的初始条件：

$$h|_{t=t_0} = h\ (x,\ y,\ z) \tag{5.13}$$

热传导温度场的初始条件：

$$T|_{t=t_0}=T(x,\ y,\ z) \tag{5.14}$$

第一类边界条件：

渗流场
$$h(M,\ t)|_{M\in s_1}=\varphi_s(M,\ t) \tag{5.15}$$

温度场
$$T(M,\ t)|_{M\in s_1}=\varphi_r(M,\ t) \tag{5.16}$$

式中，$h(M,\ t)$、$T(M,\ t)$ 为时刻 t 点 M 的测压管水头值和温度值；$\varphi_s(M,\ t)$、$\varphi_r(M,\ t)$ 为边界上给定的已知测压管水头和温度函数；M 为边界 S_1 上的点。

第二类边界条件：

渗流场
$$k_{sn}\frac{\partial h}{\partial n}\bigg|_{M\in S_2}=v_{s_2}(M,\ t) \tag{5.17}$$

温度场
$$k_{rn}\frac{\partial T}{\partial n}\bigg|_{M\in S_2}=q_{s_2}(M,\ t) \tag{5.18}$$

式中，k_{sn}、k_{rn} 为沿边界法线方向的渗透系数和导热系数；$\partial h/\partial n$、$\partial T/\partial n$ 为渗流场和温度场沿边界法线方向的梯度值；$v_{s_2}(M,\ t)$、$q_{s_2}(M,\ t)$ 为边界上给定的已知流速和热流强度函数；M 为边界 S_2 上的点。

在不透水边界和绝热边界上有：$v_{s_2}(M,\ t)=0$ 和 $q_{s_2}(M,\ t)=0$。

由上述分析可知，渗流问题是温度场问题的特殊形式，只需要将温度场介质换成混凝土或其他介质、热传导系数换成渗透系数、温度换成渗流水头、热流速度换成渗流速度，比热换成单位储存量等，边界条件相应地变为已知水头分布及渗流速度，就可以采用ANSYS软件中温度场分析功能进行渗流场的分析计算了。表5.6是渗流-热模拟对应关系表。

表5.6　渗流-热模拟对应关系表

渗流场		温度场	
名称	符号或公式	名称	符号或公式
水头	H	温度	T
时间	τ_s	时间	τ_r
渗流长度	L	长度	x
渗透系数	K	导热系数	λ
单位储存量	S_s	比热	C
毛细断面	f	导热面积	F
达西定律	$v=-k\dfrac{\partial H}{\partial L}$	傅里叶定律	$q=-\lambda F\dfrac{\partial T}{\partial x}$
导水方程	$\dfrac{\partial}{\partial x}\left(k_{sx}\dfrac{\partial h}{\partial x}\right)+\dfrac{\partial}{\partial y}\left(k_{sy}\dfrac{\partial h}{\partial y}\right)+\dfrac{\partial}{\partial z}\left(k_{sz}\dfrac{\partial h}{\partial z}\right)=0$	导热方程	$\dfrac{\partial}{\partial x}\left(k_{rx}\dfrac{\partial h}{\partial x}\right)+\dfrac{\partial}{\partial y}\left(k_{ry}\dfrac{\partial h}{\partial y}\right)+\dfrac{\partial}{\partial z}\left(k_{rz}\dfrac{\partial h}{\partial z}\right)=0$
水阻	$R_s=\dfrac{\Delta L}{Kf}$	热阻	$R=\dfrac{\Delta x}{\lambda F}$
水量	$S\Delta H$	热容量	$C\Delta xF\Delta T$
似傅里叶准则	$F_{0s}=\dfrac{b\tau_s}{l^2}$	傅里叶准则	$F_{0s}=\dfrac{a\tau_r}{l^2}$

5.5.3　数值模拟研究

5.5.3.1　数值模拟模型

应用 ANSYS 软件的多物理场的温度模块建立模型，单层冻结井壁模型可以按照平面轴对称问题来考虑，在实际计算中，采用 PLANE55 单元，该单元可以用来进行稳态或瞬态热分析，根据渗流场与温度场数学描述上的相似性，可以应用此单元进行渗流场分析。

由于本书主要研究水沿井壁径向的渗流规律，因此，可将模型简化为一维渗流问题，假设水只沿着井壁径向流动。为节约模拟计算时间，对于研究井壁混凝土本体的渗流规律时，可沿井壁轴向取一定的高度来建模分析，其有限元模型如图 5.31 所示；对于研究钢板与混凝土的黏结面渗流规律时，也可将黏结面沿井壁径向扩展，也取与井壁混凝土本体相同的高度来模拟，这并不影响钢板与混凝土黏结面的渗流规律，其有限元模型同图 5.31。

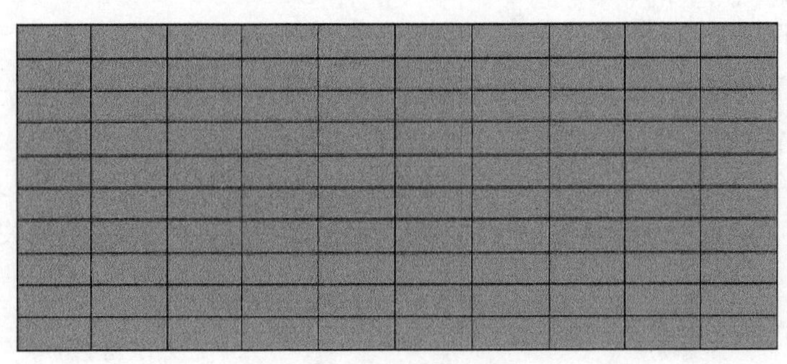

图 5.31　有限元模型

5.5.3.2　边界条件

假设井壁外表面受到水头与埋深相等的水压作用，内表面外初始水头为 0。边界条件设置如下（X 方向为水平向，Y 方向为井壁轴向）：①井壁外表面所在的竖向边界设置为恒压边界 P_1；②井壁内表面所在的竖向边界设置为恒压边界 $P_2=0$；③井壁段高上下边界设置为不透水边界 $v_{s_2}=0$。

5.5.3.3　计算参数

井壁渗流模拟时，如果要研究无限长时间后的渗流场水压头分布以及渗流量等规律，即属于稳定渗流，相当于稳态温度场模拟，只要确定混凝土本体或混凝土与钢板黏结面的渗透系数即可，如果要研究不同时刻井壁内渗流场的分布规律，即属于非稳定渗流，则不但需要确定混凝土本体和钢板与混凝土黏结面的渗透系数，而且要确定混凝土单位储存量 S_s，即单位体积的饱和混凝土内，当下降一个单位水头时，由于混凝土体压缩和水的膨胀所释放出来的储存水量。由于没有现成的混凝土单位储存量的参考值可以引用，故可以根据式（5.19）确定（毛昶熙，1992）：

$$S_s=\rho g\ (\alpha+n\beta) \tag{5.19}$$

式中，S_s 为混凝土单位储存量（m^{-1}）；ρ 为水的密度（kg/m^3）；α 为固体颗粒的压缩系数（Pa^{-1}），$\alpha=1/E_h$；β 为水的压缩系数（Pa^{-1}），$\beta=1/E_w$；E_h、E_w 为混凝土和水的弹性模量（Pa）；n 为混凝土孔隙率。

由于研究所采用的混凝土为高性能微膨胀混凝土，强度等级为 C80，最终强度超过 80MPa，其弹性模量按《混凝土结构设计规范》（GB 50010—2002）近似取为 3.8×10^{10} Pa，则可确定 $\alpha=2.63\times10^{-11}$ Pa^{-1}；水的弹性模量为 2.1×10^{9} Pa，则可确定 $\beta=4.76\times10^{-10}$ Pa^{-1}。

王栋民（2006）采用美国 Micromeritics AutoPore Ⅲ型水银测孔仪对 8 组不同龄期的试块孔隙率进行了测定，结果见表 5.7。

表 5.7　混凝土孔隙率

龄期/d	孔隙率/%							
	1	2	3	4	5	6	7	8
3	19.4	21.7	22.2	22.1	21.4	20.9	22.2	21.4
7	17.7	19.6	17.8	20.0	19.7	22.0	21.4	22.1
28	14.7	17.8	14.2	16.8	16.7	17.3	19.8	20.2
120	13.7	16.0	12.2	15.3	14.7	16.1	18.5	18.3

由表 5.7 可知，混凝土孔隙率均随水化龄期的延长而下降，说明随水化反应的进行，混凝土结构渐趋致密化。由于本研究没有混凝土孔隙率的试验值，因此，按表 5.7 中的 28d 和 120d 共 16 组数据的平均值近似取值，$n=16.39\%$ 。

将计算出的 α、β 和 n 带入式（5.19）即可确定高性能微膨胀混凝土的单位储存量，约为 $1.023\times10^{-6}m^{-1}$。

井壁净半径为 3.5m，井壁厚度按 1.2m 考虑，段高为 3m。

5.5.3.4　计算方案

钢板与混凝土黏结面的渗流特性受渗流水头的影响较为显著，一般来说，黏结面的平均渗透系数随着渗流水头的增大而加大，当渗流水头增大到一定程度时，水力破坏作用会引起新的渗流通道，使渗透系数增大；另外，在对黏结面施加法向荷载时，由于层面是相对平整的，压应力将起到减小等效隙宽、减小平均渗透系数的作用。由于井壁整体抗渗透性能试验中的两个带接茬板的单层井壁加载 1d 后基本没有测到水渗透进接茬板与井壁接触面，因此，没有接茬板与混凝土接触面的渗透系数可以采用。而钢板与混凝土黏结试验结果表明，钢板与混凝土黏结面渗透系数在 $1\times10^{-11}\sim1\times10^{-9}$ cm/s 数量级，虽然试验结果离散性较大，但不影响对钢板与混凝土黏结面的渗流特性作定性分析，故本书在钢板与混凝土黏结试验结果中取最大值和最小值来对钢板与混凝土黏结面的渗流特性进行定性研究，数值方案见表 5.8。

表 5.8　数值模拟规划

方案编号	井壁外侧水压（平均）/MPa	渗透系数/（cm/s）
A1	6	7.08×10^{-9}
A2	6	2.52×10^{-11}

5.5.3.5　计算结果及分析

为得到不同时刻井壁内各点的水头分布，在井壁段高中部沿径向布置了一条路径，路径长度等于井壁厚度，路径上均匀布置 10 个点，分别记作 R1 ~ R10。

图 5.32 ~ 图 5.35 反映了黏结面内不同时刻的水压头分布情况。从图中可以看出，井壁外侧向井壁内侧方向水压头逐渐减小，并随时间的增加各点水压头逐渐加大，水压头分布规律同“圆柱冷却”问题圆柱内的温度分布规律完全类似。根据刘鹏飞（2005）可知，达到稳定渗流后，从井壁外侧到内侧，井壁内的水压降落过程是按对数关系分布的，曲线形状应微微上凸。因此，从图中可以看出，1000d 时井壁内仍没有形成稳定渗流；实际上在水头没有到达井壁内侧之前，水头位置和井壁内侧之间的水压头值应该等于零，但从图中可以看到 50d 内井壁整个厚度范围内都有水压分布，这是由软件本身造成的，即使水力梯度很小，它总要给定一个连续的水力分布。曲线斜率突然变小的点即可认为是浸润线位置，也可以根据给定的浸润线水头大小来判断浸润线到达井壁内的位置。

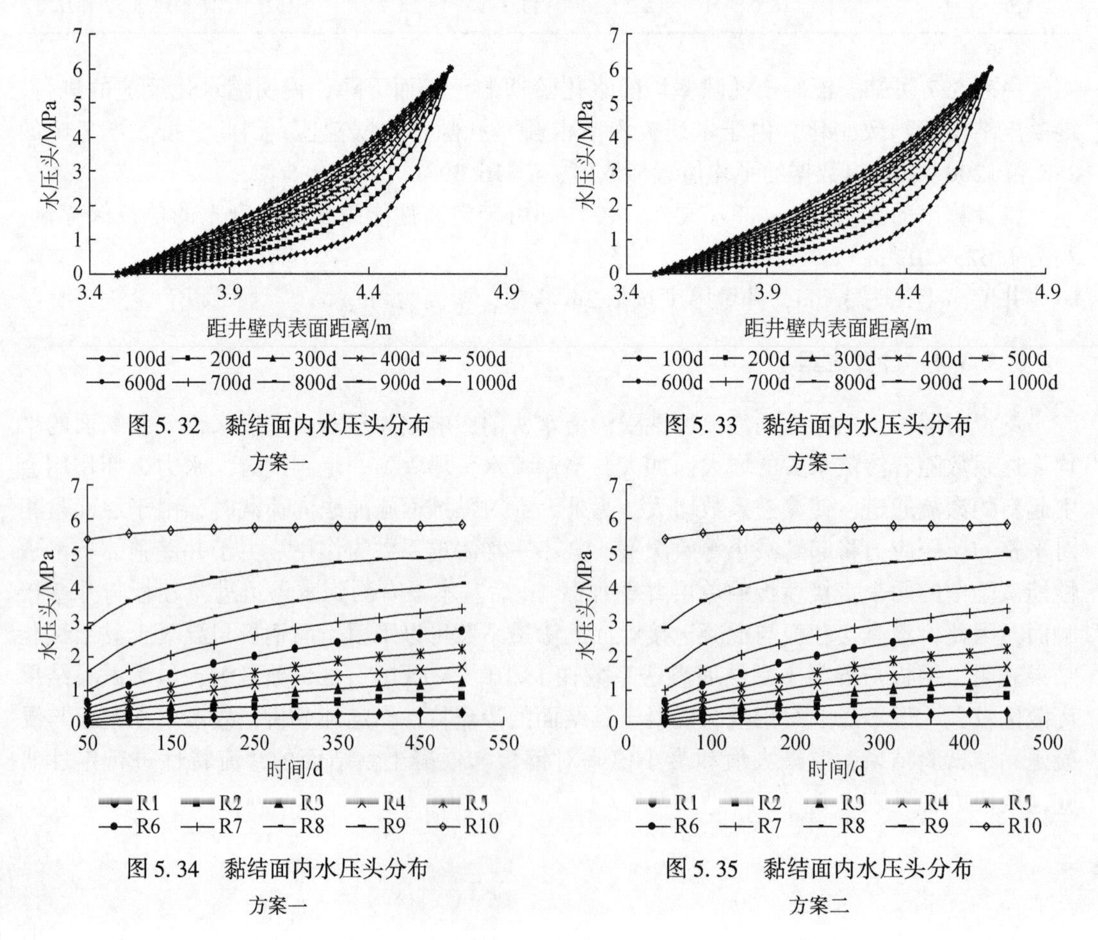

图 5.32　黏结面内水压头分布
方案一

图 5.33　黏结面内水压头分布
方案二

图 5.34　黏结面内水压头分布
方案一

图 5.35　黏结面内水压头分布
方案二

图 5. 36 和图 5. 37 为井壁接茬板和混凝土黏结面内水流密度分布曲线，水流密度值为负值，说明水流方向和水压增高方向相反。从图中可以看出，水压高的地方，黏结面内水流密度就大，并随着时间的推移，水流密度逐渐减小。图 5. 38 和图 5. 39 为黏结面上的水力梯度曲线，可以看出，水压高的地方水力梯度就大，并随时间增加，各点水力梯度逐渐减小。其实黏结面内各点的水流密度是和水力梯度成正比的，水流梯度越大，水流密度也越大。

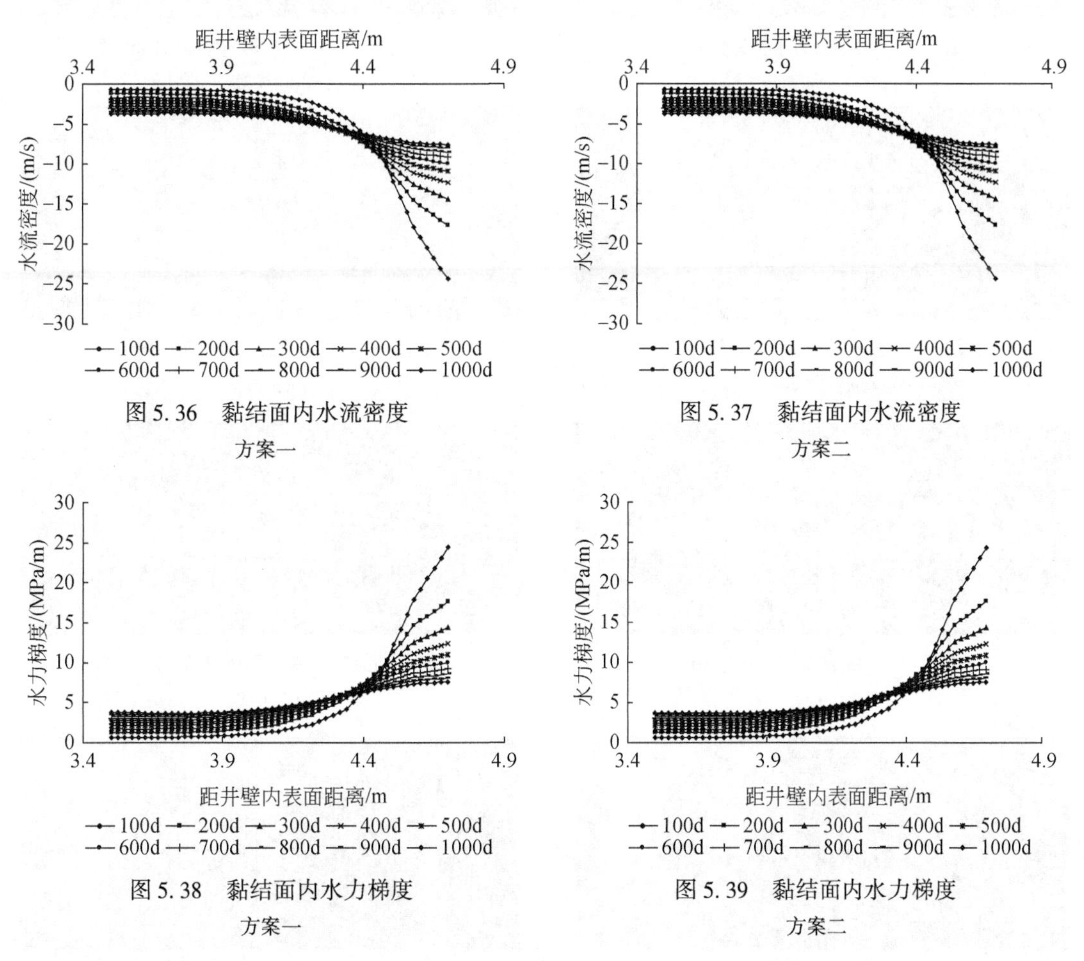

图 5. 36　黏结面内水流密度

方案一

图 5. 37　黏结面内水流密度

方案二

图 5. 38　黏结面内水力梯度

方案一

图 5. 39　黏结面内水力梯度

方案二

图 5. 40 ~ 图 5. 51 为不同时刻井壁内的水头分布云图，从图中可以直观地看出井壁内的水头分布随时间变化情况。

图 5. 40　黏结面内水头分布

5d，方案一

图 5. 41　黏结面内水头分布

50d，方案一

图 5.42　黏结面内水头分布
100d，方案一

图 5.43　黏结面内水头分布
200d，方案一

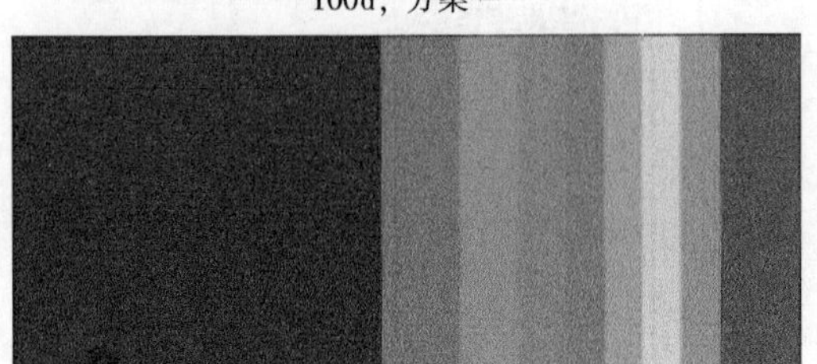

图 5.44　黏结面内水头分布
500d，方案一

图 5.45　黏结面内水头分布
1000d，方案一

图 5.46　黏结面内水头分布
5d，方案二

图 5.47　黏结面内水头分布
50d，方案二

图 5.48　黏结面内水头分布
100d，方案二

图 5.49　黏结面内水头分布
200d，方案二

图 5.50　黏结面内水头分布
500d，方案二

图 5.51　黏结面内水头分布
1000d，方案二

5.6　本 章 小 结

本书对新型单层冻结井壁抗渗性能开展了综合研究，有如下结论。

1）提出可用圆柱冷却温度场公式计算井壁渗透问题，只需代入渗透问题的有关参数。

2）专门设计了一套试验装置，对混凝土本体及钢板与混凝土黏结面的抗渗性能进行试验研究。试验结果表明：即使在较高的竖向压应力作用下，钢板与混凝土黏结面仍具有比相同性质的完整混凝土本体高得多的渗透系数；在保证施工质量的情况下，钢板与混凝土黏结面具有良好的抗渗性能，在轴向受压的情况下即使水头渗透经过黏结面到达试块内侧，仍不会形成流水。因此，采用钢质接茬板可保证井壁接茬的密封性能满足要求。

3）在其他条件相同的情况下，钢板相对于混凝土上浇和下浇对钢板与混凝土黏结面的抗渗性能也有影响。钢板在下、混凝土从上往下浇筑的黏结面渗透系数要比钢板在上、混凝土从下浇筑的黏结面渗透系数小，这是因为混凝土从钢板下方浇筑时，混凝土中的泌水和气泡在上移过程中被钢板阻隔而积聚在钢板下表面，不仅使界面附近新混凝土的局部水灰比远高于设计值，而且使得气孔和微裂隙在该区富集，形成大量缺陷。因此排气对保证接茬面的浇筑质量是十分重要的。

4）采用与工程实际相同的工艺浇筑了模型井壁，开展了新型单层井壁抗渗性能物理模拟试验研究。试验结果表明，井壁接茬板与混凝土黏结面具有很好的抗渗性能，单层冻结井壁在保证施工质量的情况下，在 6MPa 左右水压作用下，原型井壁接茬在最短大约 87d 内（模拟试验时间相当于原型 87d）无水渗出。这证明采用本书提出的技术方案解决了井壁接茬的渗漏难题。

5）要保证单层井壁接茬的浇筑质量，必须要在接茬靠井帮一侧留有排气通道。

6）分析了温度场和渗流场的相似性，利用 ANSYS 的热分析功能进行了井壁混凝土和接茬板黏结面非稳定渗流场的计算研究。研究表明：井壁外侧向井壁内侧方向水压头逐渐减小，并随时间的增加各点水压头逐渐加大，水压头分布规律同“圆柱冷却”问题圆柱内的温度分布规律完全类似，1000d 时井壁内仍没有形成稳定渗流，可见该种新型冻结井壁具有很好的抗渗性能。形成稳定渗流后，从井壁外侧到内侧，井壁内的水压降落过程是按对数关系分布的。

第6章 新型单层冻结井壁极限承载力研究

6.1 概 述

顾大钊等（1997）在朱仙庄、桃园、祁南矿冻结井外壁破坏事故的研究中发现：外壁最快在浇筑后2～3d开裂，3～4d发生明显变形，并认为冻结施工期间外壁破坏的根本原因，是外壁的整体结构强度低，抵抗不了作用在它上面的冻结压力及其他荷载的作用。

井壁作为厚壁筒结构，环向承载力显然主要取决于混凝土强度。在混凝土早期强度增长迅速（甚至浇筑后3d即达到设计强度）的条件下，对于井壁早期承载力的大小、配筋对井壁承载力的影响等有必要开展深入研究。

冻结井外壁混凝土早期强度的室内及现场试验研究表明（王衍森，2005）：受水化热高温影响，外壁高强混凝土的早期强度增长迅速，远远超过“标准养护试块”的早期强度值。例如，龙固副井现场试验研究发现，C70高强混凝土的1d、3d、7d强度分别达到了设计强度的78%、105%、115%。

由于特厚冲积层冻结凿井过程中井内土体基本冻实，同时，由于采用多圈管冻结，冻结壁厚度大、井帮温度低，冻结压力的不均匀性相对于浅表土冻结已有较大改善。因此，本书研究中仅考虑均匀受压条件下的单层冻结井壁承载力。

6.2 理 论 分 析

6.2.1 单层冻结井壁的力学模型

根据弹性力学分析可知（徐芝纶，1990）：当圆环或圆筒外侧受均部压力时，最大、最不利的受力点总是出现在圆环或圆筒的内缘，井壁亦如此；当冻结压力增大到一定值时，井壁内缘混凝土刚好处于破坏的临界状态，而混凝土材料本身具有峰后强度。因此，作为结构而言，井壁并非在内缘刚进入临界破坏状态即达到了极限承载力，本书从偏于安全方面考虑，认为此时井壁即达到了极限承载力。

过镇海（1997）通过大量的试验研究得出，普通混凝土单轴压缩状态下，轴向压应力$\sigma \leqslant 0.4f_c$时，混凝土一般处于弹性范围，随着混凝土强度等级的提高，其应力-应变的弹性范围明显扩大，对于C80～C100的高强混凝土可达0.6～0.8倍的单轴抗压强度。

对于无竖直附加力问题的生产期矿井井壁，井壁结构通常简化为平面应变模型，视为无限长厚壁筒，以围压作为控制荷载进行设计。事实上，冻结凿井期井壁逐段高施工的特点使得单层井壁早期的承载状态更接近“平面应力”（竖向应力为0）或“广义平面应力”（竖向应力非0），只是随井筒施工及下部井壁延长，才逐渐向“平面应变”转化。考虑到钢筋混凝土和带接茬板的单层冻结井壁的弹塑性理论分析过程较为复杂，因此，本书的理论分析做如下假设。

1）井壁材料在强度破坏前属于均质、连续的各向同性线弹性介质。

2）忽略钢筋和接茬板对井壁应力分布及井壁承载力的影响，即视为素混凝土井壁。

3）单个段高范围内可忽略冻结压力沿竖向的不均匀性，因此按平面问题或广义平面问题处理。

4）将破坏前的混凝土视为“线弹性”，以井壁内缘混凝土刚好达到“临界破坏状态”作为井壁达到极限承载力的标志。井壁浇筑后，随着冻结压力（假定沿周向均匀分布）的不断增加，最大、最不利的受力点总是出现在井壁内缘。冻结压力增大到一定值时，井壁内缘混凝土刚好处于临界破坏状态，此时井壁即达到了极限承载力。

根据以上假设，建立如图6.1所示的单层冻结井壁的力学模型。

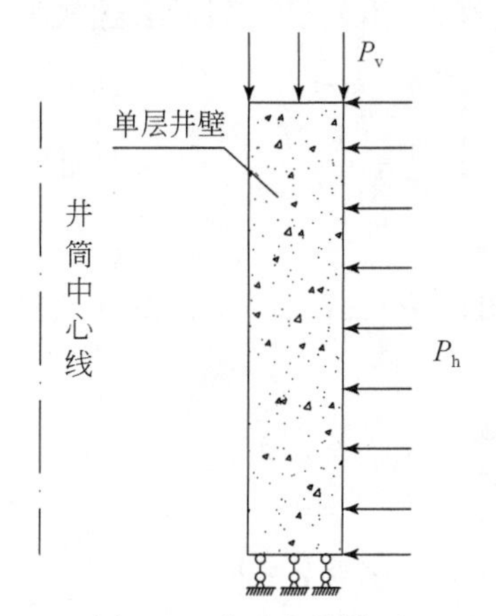

图6.1　井壁力学模型

6.2.2　混凝土的破坏准则

随着混凝土多轴试验研究工作的开展和试验数据的积累，混凝土破坏包络曲面的几何形状越显清晰，这为建立经验回归公式或理想数学模型创造了条件。一些混凝土破坏准则应运而生，且不断有所改善，它们一般包含3～5个参数，能比较准确地描述复杂的破坏曲面，但由于混凝土材料本身的复杂性，破坏准则多为试验资料的数学描述，至今没有能够适合各种类型、各种强度混凝土的破坏准则。一些有代表性的破坏准则如最大主应力准则、Tresca准则、最大应变准则、莫尔-库仑准则、Drucker-Prager准则、Bresler-Pister准则、Willam-Wanker准则、Ottosen准则、Hsich-Ting-Chen准则、过镇海-王传志准则等。

由于井壁极限承载力主要取决于井壁内缘的混凝土强度，而井壁内缘混凝土一般处于双向受压状态，因此，在计算井壁极限承载力时不必动用形式复杂的三维破坏准则，可优先考虑使用二轴破坏准则。目前比较适用的二轴破坏准则（过镇海，1999）主要有修正的莫尔-库仑准则、Kufer-Gerstle准则、Tasuji-Slate-Nilson准则以及李伟政-过镇海准则。王建中（2006）和王衍森（2005）对基于 Willam-Wanker 准则、Hsich-Ting-Chen 准则、过镇海-王传志准则等对井壁极限承载力已进行了大量的分析，本书将主要基于比较适用的二轴破坏准则如 Kufer-Gerstle 准则、Tasuji-Slate-Nilson 准则以及李伟政-过镇海准则进行井壁极限承载力的理论分析。

（1）Kufer-Gerstle 准则

Kufer-Gerstle 准则提出后几经修正，并被录入 1990 年欧洲砼委员会——国际预应力协会样板规范 CEB-FIP MC90。双轴受压状态下准则表达式为

$$\sigma_3 = -\frac{1+3.65\alpha}{(1+\alpha)^2}f_c \quad (\sigma_1 = 0,\ 0 \leqslant \alpha = \sigma_2/\sigma_3 \leqslant 1) \tag{6.1}$$

式中，σ_2、σ_3 为第二、第三主应力；f_c 为混凝土单轴抗压强度；α 为系数。

（2）Tasuji-Slate-Nilson 准则

Tasuji-Slate-Nilson 准则由 4 段折线组成，形式最为简单。计算式用 σ_1 和 σ_2 代表混凝土的二轴强度，取符号，$k = \sigma_1/\sigma_2$，双轴受压时的表达式为

$$\begin{cases} \sigma_2 = 1.2f_c & (k \geqslant 0.2) \\ \sigma_2 = \dfrac{1.2f_c}{1.2-k} & (k < 0.2) \end{cases} \tag{6.2}$$

（3）李伟政-过镇海准则

李伟政-过镇海准则也是由四段折线组成，且恰好划分 3 种破坏形态。二轴破坏时间的计算式为

$$\begin{cases} \dfrac{\sigma_{3f}}{f_c} = \dfrac{-1.4336}{1+0.12\alpha_1} & (\alpha_1 \geqslant 0.2) \\ \dfrac{\sigma_{3f}}{f_c} = \dfrac{0.7}{\alpha_1 - 0.7} & (\alpha_1 \leqslant 0.2) \end{cases} \quad (\sigma_1 = 0,\ \alpha_1 = \sigma_2/\sigma_3 > 0) \tag{6.3}$$

式中，σ_{3f} 为混凝土二轴抗压强度；f_c 为混凝土单轴抗压强度；α_1 为系数。

6.2.3 基于不同强度准则的井壁环向极限承载力

6.2.3.1 平面应变条件下井壁环向极限承载力

平面应变模型下厚壁圆筒的应力分量为

$$\begin{aligned} \sigma_r &= -\frac{b^2P_h}{b^2-a^2}\left(1-\frac{a^2}{r^2}\right) \\ \sigma_\theta &= -\frac{b^2P_h}{b^2-a^2}\left(1+\frac{a^2}{r^2}\right) \\ \sigma_z &= \mu(\sigma_r+\sigma_\theta) = -\frac{2\mu b^2P_h}{b^2-a^2} \end{aligned} \tag{6.4}$$

式中，σ_r、σ_θ、σ_z 为井壁径向、环向、竖向应力；a、b 为井壁内、外半径；r 为计算点半径；μ 为泊松比；P_h为井壁承受的围压。

在井壁内缘处，即 $r=a$ 时：

$$
\begin{aligned}
\sigma_r &= 0 \\
\sigma_\theta &= -\frac{2b^2 P_h}{b^2 - a^2} \\
\sigma_z &= -\frac{2\mu b^2 P_h}{b^2 - a^2}
\end{aligned}
\tag{6.5}
$$

为了运算方便，引入参数：

厚径比

$$\lambda = \frac{b - a}{b} \quad [\lambda \in (0,\ 1)] \tag{6.6}$$

围压系数

$$K_h = \frac{P_h}{f_c} \tag{6.7}$$

平面应变应力系数

$$K_b = \frac{K_h}{\lambda(2 - \lambda)} \tag{6.8}$$

式中，f_c为混凝土单轴抗压强度。

由此，井壁内缘应力为

$$
\begin{aligned}
\sigma_r &= 0 \\
\sigma_\theta &= -2K_b f_c \\
\sigma_z &= -2\mu K_b f_c
\end{aligned}
\tag{6.9}
$$

井壁环向极限承载计算式为

$$P_{h\max} = K_b \lambda(2 - \lambda) \times f_c \tag{6.10}$$

对于混凝土泊松比，按经典弹塑性理论处理，即进入塑性时泊松比为0.5（体积不可压缩）。则将应力状态式（6.9）代入不同破坏准则，即可求出应力系数 K_b，见表6.1，王建中（2006）利用其他3个准则计算得出的 K_b 列在最后三列以便对比。根据 K_b 值和给定的 λ 及 f_c 即可由式（6.10）求出环向极限荷载 $P_{h\max}$。

表6.1　各破坏准则计算的应力系数 K_b

破坏准则	Kupfer-Gerstle准则	Tasuji-Slate-Nilson准则	李伟政-过镇海准则	Hsich-Ting-Chen准则	Willam-Wanker准则	过镇海-王传志准则
K_b	0.628	0.640	0.676	0.640	0.732	0.696

由此可见，各准则计算差别并不大。相对于其他准则，Willam-Wanker准则和过镇海-王传志准则计算值偏高，李伟政-过镇海准则计算值适中，而Hsich-Ting-Chen准则、Tasuji-Slate-Nilson准则和Kupfer-Gerstle准则计算值偏低，Hsich-Ting-Chen准则和Tasuji-Slate-Nilson准则二者结果相同。计算结果存在差别的原因是各准则参数的推荐值是采用不同的试验数据标定的，而试验数据本身就有一定的离散性。可通过模拟试验结果来确定哪个准则更适用井壁承载力问题。

6.2.3.2　广义平面应力条件下井壁环向极限承载力

广义平面应力模型下厚壁圆筒的应力分量为

$$\begin{aligned}\sigma_r &= -\frac{b^2 P_h}{b^2 - a^2}\left(1 - \frac{a^2}{r^2}\right)\\ \sigma_\theta &= -\frac{b^2 P_h}{b^2 - a^2}\left(1 + \frac{a^2}{r^2}\right)\\ \sigma_z &= -P_v\end{aligned} \tag{6.11}$$

式中，P_v 为井壁承受的竖向压力。

在井壁内缘，即 $r=a$ 处有

$$\begin{aligned}\sigma_r &= 0\\ \sigma_\theta &= -\frac{2b^2 P_h}{b^2 - a^2}\\ \sigma_z &= -P_v\end{aligned} \tag{6.12}$$

再引入竖压系数：

$$K_v = \frac{P_v}{f_c} \tag{6.13}$$

广义平面应力系数：

$$K_1 = \frac{K_h}{\lambda(2-\lambda)} \tag{6.14}$$

则井壁内缘的应力可表述为

$$\begin{aligned}\sigma_r &= 0\\ \sigma_\theta &= -2K_1 f_c\\ \sigma_z &= -K_v f_c\end{aligned} \tag{6.15}$$

在计算极限承载力时，环向荷载仍是控制荷载。因此，井壁内缘 3 个主应力为

$$\begin{aligned}\sigma_1 &= \sigma_r = 0\\ \sigma_2 &= \sigma_z = -k_v f_c\\ \sigma_3 &= \sigma_\theta = -2k_1 f_c\end{aligned} \tag{6.16}$$

将式（6.16）代入 Kufer-Gerstle 准则，经过化简后得

$$K_1 = \frac{1}{4}\left(1 - 2K_v + \sqrt{1 + \frac{53}{5}K_v}\right) \tag{6.17}$$

通过给定的竖直方向的应力系数 K_v 即可求出 K_1，进而可得到井壁的环向极限荷载 $P_{h\,max}$。

将式（6.16）代入 Tasuji-Slate-Nilson 准则，经过化简后得

$$\begin{cases}K_1 = 0.6 & (k \geqslant 0.2)\\ K_1 = \frac{5}{12}K_v + 0.5\ K_v < 0.24 & (k < 0.2)\end{cases} \tag{6.18}$$

通过给定的 K_v 即可求出 K_l，进而可得到井壁的环向极限荷载 $P_{h\,max}$。

将式（6.16）代入李伟政-过镇海准则，经过化简后得

$$\begin{cases} K_l = -0.06K_v + 0.7168 & (K_v \geqslant 0.28,\ k \geqslant 0.2) \\ K_l = \dfrac{5}{7}K_v + 0.5 & (K_v \leqslant 0.28,\ k \leqslant 0.2) \end{cases} \tag{6.19}$$

通过给定的 K_v 即可求出 K_l，进而可得到井壁的环向极限荷载 $P_{h\,max}$。

由式（6.17）、式（6.18）和式（6.19）可知，当 $K_v=0$ 时，井壁对应于平面应力状态，由此可解得各准则对应的 K_l 均为0.5，此时的 K_l 为最小值，对应的环向极限承载力最小，因此可以认为平面应力解答为广义平面应力解答的极小值。

求式（6.17）、式（6.18）和式（6.19）的极大值，可得到各准则下 K_l 的最大值 $K_{l\,max}$，将各准则下 $K_{l\,max}$ 和 K_b 的值列于表6.2。王衍森（2005）利用其他3个准则计算得出的 $K_{l\,max}$ 列在最后三列以便对比。

表6.2　各破坏准则计算的应力系数

破坏准则	Kupfer-Gerstle准则	Tasuji-Slate-Nilson准则	李伟政-过镇海准则	Hsich-Ting-Chen准则	Willam-Wanker准则	过镇海-王传志准则
K_b	0.628	0.640	0.676	0.640	0.732	0.696
$K_{l\,max}$	0.628	0.600	0.700	0.639	0.740	0.702

由表6.2可知，不同准则的 $K_{l\,max}$ 与 K_b 吻合很好，因此可以认为平面应变解答是广义平面应力解答的极大值。

上述结果表明：当井壁受力接近广义平面应力时按平面应变估计井壁环向极限承载力将高估井壁的承载能力，而按平面应力估计井壁环向极限承载力将低估井壁的承载能力。

6.3　数值模拟研究

6.3.1　ANSYS的钢筋混凝土模拟能力

ANSYS有限元程序为本书研究提供了强有力的手段。ANSYS提供的SOLID65单元是专门为混凝土、岩石等抗压能力远大于抗拉能力的非均匀材料开发的单元。它可以模拟混凝土中的加强钢筋（或玻璃纤维、型钢等），以及材料的拉裂和崩溃现象。它是在三维8节点等参元SOLID45单元的基础上，增加了针对混凝土的性能参数和组合式钢筋模型，SOLID65单元最多可以定义3种不同的加固材料，即此单元允许同时拥有4种不同的材料。混凝土材料具有开裂、压碎、塑性变形和蠕变的能力；加强材料则只能受拉应力和压应力，不能承受剪切力。

SOLID65单元的基本属性包括：①每个单元有2×2×2个高斯积分点，所有材料分析都是基于高斯积分点来进行；②用弹性或弹塑性模型来描述材料的受压行为；③采用由应力空间定义的破坏面，当应力达到破坏面时，出现压碎或开裂；④使用弥散固定裂缝模型，

每个高斯积分点上最多有 3 条相互垂直的裂缝；⑤使用整体式钢筋模型，可通过设定各个方向的配筋率来模拟配筋。

SOLID65 单元的破坏面采用改进的 William-Warnker 准则。混凝土本构模型可采用弹性或弹塑性模型，屈服准则主要采用 MISES 和 Drucker-Prager 准则，塑性流动采用相关流动准则，对于 MISES 材料可选择等向强化或随动强化模型；而对于 Drucker-Prager 材料则只能使用理想弹塑性模型。本书针对钢筋和钢板都选用双线性等向强化模型（BISO），混凝土选用多线性随动强化模型（MKIN）。

6.3.2　有限元模型

由于带钢质接茬板的井壁模型是不均质的，但其力学模型类似于平面应变模型或广义平面应力模型，本书分别称其为“类平面应变”（轴向应变为 0）模型和“类广义平面应力”模型（轴向应恒定，但不为 0）。

为了建模和处理数据方便，取定模型外半径为 1m，由于问题本质是空间轴对称的，因此，模型环向仅需取一定角度即可，本书取 7°。

有限元网格模型如图 6.2 所示，共 1120 个单元，1320 个节点，对于不同的厚径比，模型单元数和节点数不同。对于类平面应变情况，约束所有节点的竖向位移，环向侧面加对称约束，模型外侧面加均布围压；对于类广义平面应力情况，约束模型底面竖向位移，环向侧面加对称约束，顶面加竖向均布压力，模型外侧面加均布围压（图 6.3）。

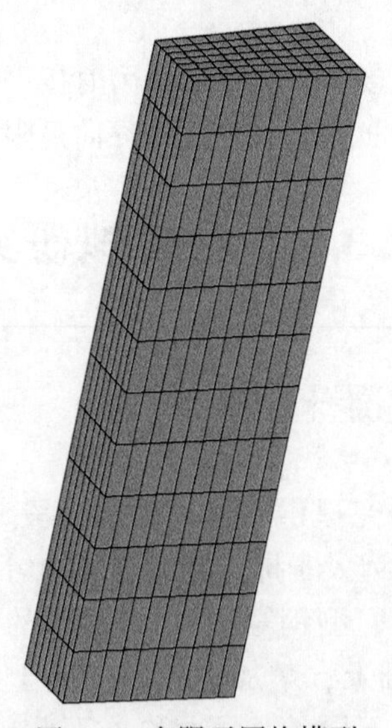

图 6.2　有限元网格模型

另外，在大量的计算过程中发现，井壁接茬钢板与井壁混凝土之间如采用接触单元，两者的摩擦系数超过 0.2 后和将两者直接粘贴在一起的极限承载力相同，且井壁内侧两者的径向位移相差达到 5 ~ 10mm，这在实际情况中是不可能出现的（井壁段高上下接茬板均和井壁竖筋焊接在一起，有效地保证了钢板与混凝土之间不会滑动）。因此，在模型计算中不在钢

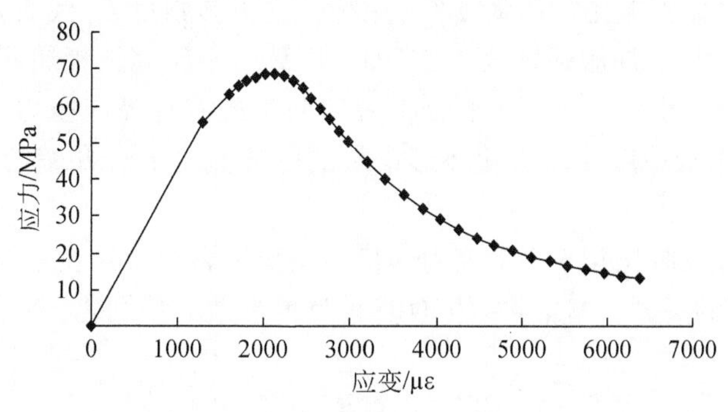

图 6.3　混凝土抗压应力应变曲线

板与混凝土之间设置接触而将两者直接粘贴在一起，这和实际情况是相符的。

6.3.3　模型参数与本构方程的选取

混凝土单轴受压应力应变关系采用现行的《混凝土结构设计规范》（GB 50010—2002）中规定的分段多项式和有理分式方程。

$$
\begin{cases} y = \alpha_a x + (3 - 2\alpha_a)x^2 + (\alpha_a - 2)x^3 & (x \leqslant 1) \\ y = \dfrac{x}{\alpha_d (x-1)^2 + x} & (x \geqslant 1) \end{cases} \tag{6.20}
$$

式中，$x = \dfrac{\varepsilon}{\varepsilon_c}$；$y = \dfrac{\sigma}{f_c}$；$\varepsilon_c$ 为峰值点应变；α_a、α_d 为系数。ε_c、α_a、α_d 可按经验公式取值：

$$
\varepsilon_c = (700 + 172\sqrt{f_c}) \times 10^{-6} \tag{6.21}
$$

$$
\alpha_a = 2.4 - 0.01 f_{cu} \tag{6.22}
$$

$$
\alpha_d = 0.132 f_{cu}^{0.785} - 0.905 \tag{6.23}
$$

式中，f_c、f_{cu}分别为棱柱体轴心抗压强度和立方体抗压强度（MPa），对于极限承载力分析，直接按“统计平均值”取值。

混凝土初始弹性模量 E_0 按下式计算，泊松比则取为 0.2：

$$
E_0 = \alpha_\alpha \frac{f_c}{\varepsilon_c} \tag{6.24}
$$

混凝土轴心抗拉强度 f_t 按下式计算：

$$
f_t = 0.395 f_{cu}^{0.55} \tag{6.25}
$$

计算中，根据高强混凝土的特点，假定在 $\sigma \leqslant 0.7 f_c$ 应力范围内为弹性段，超过此应力范围进入塑性段。在 ANSYS 中采用多线性折线形式拟合图 6.3 中的曲线。

钢筋采用双线性等向强化本构模型，初始弹性模量 $E = 210\text{GPa}$，强化段弹性模量 $E_T = 0.05E = 10.3\text{GPa}$，泊松比取为 0.28。

6.3.4　相似准则的导出

在混凝土配筋率一定的条件下，影响带接茬板的单层冻结井壁环向极限承载力 P_h 的主要力学因素有：井壁混凝土抗压强度 f_c（用标准立方体强度 f_{cu} 代表）、钢板的屈服强度 f_s（计算采用 Q235 钢板，屈服强度为 235MPa，计算中不研究钢板屈服强度的不同对井壁极限承载力的影响），当考虑类广义平面应力模型时还应有竖向压力 P_v；主要几何因素有：井壁段高 H、钢板厚度 h、接茬环形钢板的圆环宽度 L、井壁的外半径 R 和井壁厚度 T。

为了能更有效地反映出类平面应变力学模型情况下影响带接茬板的单层井壁极限承载力 P_h 与各因素之间的关系，本书将数值计算模型的参数无量纲化，有如下相似准则：

$$\pi_1 = \frac{T}{R},\ \pi_2 = \frac{L}{T},\ \pi_3 = \frac{h}{H},\ \pi_4 = \frac{H}{R},\ \pi_5 = \frac{P_h}{f_{cu}},\ \pi_6 = \frac{P_v}{f_{cu}},\ \pi_7 = \frac{f_s}{f_{cu}}。$$

数值模拟几何参数意义示意图见图 6.4。

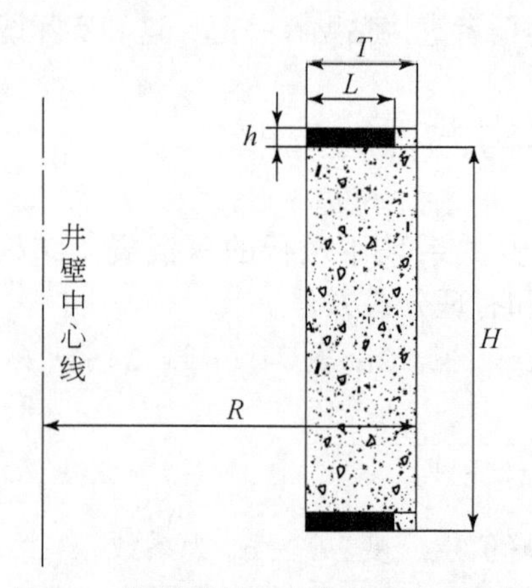

图 6.4 数值模拟几何参数意义示意图

根据以上准则，确定在计算模型中所要考虑的因素如下：①厚径比 T/R，T 为井壁厚度，R 为井壁外半径；②环宽与壁厚比 L/T，L 为圆环型接茬板的圆环宽度；③钢板厚与段高比 h/H，h 为圆环型接茬板的厚度；④高径比 H/R，H 为井壁段高。

6.3.5 计算参数取值范围

预计新型单层井壁的厚度在 0.5～1.6m，井壁外半径一般在 4～5m，钢板厚度在 0.005～0.025m，段高为 2～4m（主要与冻结壁的整体强度有关，冻结壁整体强度大时，冻结壁变形小，段高取大值；反之，取小值），混凝土强度 60～80MPa 按步长 5MPa 变化，钢板的屈服强度按 235MPa 不变，井壁垂直压力按 400～600m 岩石自重应力取值，步长 50m。故本计算主要考虑因素的取值范围见表 6.3。

表 6.3 影响因素取值范围

参数名称	f_{cu}/MPa	f_s/MPa	P_v/f_{cu}	T/R	L/T	h/H	H/R
取值范围	60～80	235	0～0.3	0.1～0.3	0～1	0.00125～0.0125	0.4～1

注：本章涉及的混凝土抗压强度及井壁极限承载力单位均为 MPa。

6.3.6　类平面应变条件下井壁极限承载力与其影响因素的关系

6.3.6.1　单因素循环试验方案拟订及试验结果分析

由于影响因素和水平全组合方案太多，本节对每个因素选出典型参数进行单因素循环试验来分析各因素与极限承载力的关系。类平面应变力学模型条件下各影响因素及取值见表6.4。

表6.4　井壁环向极限承载力影响因素取值表

因素	T/R	f_{cu}	H/R	h/H	L/T
取值	0.1～0.3，步长0.05	60～80MPa，步长5	0.2～4，步长0.2	0.00125～0.025，步长0.00125	0～1，步长0.05

由于进行单因素循环试验时需要固定其他参数，表6.5为单因素试验时其他因素的取值。

表6.5　单因素试验固定参数表

因素	T/R	f_{cu}	H/R	h/H	L/T
取值	0.25	60～100MPa，步长5	0.6	0.00625	0或1

注：实际冻结凿井段高一般在2～4m，高径比在0.4～1，模型适当加大了H/R，以便更直观地得到其与极限承载力的关系。

为处理数据方便，将P_h、P_v无量纲化：$K_h = P_h/f_{cu}$、$K_v = P_v/f_{cu}$。

(1) 井壁混凝土抗压强度与极限承载力的关系

井壁混凝土抗压强度单因素循环试验规划及结果见表6.6，H/R和T/R为固定值，因此表6.6中不再列出，本书中涉及的固定值均不再列出。

表6.6　单因素循环试验结果

组号	L/T	f_{cu}/MPa	T/R	K_h	组号	L/T	f_{cu}/MPa	T/R	K_h	组号	L/T	T/R	f_{cu}/MPa	K_h
1	0	60	0.1	0.101	11	0	65	0.15	0.156	21	0	70	0.2	0.216
2	0	65	0.1	0.102	12	0	70	0.15	0.158	22	0	75	0.2	0.215
3	0	70	0.1	0.103	13	0	75	0.15	0.158	23	0	80	0.2	0.217
4	0	75	0.1	0.105	14	0	80	0.15	0.160	24	0	85	0.2	0.219
5	0	80	0.1	0.104	15	0	85	0.15	0.161	25	0	90	0.2	0.218
6	0	85	0.1	0.104	16	0	90	0.15	0.162	26	0	95	0.2	0.219
7	0	90	0.1	0.107	17	0	95	0.15	0.164	27	0	100	0.2	0.221
8	0	95	0.1	0.106	18	0	100	0.15	0.163	28	0	60	0.25	0.268
9	0	100	0.1	0.107	19	0	60	0.2	0.210	29	0	65	0.25	0.271
10	0	60	0.15	0.154	20	0	65	0.2	0.213	30	0	70	0.25	0.273

续表

组号	L/T	f_{cu}/MPa	T/R	K_h	组号	L/T	f_{cu}/MPa	T/R	K_h	组号	L/T	T/R	f_{cu}/MPa	K_h
31	0	75	0. 25	0. 275	51	1	85	0. 1	0. 108	71	1	90	0. 2	0. 224
32	0	80	0. 25	0. 276	52	1	90	0. 1	0. 109	72	1	95	0. 2	0. 226
33	0	85	0. 25	0. 278	53	1	95	0. 1	0. 109	73	1	100	0. 2	0. 278
34	0	90	0. 25	0. 279	54	1	100	0. 1	0. 109	74	1	60	0. 25	0. 279
35	0	95	0. 25	0. 276	55	1	60	0. 15	0. 163	75	1	65	0. 25	0. 280
36	0	100	0. 25	0. 278	56	1	65	0. 15	0. 163	76	1	70	0. 25	0. 281
37	0	60	0. 3	0. 326	57	1	70	0. 15	0. 166	77	1	75	0. 25	0. 282
38	0	65	0. 3	0. 325	58	1	75	0. 15	0. 165	78	1	80	0. 25	0. 283
39	0	70	0. 3	0. 330	59	1	80	0. 15	0. 164	79	1	85	0. 25	0. 284
40	0	75	0. 3	0. 329	60	1	85	0. 15	0. 166	80	1	90	0. 25	0. 280
41	0	80	0. 3	0. 332	61	1	85	0. 15	0. 168	81	1	95	0. 25	0. 283
42	0	85	0. 3	0. 331	62	1	90	0. 15	0. 166	82	1	100	0. 25	0. 336
43	0	90	0. 3	0. 332	63	1	95	0. 15	0. 168	83	1	60	0. 3	0. 340
44	0	95	0. 3	0. 335	64	1	100	0. 15	0. 218	84	1	65	0. 3	0. 338
45	0	100	0. 3	0. 333	65	1	60	0. 2	0. 217	85	1	70	0. 3	0. 338
46	1	60	0. 1	0. 105	66	1	65	0. 2	0. 223	86	1	75	0. 3	0. 341
47	1	65	0. 1	0. 106	67	1	70	0. 2	0. 223	87	1	80	0. 3	0. 339
48	1	70	0. 1	0. 108	68	1	75	0. 2	0. 220	88	1	85	0. 3	0. 334
49	1	75	0. 1	0. 108	69	1	80	0. 2	0. 225	89	1	90	0. 3	0. 339
50	1	80	0. 1	0. 108	70	1	85	0. 2	0. 224	90	1	95	0. 3	0. 336

将图6. 5和图6. 6中的曲线拟合，得到拟合曲线方程见表6. 7。

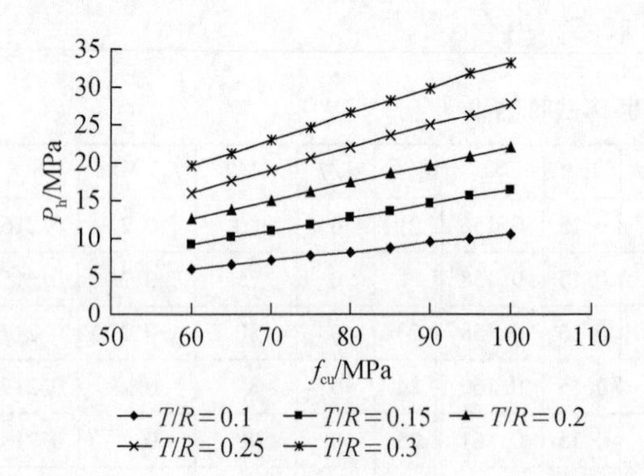

图6. 5　f_{cu}与井壁极限承载力关系（L/T=0）

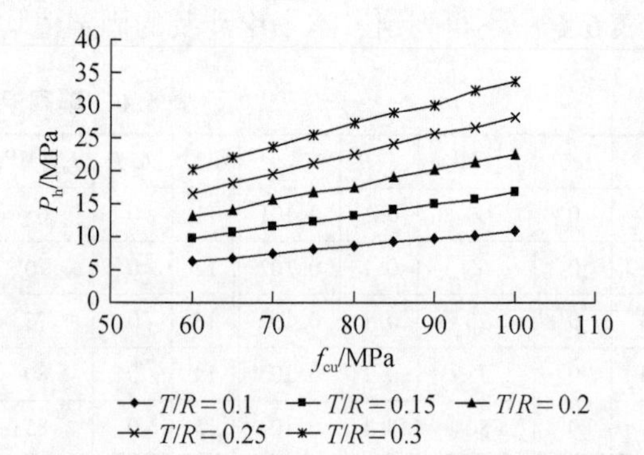

图6. 6　f_{cu}与井壁极限承载力关系（L/T=1）

表6.7　图6.5和图6.6拟合曲线

图6.5拟合曲线		相关系数	图6.6拟合曲线		相关系数
曲线组别	拟合方程形式	R^2	曲线组别	拟合方程形式	R^2
T/R=0.10	$y = 0.1145x-0.7964$	0.9994	T/R=0.10	$y= 0.1137x-0.4543$	0.999
T/R=0.15	$y = 0.1787x-1.4832$	0.9995	T/R=0.15	$y = 0.1743x -0.7095$	0.9988
T/R=0.20	$y = 0.2353x-1.4755$	0.9997	T/R=0.20	$y = 0.2369x-1.1534$	0.9985
T/R=0.25	$y = 0.2934x-1.4482$	0.9995	T/R=0.25	$y = 0.2888x-0.5852$	0.999
T/R=0.30	$y = 0.3461x-1.219$	0.9994	T/R=0.30	$y = 0.3351x + 0.222$	0.9985

由图6.5和图6.6和表6.7可知，井壁混凝土单轴抗压强度与极限承载力呈线性关系，相关系数极高，混凝土抗压强度越大，井壁极限承载力也越大，且厚径比越大，极限承载力随井壁混凝土抗压强度增大的趋势越明显。

将 $L/T = 1$ 和 $L/T = 0$ 时的井壁极限承载力进行对比，可得出井壁极限承载力提高率，并将其图形化并添加趋势线（其相关系数在0.47～0.94）（图6.7），便可以得到井壁极限承载力提高率随混凝土抗压强度的变化规律。

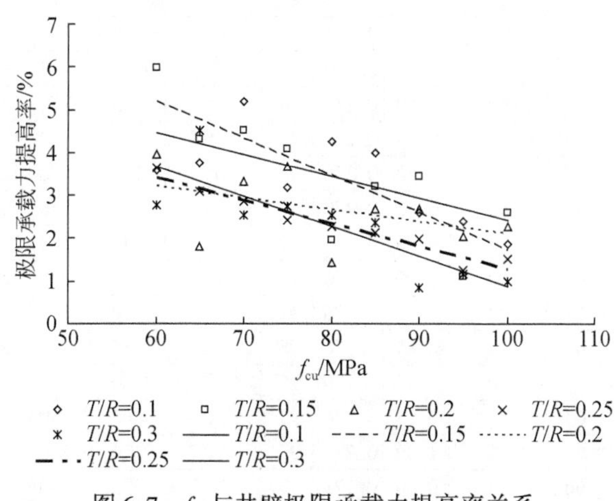

图6.7　f_{cu}与井壁极限承载力提高率关系

由图6.7可知，井壁极限承载力提高率随井壁混凝土抗压强度的增大而减小。另外，从图6.7中可以看出，随井壁厚径比的加大，井壁极限承载力提高率有逐渐减小的趋势。

（2）井壁厚径比与 K_h 的关系

井壁厚径比单因素循环试验规划及结果见表6.8，从中选出混凝土单轴抗压强度为60～80MPa的井壁极限承载力与厚径比的关系，如图6.8和图6.9所示。将图6.8和图6.9中的曲线拟合，得到拟合曲线方程，见表6.9。

表 6.8　单因素循环试验结果

组号	f_{cu}/MPa	H/R	K_h	组号	f_{cu}/MPa	H/R	K_h	组号	f_{cu}/MPa	H/R	K_h	组号	f_{cu}/MPa	H/R	K_h
1	60	0.40	0.268	34	70	0.75	0.273	67	60	0.45	0.277	100	70	0.80	0.280
2	60	0.45	0.268	35	70	0.80	0.273	68	60	0.50	0.277	101	70	0.85	0.280
3	60	0.50	0.268	36	70	0.85	0.273	69	60	0.55	0.278	102	70	0.90	0.280
4	60	0.55	0.268	37	70	0.90	0.273	70	60	0.60	0.278	103	70	0.95	0.280
5	60	0.60	0.268	38	70	0.95	0.273	71	60	0.65	0.277	104	70	1.00	0.280
6	60	0.65	0.268	39	70	1.00	0.273	72	60	0.70	0.278	105	75	0.40	0.281
7	60	0.70	0.268	40	75	0.40	0.275	73	60	0.75	0.278	106	75	0.45	0.281
8	60	0.75	0.268	41	75	0.45	0.275	74	60	0.80	0.278	107	75	0.50	0.275
9	60	0.80	0.268	42	75	0.50	0.275	75	60	0.85	0.278	108	75	0.55	0.275
10	60	0.85	0.268	43	75	0.55	0.275	76	60	0.90	0.278	109	75	0.60	0.281
11	60	0.90	0.268	44	75	0.60	0.275	77	60	0.95	0.276	110	75	0.65	0.281
12	60	0.95	0.268	45	75	0.65	0.275	78	60	1.00	0.278	111	75	0.70	0.281
13	60	1.00	0.268	46	75	0.70	0.275	79	65	0.40	0.279	112	75	0.75	0.281
14	65	0.40	0.271	47	75	0.75	0.275	80	65	0.45	0.278	113	75	0.80	0.275
15	65	0.45	0.271	48	75	0.80	0.275	81	65	0.50	0.279	114	75	0.85	0.275
16	65	0.50	0.271	49	75	0.85	0.275	82	65	0.55	0.280	115	75	0.90	0.282
17	65	0.55	0.271	50	75	0.90	0.275	83	65	0.60	0.279	116	75	0.95	0.275
18	65	0.60	0.271	51	75	0.95	0.275	84	65	0.65	0.280	117	75	1.00	0.281
19	65	0.65	0.271	52	75	1.00	0.275	85	65	0.70	0.279	118	80	0.40	0.282
20	65	0.70	0.271	53	80	0.40	0.276	86	65	0.75	0.279	119	80	0.45	0.282
21	65	0.75	0.271	54	80	0.45	0.276	87	65	0.80	0.278	120	80	0.50	0.282
22	65	0.80	0.271	55	80	0.50	0.276	88	65	0.85	0.278	121	80	0.55	0.276
23	65	0.85	0.271	56	80	0.55	0.276	89	65	0.90	0.278	122	80	0.60	0.282
24	65	0.90	0.271	57	80	0.60	0.276	90	65	0.95	0.278	123	80	0.65	0.282
25	65	0.95	0.271	58	80	0.65	0.276	91	65	1.00	0.278	124	80	0.70	0.282
26	65	1.00	0.271	59	80	0.70	0.276	92	70	0.40	0.280	125	80	0.75	0.282
27	70	0.40	0.273	60	80	0.75	0.276	93	70	0.45	0.280	126	80	0.80	0.282
28	70	0.45	0.273	61	80	0.80	0.276	94	70	0.50	0.280	127	80	0.85	0.282
29	70	0.50	0.273	62	80	0.85	0.276	95	70	0.55	0.280	128	80	0.90	0.282
30	70	0.55	0.273	63	80	0.90	0.276	96	70	0.60	0.280	129	80	0.95	0.282
31	70	0.60	0.273	64	80	0.95	0.276	97	70	0.65	0.280	130	80	1.00	0.282
32	70	0.65	0.273	65	80	1.00	0.276	98	70	0.70	0.280	—	—	—	—
33	70	0.70	0.273	66	60	0.40	0.278	99	70	0.75	0.280	—	—	—	—

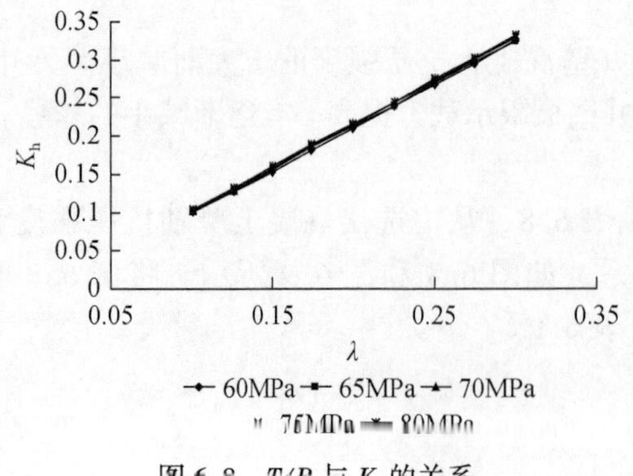

图 6.8　T/R 与 K_h 的关系

$L/T=0$

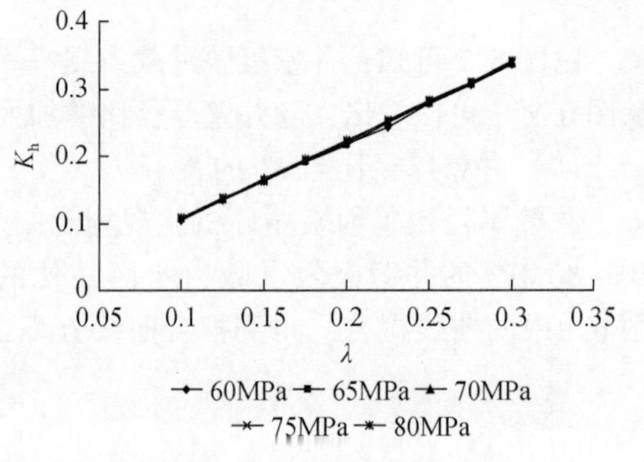

图 6.9　T/R 与 K_h 的关系

$L/T=1$

表 6.9　图 6.8 和图 6.9 拟合曲线

图 6.8 拟合曲线		相关系数 R^2	图 6.9 拟合曲线		相关系数 R^2
f_{cu}/MPa	拟合方程形式		f_{cu}/MPa	拟合方程形式	
60	$y = 1.125x - 0.0138$	0.9994	60	$y = 1.1433x - 0.0091$	0.9993
65	$y = 1.121x - 0.011$	0.9998	65	$y = 1.1648x - 0.012$	0.9994
70	$y = 1.1379x - 0.0118$	1	70	$y = 1.147x - 0.0065$	1
75	$y = 1.1317x - 0.0101$	0.9998	75	$y = 1.1561x - 0.0083$	1
80	$y = 1.141x - 0.0107$	0.9999	80	$y = 1.1615x - 0.0087$	0.9995

由图6.8和图6.9及表6.9可知，井壁厚径比与 K_h 成线性关系，相关系数极高，井壁厚径比越大，K_h 也越大，且随着混凝土强度等级的提高，极限承载力随厚径比增加而增大的趋势越明显（拟合曲线斜率越大）。

将 $L/T = 1$ 和 $L/T = 0$ 时的井壁极限承载力进行对比，可得出井壁极限承载力提高率，并将其与井壁厚径比的关系图形化（图6.10），便可以得到井壁极限承载力提高率随井壁厚径比的变化规律。

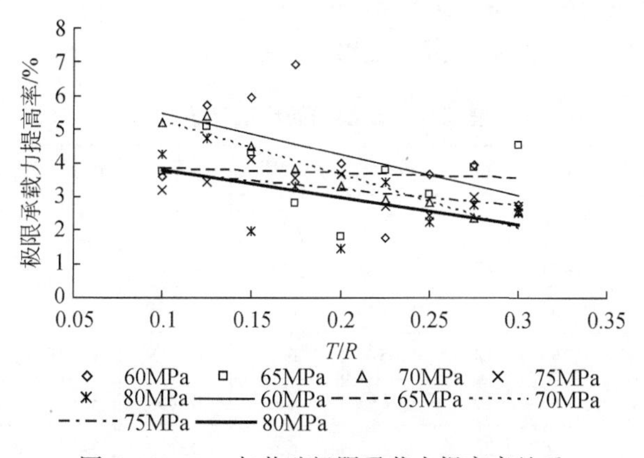

图 6.10　T/R 与井壁极限承载力提高率关系

由图6.10可知，随厚径比加大，井壁极限承载力提高率波动明显，但对其散点添加趋势线，可以看出极限承载力提高率的总体趋势是随着厚径比的加大而逐渐减小。另外，从图6.10中也可以看出，随着混凝土强度等级的提高，井壁极限承载力提高率有逐渐下降的趋势。

（3）井壁高径比与 K_h 的关系

井壁高径比单因素循环试验结果见表6.8，前65组为 $L/T = 0$ 时的 K_h，后65组为 $L/T = 1$ 时的 K_h 值。

将井壁高径比 H/R 与极限承载力 K_h 的关系图形化，如图6.11和图6.12所示。

由图6.11可知，当 $L/T = 0$，即为普通钢筋混凝土井壁时，随高径比变化，井壁极限承载力几何成一条直线，说明此时井壁极限承载力与段高无关；由表6.9和图6.12可知，在其他因素固定的情况下，随着新型单层冻结井壁的高径比 H/R 的增大，除高径比从 0.1 增大到 0.2 井壁极限承载力减小 0.125 ~0.249MPa 外，同种强度等级的混凝土井壁极限承载力均保持为某一稳定值或有轻微波动，波动幅度不超过 0.2MPa（跟计算时步有关，步长减小，波动会进一步减小）。因此，可以认为：在计算参数范围内新型单层井壁与普通钢筋混凝土井壁类似，其高径比对井壁极限承载力没有影响。

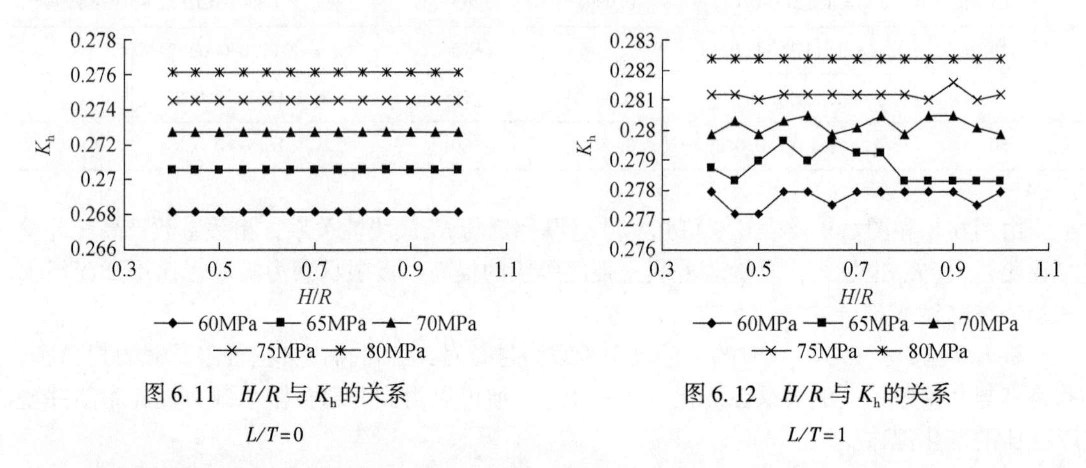

图 6.11　H/R 与 K_h 的关系

$L/T=0$

图 6.12　H/R 与 K_h 的关系

$L/T=1$

（4）接茬钢板环宽与井壁厚度比与 K_h 的关系

接茬钢板环宽与外径比单因素循环试验结果见表 6.10。

表 6.10　单因素循环试验结果

组号	L/T	f_{cu}/MPa	K_h	组号	L/T	f_{cu}/MPa	K_h	组号	L/T	f_{cu}/MPa	K_h
1	0	60	0.260	15	0.5	60	0.266	29	0.25	65	0.261
2	0	65	0.261	16	0.55	60	0.267	30	0.3	65	0.263
3	0	70	0.264	17	0.6	60	0.266	31	0.35	65	0.263
4	0	75	0.265	18	0.65	60	0.268	32	0.4	65	0.265
5	0	80	0.267	19	0.7	60	0.268	33	0.45	65	0.265
6	0.05	60	0.250	20	0.75	60	0.270	34	0.5	65	0.267
7	0.1	60	0.253	21	0.8	60	0.268	35	0.55	65	0.268
8	0.15	60	0.258	22	0.85	60	0.268	36	0.6	65	0.267
9	0.2	60	0.259	23	0.9	60	0.270	37	0.65	65	0.270
10	0.25	60	0.260	24	0.95	60	0.272	38	0.7	65	0.270
11	0.3	60	0.260	25	0.05	65	0.252	39	0.75	65	0.271
12	0.35	60	0.263	26	0.1	65	0.256	40	0.8	65	0.269
13	0.4	60	0.263	27	0.15	65	0.257	41	0.85	65	0.270
14	0.45	60	0.264	28	0.2	65	0.261	42	0.9	65	0.270

续表

组号	L/T	f_{cu}/MPa	K_h	组号	L/T	f_{cu}/MPa	K_h	组号	L/T	f_{cu}/MPa	K_h
43	0. 95	65	0. 273	64	0. 1	75	0. 260	85	0. 2	80	0. 265
44	0. 05	70	0. 254	65	0. 15	75	0. 263	86	0. 25	80	0. 265
45	0. 1	70	0. 255	66	0. 2	75	0. 264	87	0. 3	80	0. 267
46	0. 15	70	0. 262	67	0. 25	75	0. 264	88	0. 35	80	0. 268
47	0. 2	70	0. 262	68	0. 3	75	0. 265	89	0. 4	80	0. 267
48	0. 25	70	0. 263	69	0. 35	75	0. 267	90	0. 45	80	0. 268
49	0. 3	70	0. 264	70	0. 4	75	0. 268	91	0. 5	80	0. 270
50	0. 35	70	0. 264	71	0. 45	75	0. 268	92	0. 55	80	0. 270
51	0. 4	70	0. 266	72	0. 5	75	0. 268	93	0. 6	80	0. 271
52	0. 45	70	0. 267	73	0. 55	75	0. 270	94	0. 65	80	0. 272
53	0. 5	70	0. 268	74	0. 6	75	0. 270	95	0. 7	80	0. 273
54	0. 55	70	0. 269	75	0. 65	75	0. 271	96	0. 75	80	0. 274
55	0. 6	70	0. 270	76	0. 7	75	0. 271	97	0. 8	80	0. 272
56	0. 65	70	0. 270	77	0. 75	75	0. 272	98	0. 85	80	0. 272
57	0. 7	70	0. 271	78	0. 8	75	0. 271	99	0. 9	80	0. 272
58	0. 75	70	0. 272	79	0. 85	75	0. 272	100	0. 95	80	0. 276
59	0. 8	70	0. 270	80	0. 9	75	0. 273	101	1	60	0. 272
60	0. 85	70	0. 271	81	0. 95	75	0. 275	102	1	65	0. 272
61	0. 9	70	0. 272	82	0. 05	80	0. 257	103	1	70	0. 274
62	0. 95	70	0. 274	83	0. 1	80	0. 260	104	1	75	0. 274
63	0. 05	75	0. 256	84	0. 15	80	0. 265	105	1	80	0. 275

将接茬钢板环宽与井壁厚度比 L/T 与 K_h 的关系图形化，如图 6. 13 所示。

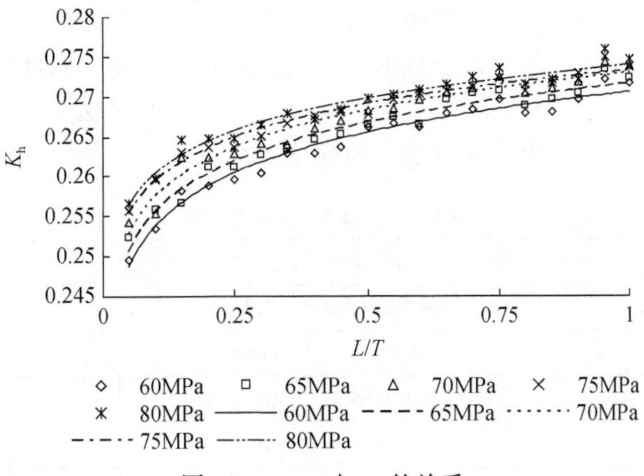

图 6. 13　L/T 与 K_h 的关系

由表6.10和图6.13可知，在其他因素固定的情况下，新型单层冻结井壁的K_h随L/T的增大而增大，二者成非线性关系，用对数函数对二者关系进行试拟合，其相关系数最高，图6.13曲线拟合的方程见表6.11。

表6.11　图6.13拟合曲线

f_{cu}/MPa	拟合方程形式	相关系数R^2
60	$y=0.0073\ln x+0.2706$	0.9744
65	$y=0.007\ln x+0.2716$	0.9632
70	$y=0.0067\ln x+0.2729$	0.9553
75	$y=0.006\ln x+0.2732$	0.9713
80	$y=0.0059\ln x+0.274$	0.9581

将不同L/T情况下的井壁极限承载力与$L/T=0$时的井壁极限承载力相比较，可得到井壁极限承载力的提高率随L/T的变化规律（图6.14）。

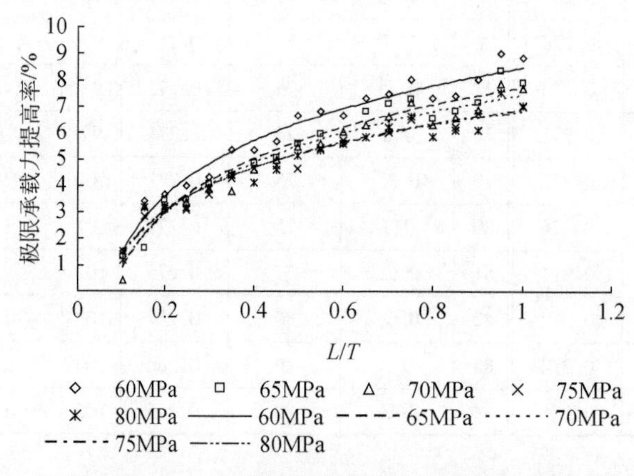

图6.14　L/T与井壁极限承载力提高率的关系

由图6.14可知，同K_h的变化规律相似，井壁极限承载力提高率也随L/T的增大而增大，二者也成非线性关系，用对数函数拟合，其相关系数最高，拟合的曲线见表6.12。从图6.14中还可以看出，井壁混凝土强度等级与井壁极限承载力提高率的关系也很明显，即混凝土强度等级越低，井壁极限承载力提高率越高。

表6.12　图6.14拟合曲线

f_{cu}/MPa	拟合方程形式	相关系数R^2
60	$y=3.0186\ln x+8.4714$	0.9645
65	$y=2.9551\ln x+7.71111$	0.9596
70	$y=2.8136\ln x+7.4221$	0.9465
75	$y=2.3895\ln x+6.8612$	0.9576
80	$y=2.3409\ln x+6.801$	0.9369

（5）接茬钢板厚与段高比和 K_h 的关系

接茬钢板厚与外径比单因素循环试验结果见表 6. 13。

表 6. 13　单因素循环试验结果

组号	f_{cu}/MPa	h/H	K_h	组号	f_{cu}/MPa	h/H	K_h	组号	f_{cu}/MPa	h/H	K_h
1	60	0. 00125	0. 269	35	65	0. 01875	0. 301	69	75	0. 01125	0. 288
2	60	0. 00250	0. 272	36	65	0. 02000	0. 304	70	75	0. 01250	0. 290
3	60	0. 00375	0. 276	37	65	0. 02125	0. 301	71	75	0. 01375	0. 295
4	60	0. 00500	0. 276	38	65	0. 02250	0. 309	72	75	0. 01500	0. 295
5	60	0. 00625	0. 278	39	65	0. 02375	0. 312	73	75	0. 01625	0. 297
6	60	0. 00750	0. 279	40	65	0. 02500	0. 313	74	75	0. 01750	0. 295
7	60	0. 00875	0. 285	41	70	0. 00125	0. 273	75	75	0. 01875	0. 301
8	60	0. 01000	0. 286	42	70	0. 00250	0. 276	76	75	0. 02000	0. 302
9	60	0. 01125	0. 288	43	70	0. 00375	0. 280	77	75	0. 02125	0. 305
10	60	0. 01250	0. 289	44	70	0. 00500	0. 280	78	75	0. 02250	0. 308
11	60	0. 01375	0. 293	45	70	0. 00625	0. 280	79	75	0. 02375	0. 308
12	60	0. 01500	0. 295	46	70	0. 00750	0. 282	80	75	0. 02500	0. 310
13	60	0. 01625	0. 297	47	70	0. 00875	0. 280	81	80	0. 00125	0. 276
14	60	0. 01750	0. 301	48	70	0. 01000	0. 287	82	80	0. 00250	0. 278
15	60	0. 01875	0. 301	49	70	0. 01125	0. 288	83	80	0. 00375	0. 277
16	60	0. 02000	0. 306	50	70	0. 01250	0. 289	84	80	0. 00500	0. 278
17	60	0. 02125	0. 305	51	70	0. 01375	0. 294	85	80	0. 00625	0. 282
18	60	0. 02250	0. 311	52	70	0. 01500	0. 295	86	80	0. 00750	0. 283
19	60	0. 02375	0. 313	53	70	0. 01625	0. 297	87	80	0. 00875	0. 285
20	60	0. 02500	0. 310	54	70	0. 01750	0. 298	88	80	0. 01000	0. 289
21	65	0. 00125	0. 271	55	70	0. 01875	0. 302	89	80	0. 01125	0. 289
22	65	0. 00250	0. 274	56	70	0. 02000	0. 304	90	80	0. 01250	0. 291
23	65	0. 00375	0. 278	57	70	0. 02125	0. 301	91	80	0. 01375	0. 289
24	65	0. 00500	0. 278	58	70	0. 02250	0. 308	92	80	0. 01500	0. 295
25	65	0. 00625	0. 279	59	70	0. 02375	0. 310	93	80	0. 01625	0. 297
26	65	0. 00750	0. 280	60	70	0. 02500	0. 311	94	80	0. 01750	0. 298
27	65	0. 00875	0. 286	61	75	0. 00125	0. 275	95	80	0. 01875	0. 298
28	65	0. 01000	0. 286	62	75	0. 00250	0. 278	96	80	0. 02000	0. 302
29	65	0. 01125	0. 289	63	75	0. 00375	0. 281	97	80	0. 02125	0. 303
30	65	0. 01250	0. 290	64	75	0. 00500	0. 281	98	80	0. 02250	0. 304
31	65	0. 01375	0. 294	65	75	0. 00625	0. 281	99	80	0. 02375	0. 307
32	65	0. 01500	0. 296	66	75	0. 00750	0. 284	100	80	0. 02500	0. 309
33	65	0. 01625	0. 298	67	75	0. 00875	0. 285	—	—	—	—
34	65	0. 01750	0. 301	68	75	0. 01000	0. 288	—	—	—	—

将接茬钢板厚与井壁段高比 h/H 与极限承载力 K_h 的关系图形化（图 6. 15）。

由表 6. 13 表和图 6. 15 可知，当 $L/T \neq 0$ 时，随着 h/H 的加大，K_h 逐渐提高，二者呈

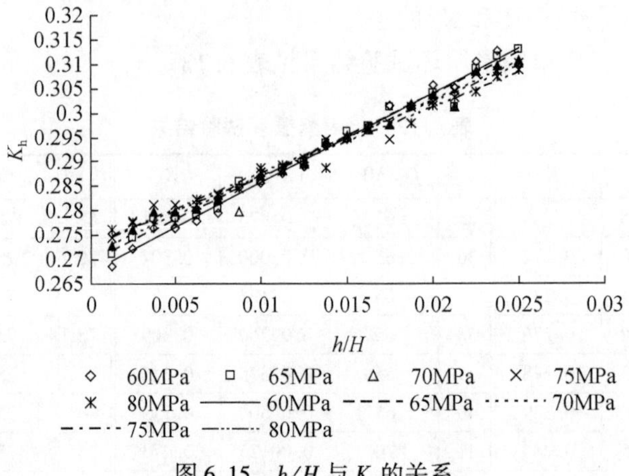

图 6.15　h/H 与 K_h 的关系

线性递增关系，当 h/H 增加到 0.025 时，井壁极限承载力即比无钢板的普通钢筋混凝土井壁提高 11.88%～15.55%。可知，增加钢板厚度，可以显著提高井壁极限承载力（极限情况为全钢板井壁，井壁极限承载力势必大幅提高）。

将图 6.15 中的曲线拟合，得到的拟合方程见表 6.14。

表 6.14　图 6.15 拟合曲线表

f_{cu}/MPa	拟合方程形式	相关系数 R^2
60	$y=1.8386x+0.2674$	0.9886
65	$y=1.7139x+0.2696$	0.9851
70	$y=1.581x+0.2711$	0.9774
75	$y=1.4636x+0.2731$	0.9827
80	$y=1.4219x+0.2728$	0.9845

将表 6.14 得到的数据与普通钢筋混凝土井壁极限承载力对比，可得到井壁极限承载力的提高率与 h/H 的关系，如图 6.16 所示，对图 6.16 进行拟合，拟合曲线方程见表 6.15。

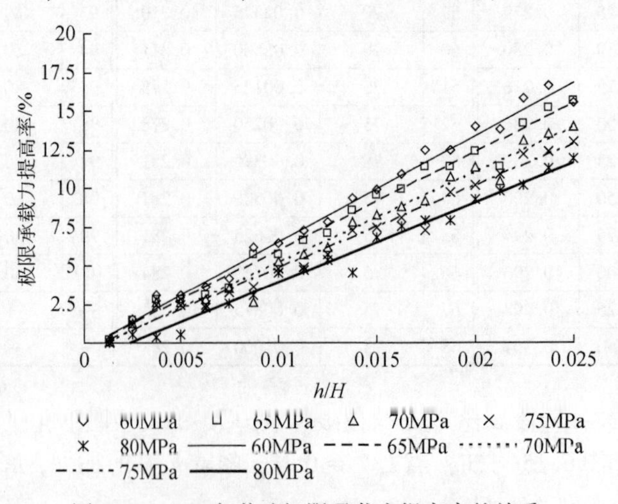

图 6.16　h/H 与井壁极限承载力提高率的关系

表 6.15　图 6.16 拟合曲线

f_{cu}/MPa	拟合方程形式	相关系数 R^2
60	$y=685.65x-0.2851$	0.9886
65	$y=633.37x-0.3816$	0.9851
70	$y=579.76x-0.6041$	0.9774
75	$y=533.15x-0.5274$	0.9827
80	$y=514.97x-1.1989$	0.9845

由图 6.16 可知，h/H 与井壁极限承载力提高率的关系同其与极限承载力的关系类似，均随 h/H 的增加而增大，二者呈线性关系，用直线拟合，其相关系数较高，在 0.9774～0.9886；且井壁混凝土强度等级与井壁极限承载力提高率的关系也很明显，混凝土强度等级越低，井壁极限承载力提高率越高。

6.3.6.2　正交试验方案拟订及试验结果分析

正交试验是为了分析各因素对井壁极限承载力的影响大小，找出主要影响因素。

类平面应变模型条件下井壁极限承载力分析考虑的主要因素为：混凝土抗压强度 f_{cu}、井壁厚径比 T/R、接茬钢板环宽与井壁厚度比 L/T、钢板厚度与段高比 h/H、井壁高径比 H/R 5 个因素，每个因素取 5 个水平，因素和水平见表 6.16。

表 6.16　井壁环向极限承载力影响因素和水平

水平	L/T	f_{cu}/MPa	T/R	H/R	h/H
1	0	60	0.1	0.6	0.00125
2	0.25	65	0.15	0.7	0.005
3	0.5	70	0.2	0.8	0.00875
4	0.75	75	0.25	0.9	0.0125
5	1	80	0.3	1	0.01625

注：本计算中所有模型中的环向和纵向配筋都按 0.8% 考虑，采用整体式配筋方式将钢筋弥散在混凝土内。

按正交表 $L_{25}(5^6)$ 安排计算方案，其正交试验计算结果及极差分析见表 6.17，方差分析见表 6.18。

表 6.17　正交试验计算结果及极差分析表

组号	L/T	f_{cu}/MPa	T/R	H/R	h/H	P_h/MPa
1	0	60	0.1	0.6	0.00125	6.089
2	0	65	0.15	0.7	0.005	10.151
3	0	70	0.2	0.8	0.00875	15.089
4	0	75	0.25	0.9	0.0125	20.589
5	0	80	0.3	1	0.01625	26.089
6	0.25	60	0.15	0.8	0.0125	9.589

续表

组号	L/T	f_{cu}/MPa	T/R	H/R	h/H	P_h/MPa
7	0.25	65	0.2	0.9	0.01625	14.120
8	0.25	70	0.25	1	0.00125	18.839
9	0.25	75	0.3	0.6	0.005	23.591
10	0.25	80	0.1	0.7	0.00875	8.589
11	0.5	60	0.2	1	0.005	12.839
12	0.5	65	0.25	0.6	0.00875	17.839
13	0.5	70	0.3	0.7	0.0125	23.589
14	0.5	75	0.1	0.8	0.01625	8.152
15	0.5	80	0.15	0.9	0.00125	12.839
16	0.75	60	0.25	0.7	0.01625	17.339
17	0.75	65	0.3	0.8	0.00125	21.089
18	0.75	70	0.1	0.9	0.005	7.480
19	0.75	75	0.15	1	0.00875	12.339
20	0.75	80	0.2	0.6	0.0125	18.089
21	1	60	0.3	0.9	0.00875	20.589
22	1	65	0.1	1	0.0125	7.214
23	1	70	0.15	0.6	0.01625	12.151
24	1	75	0.2	0.7	0.00125	16.339
25	1	80	0.25	0.8	0.005	22.089
T_1	78.01	66.445	37.525	77.76	75.195	总和
T_2	74.73	70.415	57.07	76.005	76.15	382.713
T_3	75.26	77.15	76.475	76.01	74.445	—
T_4	76.335	81.01	96.695	75.615	79.07	—
T_5	78.38	87.695	114.945	77.32	77.85	—
m_1	15.602	13.289	7.505	15.552	15.039	—
m_2	14.946	14.083	11.414	15.201	15.230	—
m_3	15.052	15.430	15.295	15.202	14.889	—
m_4	15.267	16.202	19.339	15.123	15.814	—
m_5	15.676	17.539	22.989	15.464	15.570	—
极差 R	0.730	4.250	15.484	0.429	0.925	—

注：表中“T_1”给出井壁混凝土强度为60MPa条件下5次试验的井壁极限承载力之和，其均值列于“m_1”行，类似地其他几种厚径比的试验结果列于相应的行，各个因素5次试验的平均值的极差列在表的“极差 R”行。

表6.18　正交试验方差分析表

因素	偏差平方和	自由度	F比	F临界值	显著性
L/T	2.103	4	0.013	2.870	—
f_{cu}	56.846	4	0.347	2.870	—
T/R	756.547	4	4.618	2.870	显著
H/R	0.703	4	0.004	2.870	—
h/H	2.894	4	0.018	2.870	—
误差	819.09	20	—	—	—

注：$\alpha=0.05$。

由试验的极差分析和方差分析可知，计算模型的统计意义十分显著，影响新型单层冻结井壁极限承载力的5个因素，按影响程度由大到小排列为：厚径比T/R、混凝土抗压强度f_{cu}、钢板厚度与段高比h/H、钢板环宽与井壁厚度比L/T、井壁高径比H/R。其中影响十分显著的因素为T/R和f_{cu}。

6.3.7　类广义平面应力条件下井壁极限承载力与其影响因素的关系

6.3.7.1　单因素循环试验方案拟订及试验结果分析

由于影响因素和水平全组合方案太多，本节对每个因素选出典型参数进行单因素循环试验来分析各因素与极限承载力的关系，其因素和水平见表6.19。

表6.19　井壁环向极限承载力影响因素取值

因素	T/R	f_{cu}	P_v/f_{cu}	H/R	h/H	L/T
取值	0.1～0.3，步长0.05	60～100MPa，步长5	0～0.3，步长0.025	0.4～1，步长0.05	0.00125～0.025，步长0.00125	0～1，步长0.1

注：实际冻结凿井段高一般在2～4m，高径比在0.2～1，本模型适当加大了H/R，以便更直观地得到其与极限承载力的关系。

表6.20为单因素试验时其他因素的取值。

表6.20　单因素试验固定参数表

因素	T/R	f_{cu}/MPa	P_v/f_{cu}	H/R	h/H	L/T
取值	0.25	60	0.15	0.6	0.00625	0或1

（1）井壁混凝土抗压强度f_{cu}与极限承载力P_h的关系

井壁混凝土抗压强度单因素循环试验结果见表6.21。

表 6.21　单因素循环试验结果

组号	L/T	f_{cu}/MPa	T/R	K_h	组号	L/T	f_{cu}/MPa	T/R	K_h	组号	L/T	f_{cu}/MPa	T/R	K_h
1	0	60	0.1	0.095	31	0	75	0.25	0.255	61	1	90	0.15	0.157
2	0	65	0.1	0.097	32	0	80	0.25	0.257	62	1	95	0.15	0.156
3	0	70	0.1	0.097	33	0	85	0.25	0.260	63	1	100	0.15	0.157
4	0	75	0.1	0.099	34	0	90	0.25	0.259	64	1	60	0.2	0.206
5	0	80	0.1	0.101	35	0	95	0.25	0.260	65	1	65	0.2	0.209
6	0	85	0.1	0.101	36	0	100	0.25	0.261	66	1	70	0.2	0.208
7	0	90	0.1	0.101	37	0	60	0.3	0.301	67	1	75	0.2	0.208
8	0	95	0.1	0.101	38	0	65	0.3	0.305	68	1	80	0.2	0.209
9	0	100	0.1	0.102	39	0	70	0.3	0.308	69	1	85	0.2	0.210
10	0	60	0.15	0.147	40	0	75	0.3	0.308	70	1	90	0.2	0.212
11	0	65	0.15	0.148	41	0	80	0.3	0.310	71	1	95	0.2	0.211
12	0	70	0.15	0.151	42	0	85	0.3	0.313	72	1	100	0.2	0.211
13	0	75	0.15	0.151	43	0	90	0.3	0.312	73	1	60	0.25	0.260
14	0	80	0.15	0.151	44	0	95	0.3	0.314	74	1	65	0.25	0.263
15	0	85	0.15	0.154	45	0	100	0.3	0.316	75	1	70	0.25	0.262
16	0	90	0.15	0.154	46	1	60	0.1	0.101	76	1	75	0.25	0.263
17	0	95	0.15	0.154	47	1	65	0.1	0.101	77	1	80	0.25	0.264
18	0	100	0.15	0.156	48	1	70	0.1	0.101	78	1	85	0.25	0.266
19	0	60	0.2	0.197	49	1	75	0.1	0.102	79	1	90	0.25	0.268
20	0	65	0.2	0.201	50	1	80	0.1	0.103	80	1	95	0.25	0.265
21	0	70	0.2	0.201	51	1	85	0.1	0.103	81	1	100	0.25	0.266
22	0	75	0.2	0.203	52	1	90	0.1	0.104	82	1	60	0.3	0.314
23	0	80	0.2	0.204	53	1	95	0.1	0.103	83	1	65	0.3	0.317
24	0	85	0.2	0.207	54	1	100	0.1	10.314	84	1	70	0.3	0.316
25	0	90	0.2	0.207	55	1	60	0.15	9.120	85	1	75	0.3	0.318
26	0	95	0.2	0.207	56	1	65	0.15	10.089	86	1	80	0.3	0.320
27	0	100	0.2	0.208	57	1	70	0.15	10.839	87	1	85	0.3	0.319
28	0	60	0.25	0.251	58	1	75	0.15	11.589	88	1	90	0.3	0.320
29	0	65	0.25	0.251	59	1	80	0.15	12.589	89	1	95	0.3	0.322
30	0	70	0.25	0.255	60	1	85	0.15	13.214	90	1	100	0.3	0.321

图 6.17 和图 6.18 是 $L/T=0$ 和 $L/T=1$ 时的混凝土单轴抗压强度和井壁极限承载力的关系图，对图中曲线进行拟合后得到表 6.22。

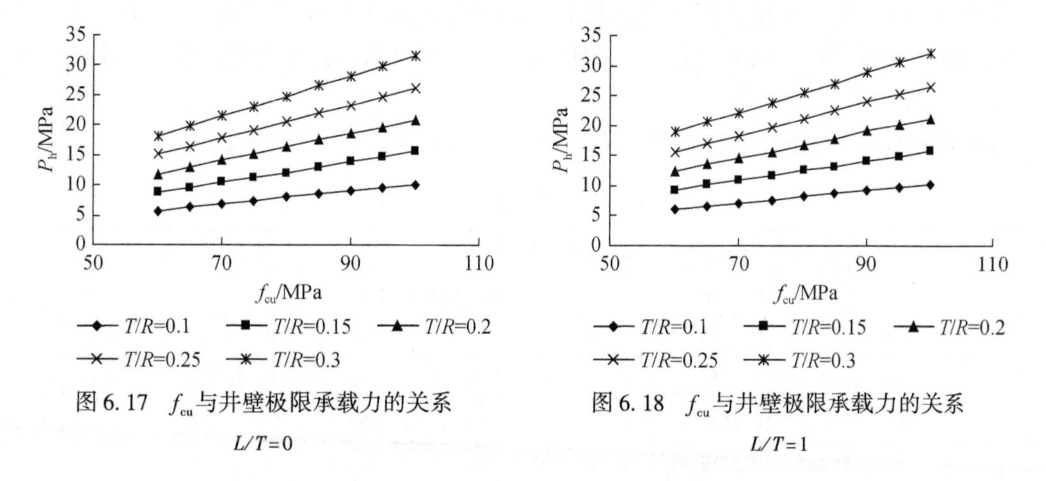

图 6.17　f_{cu}与井壁极限承载力的关系 $L/T=0$

图 6.18　f_{cu}与井壁极限承载力的关系 $L/T=1$

表 6.22　图 6.17 和图 6.18 拟合曲线

图 6.17 拟合曲线		相关系数 R^2	图 6.18 拟合曲线		相关系数 R^2
曲线组别	拟合方程形式		曲线组别	拟合方程形式	
$T/R=0.10$	$y=0.1114x-0.9382$	0.9987	$T/R=0.10$	$y=0.1066x-0.3342$	0.9994
$T/R=0.15$	$y=0.1675x-1.2279$	0.999	$T/R=0.15$	$y=0.1625x-0.5467$	0.999
$T/R=0.20$	$y=0.2232x-1.5019$	0.9996	$T/R=0.20$	$y=0.2195x-0.7818$	0.9995
$T/R=0.25$	$y=0.2769x-1.575$	0.9997	$T/R=0.25$	$y=0.2758x-0.922$	0.9994
$T/R=0.30$	$y=0.3352x-1.9701$	0.9998	$T/R=0.30$	$y=0.3324x-1.0843$	0.9998

由图 6.17、图 6.18 和表 6.22 井壁混凝土单轴抗压强度与极限承载力成线性关系，相关系数极高，混凝土抗压强度越大，井壁极限承载力也越大，且厚径比越大，极限承载力随井壁混凝土抗压强度增大的趋势越明显。

将 $L/T=1$ 和 $L/T=0$ 时的井壁极限承载力进行对比，可得出井壁极限承载力提高率，将其图形化并添加趋势线（图 6.19），便可以得到类广义平面应力条件下井壁极限承载力提高率随混凝土抗压强度的变化规律。

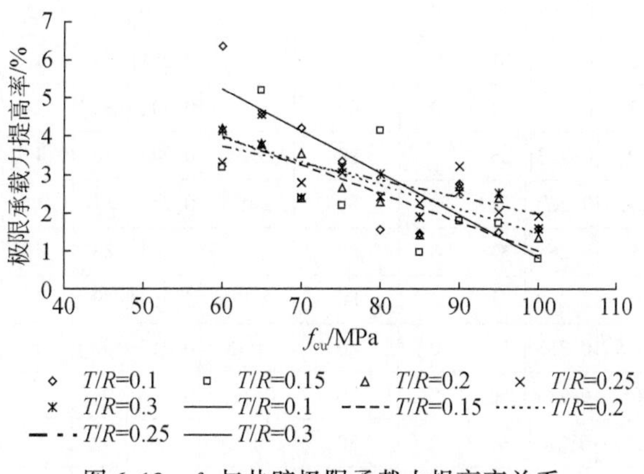

图 6.19　f_{cu}与井壁极限承载力提高率关系

由图 6. 19 可知，井壁极限承载力提高率随井壁混凝土抗压强度的增大而减小。另外从图 6. 19 还可以看出，随井壁厚径比的加大，井壁极限承载力提高率有逐渐减小的趋势。

(2) P_v/f_{cu} 与 K_h 的关系

井壁轴向压力与混凝土抗压强度比 P_v/f_{cu} 单因素循环试验结果见表 6. 23。

表 6. 23　单因素循环试验结果

组号	L/T	f_{cu}/MPa	P_v/f_{cu}	K_h	组号	L/T	f_{cu}/MPa	P_v/f_{cu}	K_h	组号	L/T	f_{cu}/MPa	P_v/f_{cu}	K_h
1	0	60	0	0. 245	32	0	70	0. 125	0. 251	63	0	80	0. 25	0. 270
2	0	60	0. 025	0. 235	33	0	70	0. 15	0. 255	64	0	80	0. 275	0. 270
3	0	60	0. 05	0. 237	34	0	70	0. 175	0. 258	65	0	80	0. 3	0. 271
4	0	60	0. 075	0. 243	35	0	70	0. 2	0. 258	66	1	60	0	0. 254
5	0	60	0. 1	0. 243	36	0	70	0. 225	0. 262	67	1	60	0. 025	0. 243
6	0	60	0. 125	0. 247	37	0	70	0. 25	0. 266	68	1	60	0. 05	0. 246
7	0	60	0. 15	0. 251	38	0	70	0. 275	0. 266	69	1	60	0. 075	0. 251
8	0	60	0. 175	0. 251	39	0	70	0. 3	0. 269	70	1	60	0. 1	0. 253
9	0	60	0. 2	0. 256	40	0	75	0	0. 248	71	1	60	0. 125	0. 256
10	0	60	0. 225	0. 260	41	0	75	0. 025	0. 241	72	1	60	0. 15	0. 260
11	0	60	0. 25	0. 260	42	0	75	0. 05	0. 243	73	1	60	0. 175	0. 262
12	0	60	0. 275	0. 261	43	0	75	0. 075	0. 248	74	1	60	0. 2	0. 264
13	0	60	0. 3	0. 264	44	0	75	0. 1	0. 250	75	1	60	0. 225	0. 268
14	0	65	0	0. 248	45	0	75	0. 125	0. 255	76	1	60	0. 25	0. 269
15	0	65	0. 025	0. 236	46	0	75	0. 15	0. 255	77	1	60	0. 275	0. 271
16	0	65	0. 05	0. 240	47	0	75	0. 175	0. 261	78	1	60	0. 3	0. 276
17	0	65	0. 075	0. 244	48	0	75	0. 2	0. 261	79	1	65	0	0. 255
18	0	65	0. 1	0. 248	49	0	75	0. 225	0. 263	80	1	65	0. 025	0. 248
19	0	65	0. 125	0. 248	50	0	75	0. 25	0. 268	81	1	65	0. 05	0. 248
20	0	65	0. 15	0. 251	51	0	75	0. 275	0. 268	82	1	65	0. 075	0. 251
21	0	65	0. 175	0. 255	52	0	75	0. 3	0. 270	83	1	65	0. 1	0. 255
22	0	65	0. 2	0. 257	53	0	80	0	0. 251	84	1	65	0. 125	0. 259
23	0	65	0. 225	0. 259	54	0	80	0. 025	0. 242	85	1	65	0. 15	0. 263
24	0	65	0. 25	0. 263	55	0	80	0. 05	0. 245	86	1	65	0. 175	0. 263
25	0	65	0. 275	0. 263	56	0	80	0. 075	0. 248	87	1	65	0. 2	0. 266
26	0	65	0. 3	0. 267	57	0	80	0. 1	0. 251	88	1	65	0. 225	0. 271
27	0	70	0	0. 248	58	0	80	0. 125	0. 254	89	1	65	0. 25	0. 271
28	0	70	0. 025	0. 238	59	0	80	0. 15	0. 257	90	1	65	0. 275	0. 274
29	0	70	0. 05	0. 244	60	0	80	0. 175	0. 260	91	1	65	0. 3	0. 278
30	0	70	0. 075	0. 244	61	0	80	0. 2	0. 264	92	1	70	0	0. 258
31	0	70	0. 1	0. 248	62	0	80	0. 225	0. 264	93	1	70	0. 025	0. 246

续表

组号	L/T	f_{cu}/MPa	P_v/f_{cu}	K_h	组号	L/T	f_{cu}/MPa	P_v/f_{cu}	K_h	组号	L/T	f_{cu}/MPa	P_v/f_{cu}	K_h
94	1	70	0. 05	0. 251	107	1	75	0. 05	0. 251	120	1	80	0. 05	0. 251
95	1	70	0. 075	0. 253	108	1	75	0. 075	0. 255	121	1	80	0. 075	0. 257
96	1	70	0. 1	0. 258	109	1	75	0. 1	0. 258	122	1	80	0. 1	0. 257
97	1	70	0. 125	0. 258	110	1	75	0. 125	0. 261	123	1	80	0. 125	0. 264
98	1	70	0. 15	0. 262	111	1	75	0. 15	0. 263	124	1	80	0. 15	0. 264
99	1	70	0. 175	0. 266	112	1	75	0. 175	0. 268	125	1	80	0. 175	0. 267
100	1	70	0. 2	0. 267	113	1	75	0. 2	0. 268	126	1	80	0. 2	0. 270
101	1	70	0. 225	0. 273	114	1	75	0. 225	0. 271	127	1	80	0. 225	0. 271
102	1	70	0. 25	0. 273	115	1	75	0. 25	0. 275	128	1	80	0. 25	0. 276
103	1	70	0. 275	0. 274	116	1	75	0. 275	0. 275	129	1	80	0. 275	0. 276
104	1	70	0. 3	0. 276	117	1	75	0. 3	0. 278	130	1	80	0. 3	0. 279
105	1	75	0	0. 255	118	1	80	0	0. 257	—	—	—	—	—
106	1	75	0. 025	0. 248	119	1	80	0. 025	0. 248	—	—	—	—	—

井壁轴向压力与混凝土抗压强度比 P_v/f_{cu} 与对应的 K_h 值绘于图中并添加趋势线，如图 6. 20 和图 6. 21 所示。

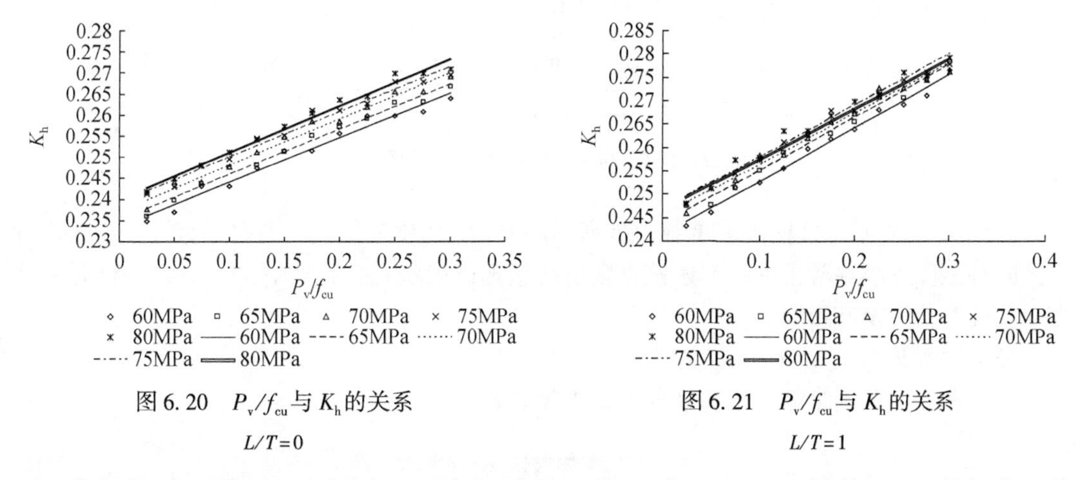

图 6. 20　P_v/f_{cu} 与 K_h 的关系

$L/T=0$

图 6. 21　P_v/f_{cu} 与 K_h 的关系

$L/T=1$

由表 6. 23、图 6. 20 和图 6. 21 可知，无论 $L/T=0$ 或 $L/T\neq 0$，随着 P_v/f_{cu} 的加大，井壁极限承载力均逐渐提高，二者呈现单调递增关系。

将图 6. 20 和图 6. 21 中的曲线拟合，得到的拟合方程见表 6. 24 。

表 6. 24　图 6. 20 和图 6. 21 拟合曲线

图 6. 20 拟合曲线		相关系数 R^2	图 6. 21 拟合曲线		相关系数 R^2
f_{cu}/MPa	拟合方程形式		f_{cu}/MPa	拟合方程形式	
60	$y=0.1065x+0.2334$	0. 9749	60	$y=0.1148x+0.2413$	0. 9899

续表

图 6.20 拟合曲线		相关系数 R^2	图 6.21 拟合曲线		相关系数 R^2
f_{cu}/MPa	拟合方程形式		f_{cu}/MPa	拟合方程形式	
65	$y = 0.1079x + 0.235$	0.9882	65	$y = 0.1135x + 0.2437$	0.9857
70	$y = 0.1099x + 0.237$	0.9814	70	$y = 0.1094x + 0.2454$	0.9788
75	$y = 0.1076x + 0.2393$	0.9758	75	$y = 0.109x + 0.2465$	0.988
80	$y = 0.1115x + 0.2399$	0.9857	80	$y = 0.1108x + 0.247$	0.9792

将 $L/T=1$ 和 $L/T=0$ 时的井壁极限承载力进行对比，可以得到类广义平面应力条件下井壁极限承载力提高率随 P_v/f_{cu} 的变化规律，并将其图形化并添加趋势线，如图 6.22 所示。

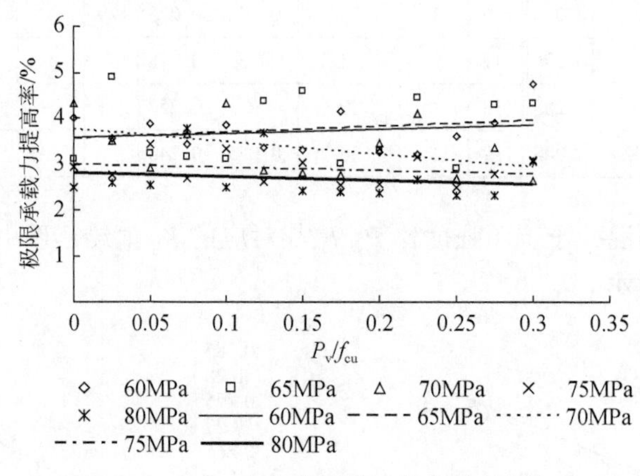

图 6.22 P_v/f_{cu} 与井壁极限承载力提高率关系

由图 6.22 可知，井壁极限承载力提高率随 P_v/f_{cu} 变化近似呈一条水平直线，如果用折线将同种强度等级混凝土提高率连接，则折线呈现锯齿状态，说明 P_v/f_{cu} 对井壁极限承载力的提高率几乎没有影响。

(3) 井壁厚径比 T/R 与 K_h 的关系

井壁厚径比单因素循环试验规划及结果见表 6.25。

表 6.25 单因素循环试验结果

组号	L/T	f_{cu}/MPa	T/R	K_h/MPa	组号	L/T	f_{cu}/MPa	T/R	K_h/MPa	组号	L/T	f_{cu}/MPa	T/R	K_h/MPa
1	0	60	0.1	0.245	8	0	60	0.275	0.426	15	0	65	0.225	0.375
2	0	60	0.125	0.272	9	0	60	0.3	0.451	16	0	65	0.25	0.401
3	0	60	0.15	0.297	10	0	65	0.1	0.247	17	0	65	0.275	0.428
4	0	60	0.175	0.322	11	0	65	0.125	0.274	18	0	65	0.3	0.455
5	0	60	0.2	0.347	12	0	65	0.15	0.298	19	0	70	0.1	0.247
6	0	60	0.225	0.372	13	0	65	0.175	0.324	20	0	70	0.125	0.274
7	0	60	0.25	0.401	14	0	65	0.2	0.351	21	0	70	0.15	0.301

续表

组号	L/T	f_{cu}/MPa	T/R	K_h/MPa	组号	L/T	f_{cu}/MPa	T/R	K_h/MPa	组号	L/T	f_{cu}/MPa	T/R	K_h/MPa
22	0	70	0.175	0.324	45	0	80	0.3	0.460	68	1	70	0.2	0.358
23	0	70	0.2	0.351	46	1	60	0.1	0.251	69	1	70	0.225	0.387
24	0	70	0.225	0.380	47	1	60	0.125	0.276	70	1	70	0.25	0.412
25	0	70	0.25	0.405	48	1	60	0.15	0.302	71	1	70	0.275	0.439
26	0	70	0.275	0.430	49	1	60	0.175	0.329	72	1	70	0.3	0.466
27	0	70	0.3	0.458	50	1	60	0.2	0.356	73	1	75	0.1	0.252
28	0	75	0.1	0.249	51	1	60	0.225	0.385	74	1	75	0.125	0.278
29	0	75	0.125	0.273	52	1	60	0.25	0.410	75	1	75	0.15	0.305
30	0	75	0.15	0.301	53	1	60	0.275	0.436	76	1	75	0.175	0.331
31	0	75	0.175	0.326	54	1	60	0.3	0.464	77	1	75	0.2	0.358
32	0	75	0.2	0.353	55	1	65	0.1	0.251	78	1	75	0.225	0.385
33	0	75	0.225	0.379	56	1	65	0.125	0.276	79	1	75	0.25	0.413
34	0	75	0.25	0.405	57	1	65	0.15	0.305	80	1	75	0.275	0.441
35	0	75	0.275	0.432	58	1	65	0.175	0.330	81	1	75	0.3	0.468
36	0	75	0.3	0.458	59	1	65	0.2	0.359	82	1	80	0.1	0.253
37	0	80	0.1	0.251	60	1	65	0.225	0.383	83	1	80	0.125	0.279
38	0	80	0.125	0.276	61	1	65	0.25	0.413	84	1	80	0.15	0.307
39	0	80	0.15	0.301	62	1	65	0.275	0.437	85	1	80	0.175	0.332
40	0	80	0.175	0.328	63	1	65	0.3	0.467	86	1	80	0.2	0.359
41	0	80	0.2	0.354	64	1	70	0.1	0.251	87	1	80	0.225	0.389
42	0	80	0.225	0.382	65	1	70	0.125	0.280	88	1	80	0.25	0.414
43	0	80	0.25	0.407	66	1	70	0.15	0.305	89	1	80	0.275	0.442
44	0	80	0.275	0.433	67	1	70	0.175	0.331	90	1	80	0.3	0.470

由图6.23、图6.24和表6.26可知，井壁厚径比与极限承载力成线性关系，相关系数极高，井壁厚径比越大，井壁极限承载力也越大，且随着混凝土强度等级的提高，极限承载力随厚径比增加而增大的趋势越明显（拟合曲线斜率越大）。

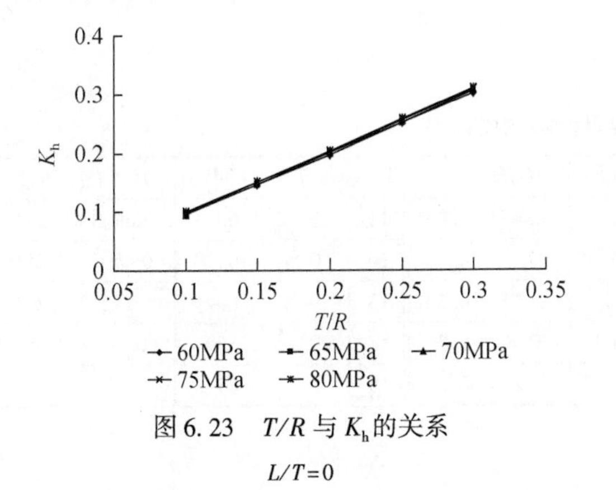

图6.23　T/R与K_h的关系

$L/T=0$

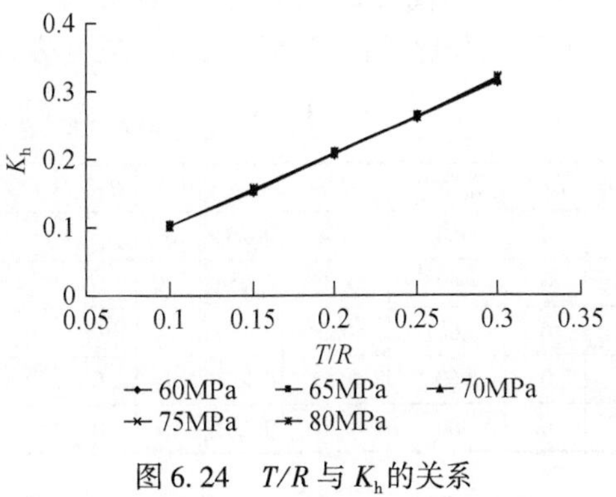

图6.24　T/R与K_h的关系

$L/T=1$

将 $L/T=1$ 和 $L/T=0$ 时的井壁极限承载力进行对比，可得出井壁极限承载力提高率，并将其与井壁厚径比的关系图形化（图 6.25），便可以得到井壁极限承载力提高率随井壁厚径比的变化规律。

表 6.26　图 6.23 和图 6.24 拟合曲线

图 6.23 拟合曲线		相关系数 R^2	图 6.24 拟合曲线		相关系数 R^2
f_{cu}/MPa	拟合方程形式		f_{cu}/MPa	拟合方程形式	
60	$y=1.0326x-0.0079$	0.9999	60	$y=1.0656x-0.0065$	0.9998
65	$y=1.0408x-0.0077$	0.9999	65	$y=1.0769x-0.0063$	1
70	$y=1.0521x-0.0078$	0.9999	70	$y=1.0723x-0.00$	1
75	$y=1.045x-0.0058$	1	75	$y=1.08x-0.0069$	0.9999
80	$y=1.05x-0.0051$	0.9999	80	$y=1.0813x-0.0058$	0.9998

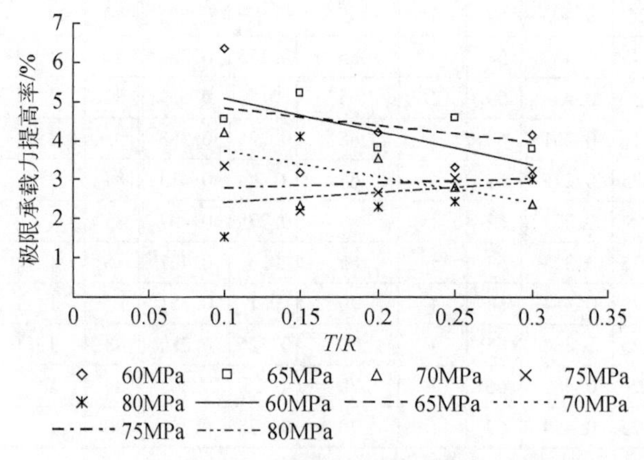

图 6.25　T/R 与井壁极限承载力提高率关系

由图 6.25 可知，随厚径比加大，井壁极限承载力提高率逐渐减小。另外，从图 6.25 中也可以看出，随着混凝土强度等级的提高，井壁极限承载力提高率有逐渐下降的趋势。

（4）井壁高径比 H/R 与 K_h 的关系

井壁高径比单因素循环试验结果见表 6.27。

表 6.27　单因素循环试验结果

组号	L/T	f_{cu}/MPa	H/R	K_h	组号	L/T	f_{cu}/MPa	H/R	K_h	组号	L/T	f_{cu}/MPa	H/R	K_h
1	0	60	0.4	0.251	6	0	60	0.65	0.251	11	0	60	0.9	0.251
2	0	60	0.45	0.251	7	0	60	0.7	0.251	12	0	60	0.95	0.251
3	0	60	0.5	0.251	8	0	60	0.75	0.251	13	0	60	1	0.251
4	0	60	0.55	0.251	9	0	60	0.8	0.251	14	0	65	0.4	0.251
5	0	60	0.6	0.251	10	0	60	0.85	0.251	15	0	65	0.45	0.251

续表

组号	L/T	f_{cu}/MPa	H/R	K_h	组号	L/T	f_{cu}/MPa	H/R	K_h	组号	L/T	f_{cu}/MPa	H/R	K_h
16	0	65	0.5	0.251	55	0	80	0.5	0.257	94	1	70	0.5	0.262
17	0	65	0.55	0.251	56	0	80	0.55	0.257	95	1	70	0.55	0.262
18	0	65	0.6	0.251	57	0	80	0.6	0.257	96	1	70	0.6	0.262
19	0	65	0.65	0.251	58	0	80	0.65	0.257	97	1	70	0.65	0.262
20	0	65	0.7	0.251	59	0	80	0.7	0.257	98	1	70	0.7	0.262
21	0	65	0.75	0.251	60	0	80	0.75	0.257	99	1	70	0.75	0.262
22	0	65	0.8	0.251	61	0	80	0.8	0.257	100	1	70	0.8	0.262
23	0	65	0.85	0.251	62	0	80	0.85	0.257	101	1	70	0.85	0.262
24	0	65	0.9	0.251	63	0	80	0.9	0.257	102	1	70	0.9	0.262
25	0	65	0.95	0.251	64	0	80	0.95	0.257	103	1	70	0.95	0.262
26	0	65	1	0.251	65	0	80	1	0.257	104	1	70	1	0.262
27	0	70	0.4	0.255	66	1	60	0.4	0.260	105	1	75	0.4	0.263
28	0	70	0.45	0.255	67	1	60	0.45	0.260	106	1	75	0.45	0.263
29	0	70	0.5	0.255	68	1	60	0.5	0.260	107	1	75	0.5	0.263
30	0	70	0.55	0.255	69	1	60	0.55	0.260	108	1	75	0.55	0.263
31	0	70	0.6	0.255	70	1	60	0.6	0.260	109	1	75	0.6	0.263
32	0	70	0.65	0.255	71	1	60	0.65	0.260	110	1	75	0.65	0.263
33	0	70	0.7	0.255	72	1	60	0.7	0.260	111	1	75	0.7	0.262
34	0	70	0.75	0.255	73	1	60	0.75	0.260	112	1	75	0.75	0.263
35	0	70	0.8	0.255	74	1	60	0.8	0.260	113	1	75	0.8	0.263
36	0	70	0.85	0.255	75	1	60	0.85	0.260	114	1	75	0.85	0.262
37	0	70	0.9	0.255	76	1	60	0.9	0.260	115	1	75	0.9	0.262
38	0	70	0.95	0.255	77	1	60	0.95	0.260	116	1	75	0.95	0.262
39	0	70	1	0.255	78	1	60	1	0.260	117	1	75	1	0.262
40	0	75	0.4	0.255	79	1	65	0.4	0.263	118	1	80	0.4	0.264
41	0	75	0.45	0.255	80	1	65	0.45	0.263	119	1	80	0.45	0.264
42	0	75	0.5	0.255	81	1	65	0.5	0.263	120	1	80	0.5	0.264
43	0	75	0.55	0.255	82	1	65	0.55	0.263	121	1	80	0.55	0.264
44	0	75	0.6	0.255	83	1	65	0.6	0.263	122	1	80	0.6	0.264
45	0	75	0.65	0.255	84	1	65	0.65	0.263	123	1	80	0.65	0.264
46	0	75	0.7	0.255	85	1	65	0.7	0.263	124	1	80	0.7	0.264
47	0	75	0.75	0.255	86	1	65	0.75	0.263	125	1	80	0.75	0.264
48	0	75	0.8	0.255	87	1	65	0.8	0.263	126	1	80	0.8	0.264
49	0	75	0.85	0.255	88	1	65	0.85	0.263	127	1	80	0.85	0.264
50	0	75	0.9	0.255	89	1	65	0.9	0.263	128	1	80	0.9	0.264
51	0	75	0.95	0.255	90	1	65	0.95	0.263	129	1	80	0.95	0.264
52	0	75	1	0.255	91	1	65	1	0.263	130	1	80	1	0.264
53	0	80	0.4	0.257	92	1	70	0.4	0.262	—	—	—	—	—
54	0	80	0.45	0.257	93	1	70	0.45	0.262	—	—	—	—	—

将井壁高径比 H/R 与极限承载力 P_h 的关系图形化，如图 6.26 和图 6.27 所示。

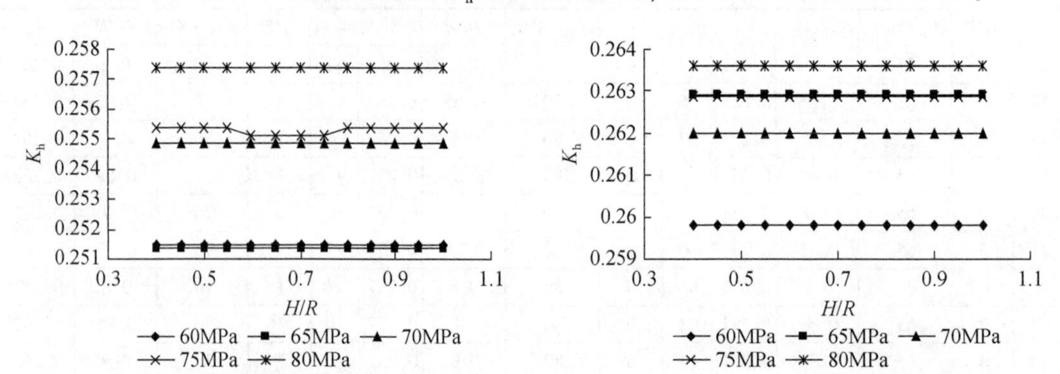

图 6.26　H/R 与 K_h 的关系

$L/T=0$

图 6.27　H/R 与 K_h 的关系

$L/T=1$

由表 6.27、图 6.26 和图 6.27 可知，新型单层冻结井壁的极限承载力同高径比没有关系。

(5) 接茬钢板环宽与井壁厚度比 L/T 与 K_h 的关系

接茬钢板环宽与外径比单因素循环试验结果见表 6.28。

表 6.28　单因素循环试验结果

组号	L/T	f_{cu}/MPa	K_h	组号	L/T	f_{cu}/MPa	K_h	组号	L/T	f_{cu}/MPa	K_h
1	0	60	0.245	20	0.75	60	0.253	39	0.75	65	0.255
2	0	65	0.248	21	0.8	60	0.253	40	0.8	65	0.255
3	0	70	0.250	22	0.85	60	0.254	41	0.85	65	0.256
4	0	75	0.252	23	0.9	60	0.255	42	0.9	65	0.257
5	0	80	0.253	24	0.95	60	0.255	43	0.95	65	0.257
6	0.05	60	0.243	25	0.05	65	0.245	44	0.05	70	0.247
7	0.1	60	0.245	26	0.1	65	0.248	45	0.1	70	0.250
8	0.15	60	0.247	27	0.15	65	0.249	46	0.15	70	0.251
9	0.2	60	0.248	28	0.2	65	0.250	47	0.2	70	0.252
10	0.25	60	0.248	29	0.25	65	0.250	48	0.25	70	0.252
11	0.3	60	0.248	30	0.3	65	0.251	49	0.3	70	0.252
12	0.35	60	0.250	31	0.35	65	0.251	50	0.35	70	0.253
13	0.4	60	0.250	32	0.4	65	0.252	51	0.4	70	0.254
14	0.45	60	0.250	33	0.45	65	0.252	52	0.45	70	0.254
15	0.5	60	0.250	34	0.5	65	0.253	53	0.5	70	0.254
16	0.55	60	0.251	35	0.55	65	0.253	54	0.55	70	0.255
17	0.6	60	0.251	36	0.6	65	0.253	55	0.6	70	0.255
18	0.65	60	0.252	37	0.65	65	0.254	56	0.65	70	0.255
19	0.7	60	0.253	38	0.7	65	0.255	57	0.7	70	0.256

续表

组号	L/T	f_{cu}/MPa	K_h	组号	L/T	f_{cu}/MPa	K_h	组号	L/T	f_{cu}/MPa	K_h
58	0.75	70	0.257	74	0.6	75	0.257	90	0.45	80	0.257
59	0.8	70	0.257	75	0.65	75	0.257	91	0.5	80	0.257
60	0.85	70	0.257	76	0.7	75	0.257	92	0.55	80	0.257
61	0.9	70	0.257	77	0.75	75	0.258	93	0.6	80	0.258
62	0.95	70	0.258	78	0.8	75	0.258	94	0.65	80	0.258
63	0.05	75	0.248	79	0.85	75	0.258	95	0.7	80	0.258
64	0.1	75	0.251	80	0.9	75	0.258	96	0.75	80	0.259
65	0.15	75	0.253	81	0.95	75	0.259	97	0.8	80	0.259
66	0.2	75	0.254	82	0.05	80	0.250	98	0.85	80	0.259
67	0.25	75	0.254	83	0.1	80	0.252	99	0.9	80	0.260
68	0.3	75	0.254	84	0.15	80	0.255	100	0.95	80	0.260
69	0.35	75	0.255	85	0.2	80	0.255	101	1	60	0.255
70	0.4	75	0.255	86	0.25	80	0.255	102	1	65	0.257
71	0.45	75	0.256	87	0.3	80	0.256	103	1	70	0.258
72	0.5	75	0.256	88	0.35	80	0.256	104	1	75	0.260
73	0.55	75	0.256	89	0.4	80	0.256	105	1	80	0.260

将接茬钢板环宽与井壁厚度比 L/T 与 K_h 的关系图形化，如图 6.28 所示。

由表 6.28 和图 6.28 可知，井壁的接茬板环宽与井壁厚度比 L/T 和 K_h 的关系同类平面应变力学模型，二者符合对数函数关系，用对数函数拟合得到其曲线方程见表 6.29。

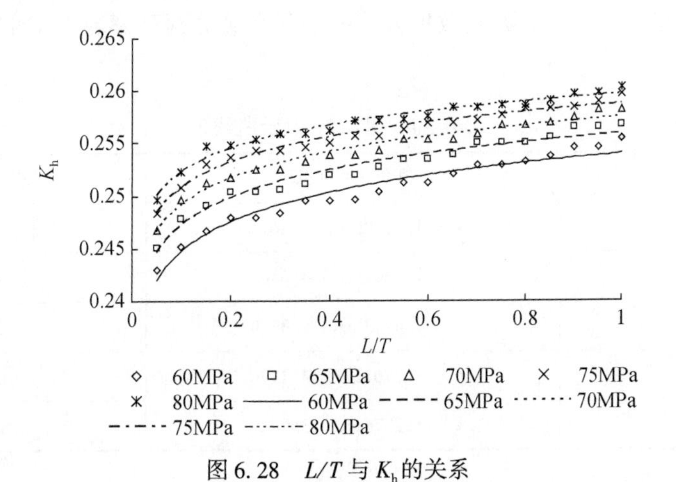

图 6.28　L/T 与 K_h 的关系

表 6. 29　图拟合曲线表

f_{cu}/MPa	拟合方程形式	相关系数 R^2
60	$y=0.004\ln x+0.254$	0. 9563
65	$y=0.0038\ln x+0.2559$	0. 9616
70	$y=0.0036\ln x+0.2575$	0. 9734
75	$y=0.0034\ln x+0.2587$	0. 9757
80	$y=0.0032\ln x+0.2597$	0. 9764

井壁承载力提高率随 L/T 的变化规律见图 6. 29。

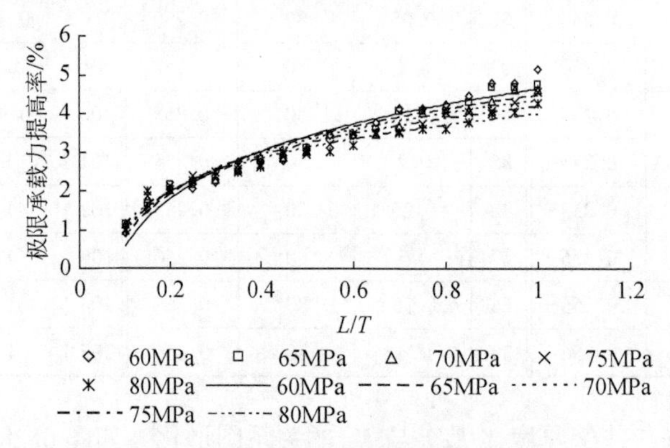

图 6. 29　L/T 与井壁极限承载力提高率的关系

由图 6. 29 可知，井壁极限承载力提高率随接茬板环宽与井壁厚度比 L/T 的变化规律基本同类平面应变模型。用对数函数拟合井壁极限承载力提高率与 L/T 的关系，其拟合方程见表 6. 30。

表 6. 30　图 6. 29 拟合曲线表

f_{cu}/MPa	拟合方程形式	相关系数 R^2
60	$y = 1.5889\ln x + 4.4675$	0. 9456
65	$y = 1.7605\ln x + 4.6405$	0. 948
70	$y = 1.4733\ln x + 4.3334$	0. 9591
75	$y = 1.3761\ln x + 4.1796$	0. 9612
80	$y = 1.2376\ln x + 3.9723$	0. 9632

(6) 接茬钢板厚与段高比 h/H 与 K_h 的关系

接茬钢板厚与外径比单因素循环试验结果见表 6. 31。

表 6.31　单因素循环试验结果

组号	L/T	f_{cu}/MPa	h/H	K_h	组号	L/T	f_{cu}/MPa	h/H	K_h	组号	L/T	f_{cu}/MPa	h/H	K_h
1	0	60	0.00125	0.251	36	0	65	0.02	0.251	71	0	75	0.01375	0.255
2	0	60	0.0025	0.251	37	0	65	0.02125	0.251	72	0	75	0.015	0.255
3	0	60	0.00375	0.251	38	0	65	0.0225	0.251	73	0	75	0.01625	0.255
4	0	60	0.005	0.251	39	0	65	0.02375	0.251	74	0	75	0.0175	0.255
5	0	60	0.00625	0.251	40	0	65	0.025	0.251	75	0	75	0.01875	0.255
6	0	60	0.0075	0.251	41	0	70	0.00125	0.255	76	0	75	0.02	0.255
7	0	60	0.00875	0.251	42	0	70	0.0025	0.255	77	0	75	0.02125	0.255
8	0	60	0.01	0.251	43	0	70	0.00375	0.255	78	0	75	0.0225	0.255
9	0	60	0.01125	0.251	44	0	70	0.005	0.255	79	0	75	0.02375	0.255
10	0	60	0.0125	0.251	45	0	70	0.00625	0.255	80	0	75	0.025	0.255
11	0	60	0.01375	0.251	46	0	70	0.0075	0.255	81	0	80	0.00125	0.257
12	0	60	0.015	0.251	47	0	70	0.00875	0.255	82	0	80	0.0025	0.257
13	0	60	0.01625	0.251	48	0	70	0.01	0.255	83	0	80	0.00375	0.257
14	0	60	0.0175	0.251	49	0	70	0.01125	0.255	84	0	80	0.005	0.257
15	0	60	0.01875	0.251	50	0	70	0.0125	0.255	85	0	80	0.00625	0.257
16	0	60	0.02	0.251	51	0	70	0.01375	0.255	86	0	80	0.0075	0.257
17	0	60	0.02125	0.251	52	0	70	0.015	0.255	87	0	80	0.00875	0.257
18	0	60	0.0225	0.251	53	0	70	0.01625	0.255	88	0	80	0.01	0.257
19	0	60	0.02375	0.251	54	0	70	0.0175	0.255	89	0	80	0.01125	0.257
20	0	60	0.025	0.251	55	0	70	0.01875	0.255	90	0	80	0.0125	0.257
21	0	65	0.00125	0.251	56	0	70	0.02	0.255	91	0	80	0.01375	0.257
22	0	65	0.0025	0.251	57	0	70	0.02125	0.255	92	0	80	0.015	0.257
23	0	65	0.00375	0.251	58	0	70	0.0225	0.255	93	0	80	0.01625	0.257
24	0	65	0.005	0.251	59	0	70	0.02375	0.255	94	0	80	0.0175	0.257
25	0	65	0.00625	0.251	60	0	70	0.025	0.255	95	0	80	0.01875	0.257
26	0	65	0.0075	0.251	61	0	75	0.00125	0.255	96	0	80	0.02	0.257
27	0	65	0.00875	0.251	62	0	75	0.0025	0.255	97	0	80	0.02125	0.257
28	0	65	0.01	0.251	63	0	75	0.00375	0.255	98	0	80	0.0225	0.257
29	0	65	0.01125	0.251	64	0	75	0.005	0.255	99	0	80	0.02375	0.257
30	0	65	0.0125	0.251	65	0	75	0.00625	0.255	100	0	80	0.025	0.257
31	0	65	0.01375	0.251	66	0	75	0.0075	0.255	101	1	60	0.00125	0.251
32	0	65	0.015	0.251	67	0	75	0.00875	0.255	102	1	60	0.0025	0.253
33	0	65	0.01625	0.251	68	0	75	0.01	0.255	103	1	60	0.00375	0.254
34	0	65	0.0175	0.251	69	0	75	0.01125	0.255	104	1	60	0.005	0.260
35	0	65	0.01875	0.251	70	0	75	0.0125	0.255	105	1	60	0.00625	0.260

续表

组号	L/T	f_{cu}/MPa	h/H	K_h	组号	L/T	f_{cu}/MPa	h/H	K_h	组号	L/T	f_{cu}/MPa	h/H	K_h
106	1	60	0. 0075	0. 261	138	1	65	0. 0225	0. 286	170	1	75	0. 0125	0. 271
107	1	60	0. 00875	0. 264	139	1	65	0. 02375	0. 286	171	1	75	0. 01375	0. 275
108	1	60	0. 01	0. 268	140	1	65	0. 025	0. 287	172	1	75	0. 015	0. 275
109	1	60	0. 01125	0. 268	141	1	70	0. 00125	0. 255	173	1	75	0. 01625	0. 275
110	1	60	0. 0125	0. 269	142	1	70	0. 0025	0. 258	174	1	75	0. 0175	0. 276
111	1	60	0. 01375	0. 272	143	1	70	0. 00375	0. 258	175	1	75	0. 01875	0. 278
112	1	60	0. 015	0. 276	144	1	70	0. 005	0. 260	176	1	75	0. 02	0. 281
113	1	60	0. 01625	0. 276	145	1	70	0. 00625	0. 262	177	1	75	0. 02125	0. 281
114	1	60	0. 0175	0. 276	146	1	70	0. 0075	0. 266	178	1	75	0. 0225	0. 282
115	1	60	0. 01875	0. 279	147	1	70	0. 00875	0. 266	179	1	75	0. 02375	0. 285
116	1	60	0. 02	0. 281	148	1	70	0. 01	0. 266	180	1	75	0. 025	0. 288
117	1	60	0. 02125	0. 285	149	1	70	0. 01125	0. 269	181	1	80	0. 00125	0. 258
118	1	60	0. 0225	0. 285	150	1	70	0. 0125	0. 273	182	1	80	0. 0025	0. 260
119	1	60	0. 02375	0. 287	151	1	70	0. 01375	0. 273	183	1	80	0. 00375	0. 264
120	1	60	0. 025	0. 289	152	1	70	0. 015	0. 273	184	1	80	0. 005	0. 264
121	1	65	0. 00125	0. 255	153	1	70	0. 01625	0. 276	185	1	80	0. 00625	0. 264
122	1	65	0. 0025	0. 255	154	1	70	0. 0175	0. 280	186	1	80	0. 0075	0. 265
123	1	65	0. 00375	0. 257	155	1	70	0. 01875	0. 280	187	1	80	0. 00875	0. 267
124	1	65	0. 005	0. 259	156	1	70	0. 02	0. 280	188	1	80	0. 01	0. 270
125	1	65	0. 00625	0. 263	157	1	70	0. 02125	0. 282	189	1	80	0. 01125	0. 270
126	1	65	0. 0075	0. 263	158	1	70	0. 0225	0. 283	190	1	80	0. 0125	0. 270
127	1	65	0. 00875	0. 264	159	1	70	0. 02375	0. 287	191	1	80	0. 01375	0. 273
128	1	65	0. 01	0. 267	160	1	70	0. 025	0. 287	192	1	80	0. 015	0. 276
129	1	65	0. 01125	0. 271	161	1	75	0. 00125	0. 258	193	1	80	0. 01625	0. 276
130	1	65	0. 0125	0. 271	162	1	75	0. 0025	0. 261	194	1	80	0. 0175	0. 276
131	1	65	0. 01375	0. 271	163	1	75	0. 00375	0. 261	195	1	80	0. 01875	0. 278
132	1	65	0. 015	0. 274	164	1	75	0. 005	0. 261	196	1	80	0. 02	0. 279
133	1	65	0. 01625	0. 278	165	1	75	0. 00625	0. 263	197	1	80	0. 02125	0. 282
134	1	65	0. 0175	0. 278	166	1	75	0. 0075	0. 265	198	1	80	0. 0225	0. 282
135	1	65	0. 01875	0. 278	167	1	75	0. 00875	0. 268	199	1	80	0. 02375	0. 282
136	1	65	0. 02	0. 280	168	1	75	0. 01	0. 268	200	1	80	0. 025	0. 284
137	1	65	0. 02125	0. 282	169	1	75	0. 01125	0. 269	—	—	—	—	—

将接茬钢板厚与段高比 h/H 与 K_h 的关系图形化，并添加趋势线，如图 6. 30 所示。

由表 6. 31 和图 6. 30 可知，当 $L/T \neq 0$ 时，随着 h/H 的加大，井壁极限承载力逐渐提高，二者呈现单调递增关系，规律同类平面应变模型类似。

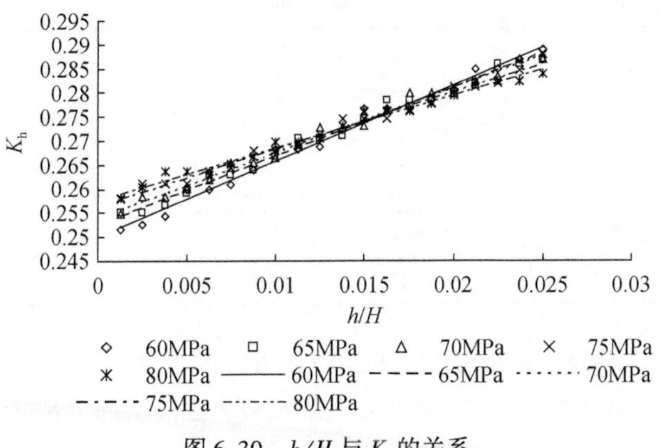

图 6.30　h/H 与 K_h 的关系

将图 6.30 中的曲线拟合，得到的拟合方程见表 6.32。

表 6.32　图 6.30 拟合曲线表

f_{cu}/MPa	拟合方程形式	相关系数 R^2
60	$y = 1.5786x + 0.25$	0.9882
65	$y = 1.4237x + 0.2526$	0.9879
70	$y = 1.3447x + 0.254$	0.9889
75	$y = 1.1847x + 0.2564$	0.9856
80	$y = 1.0763x + 0.2579$	0.9848

将表 6.31 得到的数据与普通钢筋混凝土井壁极限承载力对比，可得到井壁极限承载力的提高率与 h/H 的关系，将其图形化并进行拟合，如图 6.31 所示。

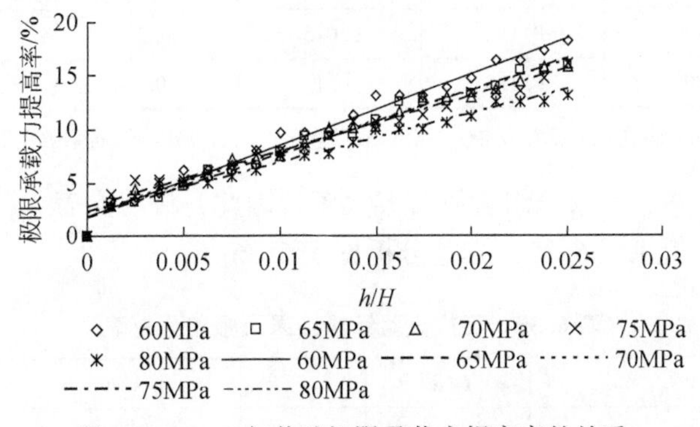

图 6.31　h/H 与井壁极限承载力提高率的关系

通过试拟合，采用抛物线拟合相关系数最高但与利用直线拟合相差不大，因此，采用直线拟合，拟合的曲线见表 6.33。

表 6.33 图 6.31 拟合曲线表

f_{cu}/MPa	拟合方程形式	相关系数 R^2
60	$y = 668.26x + 1.8123$	0.9832
65	$y = 596.4x + 1.6813$	0.9824
70	$y = 569.43x + 2.1039$	0.9779
75	$y = 512.4x + 2.7564$	0.9614
80	$y = 456.73x + 2.2272$	0.9655

由图6.31可知，钢板厚与外径比 $h/R \leqslant 0.002$ 时，随着 h/R 增大，井壁极限承载力提高幅度并不明显；$h/R > 0.002$ 时，h/R 与井壁极限承载力提高率的关系同其与极限承载力的关系类似，均随 h/R 的增加而增大，二者近似符合线性关系，其相关系数在0.8959～0.9241；井壁混凝土强度等级与井壁极限承载力提高率的关系并不十分明显，可能跟计算误差有关。

6.3.7.2 正交试验方案拟订及试验结果分析

类广义平面应力模型下井壁极限承载力的分析主要考虑的因素有：混凝土抗压强度 f_c、井壁轴向压力与混凝土单轴抗压强度比 P_v/f_{cu}、井壁厚径比 T/R、钢板环宽与井壁外径比 L/R、钢板厚度与井壁外径比 h/R、井壁高径比 H/R 6 个因素，每个因素取 5 个水平，井壁环向极限承载力影响因素和水平见表6.34。

表 6.34 井壁环向极限承载力影响因素和水平表

水平	f_{cu}	P_v/f_{cu}	L/R	T/R	h/R	H/R
1	60	0.125	0	0.1	0.001	0.2
2	65	0.141	0.025	0.15	0.002	0.4
3	70	0.156	0.005	0.2	0.003	0.6
4	75	0.172	0.075	0.25	0.004	0.8
5	80	0.188	0.1	0.3	0.005	1

注：所有模型中的环向和纵向配筋都按0.8%考虑，采用整体式配筋方式将钢筋弥散在混凝土内。

由于影响因素较多，如果全组合则方案太多，因此，按正交表 $L_{25}(5^6)$ 安排计算方案，其正交规划及极差分析见表6.35，方差分析见表6.36。

表 6.35 正交试验计算结果及极差分析表

组号	f_{cu}/MPa	P_v/f_c	L/R	T/R	h/R	H/R	P_h/MPa
1	60	0.125	0	0.1	0.001	0.2	5.72915
2	60	0.141	0.025	0.15	0.002	0.4	8.86271
3	60	0.156	0.05	0.2	0.003	0.6	12.01312
4	60	0.172	0.075	0.25	0.004	0.8	15.513
5	60	0.188	0.1	0.3	0.005	1	18.76267
6	65	0.125	0.025	0.2	0.004	1	13.01268

续表

组号	f_{cu}/MPa	P_v/f_c	L/R	T/R	h/R	H/R	P_h/MPa
7	65	0. 141	0. 05	0. 25	0. 005	0. 2	17. 01283
8	65	0. 156	0. 075	0. 3	0. 001	0. 4	20. 51297
9	65	0. 172	0. 1	0. 1	0. 002	0. 6	6. 5748
10	65	0. 188	0	0. 15	0. 003	0. 8	9. 76251
11	70	0. 125	0. 05	0. 3	0. 002	0. 8	21. 51275
12	70	0. 141	0. 075	0. 1	0. 003	1	6. 9511
13	70	0. 156	0. 1	0. 15	0. 004	0. 2	11. 51233
14	70	0. 172	0	0. 2	0. 005	0. 4	14. 51312
15	70	0. 188	0. 025	0. 25	0. 001	0. 6	18. 51269
16	75	0. 125	0. 075	0. 15	0. 005	0. 6	11. 51326
17	75	0. 141	0. 1	0. 2	0. 001	0. 8	15. 51274
18	75	0. 156	0	0. 25	0. 002	1	19. 51314
19	75	0. 172	0. 025	0. 3	0. 003	0. 2	23. 763
20	75	0. 188	0. 05	0. 1	0. 004	0. 6	7. 63548
21	80	0. 125	0. 1	0. 25	0. 003	0. 4	20. 763
22	80	0. 141	0	0. 3	0. 004	0. 6	25. 01281
23	80	0. 156	0. 025	0. 1	0. 005	0. 8	7. 98493
24	80	0. 172	0. 05	0. 15	0. 001	1	12. 51305
25	80	0. 188	0. 075	0. 2	0. 002	0. 2	17. 01312
T_1	60. 88	72. 53	74. 53	34. 875	72. 78	75. 03	总和（列和）
T_2	66. 875	73. 35	72. 135	54. 165	73. 475	80. 815	361. 983
T_3	73	71. 535	70. 685	72. 065	73. 255	67. 72	—
T_4	77. 94	72. 875	71. 505	91. 315	72. 685	70. 285	—
T_5	83. 285	71. 685	73. 125	109. 565	69. 785	70. 755	—
m_1	12. 176	14. 506	14. 906	6. 975	14. 556	15. 006	—
m_2	13. 375	14. 670	14. 427	10. 833	14. 695	16. 163	—
m_3	14. 600	14. 307	14. 137	14. 413	14. 651	13. 544	—
m_4	15. 588	14. 575	14. 301	18. 263	14. 537	14. 057	—
m_5	16. 657	14. 337	14. 625	21. 913	13. 957	14. 151	—
极差 R	4. 481	0. 363	0. 769	14. 938	0. 738	2. 619	—

注：表中“T_1”给出井壁混凝土强度为60MPa条件下5次试验的井壁极限承载力之和，其均值列于“m_1”行，类似地其他几种厚径比的试验结果列于相应的行，各因素5次试验的平均值的极差列在表的“极差 R”行。

表 6.36　正交试验方差分析表

因素	偏差平方和	自由度	F 值	F 临界值	显著性
f_{cu}	62.553	4	0.480	2.780	—
P_v/f_c	0.481	4	0.004	2.780	—
L/R	1.775	4	0.014	2.780	—
T/R	695.940	4	5.340	2.780	显著
h/R	1.788	4	0.014	2.780	—
H/R	19.410	4	0.149	2.780	—
误差	781.95	24	—	—	—

注：$\alpha=0.05$。

由试验的极差分析和方差分析可知，计算模型的统计意义十分显著，影响新型单层冻结井壁极限承载力的 6 个因素，按影响程度由大到小排列为厚径比 T/R 、混凝土抗压强度 f_{cu} 、井壁高径比 H/R 、钢板环宽与井壁外径比 L/R 、钢板厚度与井壁外径比 h/R 、轴向压力与混凝土抗压强度比 P_v/f_c ，其中影响十分显著的因素为 T/R 、f_{cu} 和 H/R 。

以上分析得出钢板厚度与井壁外径比 h/R 对井壁极限承载力来说是一个较不显著的影响因素，其原因与类平面应变模型相同。

分析还得出轴向压力与混凝土抗压强度比 P_v/f_c 对井壁极限承载力的影响最不显著，但这并不能说明其对井壁极限承载力的影响小，而是与其他因素相比显得不显著。实际冻结凿井过程中，井壁轴向应力不会超过最大切向应力，即井壁轴向应力始终属于中间主应力，而从理论上分析，如果继续加大轴向应力与混凝土抗压强度比 P_v/f_c ，当轴向应力成为最大主应力时，井壁有可能会首先在轴向被压坏，此时，P_v/f_c 对井壁极限承载力的影响会变得更加显著。

6.3.8　新型单层冻结井壁与普通钢筋混凝土井壁极限承载力对比分析

由以上分析可知，对新型单层冻结井壁极限承载力的影响因素较多，要分析带接茬板的单层井壁极限承载力与普通钢筋混凝土井壁极限承载力的关系，其方案太多，为了便于分析，必须固定某些因素。现有的冻结井壁段高一般为 2～4m，井壁外径为 5m 左右，因此，固定高径比为 $H/R=0.6$；预计新型单层井壁的接茬钢板厚度为 12～25mm，因此，固定 $h/H=0.006$ 便可以得到与普通混凝土井壁相比，不同厚径比、不同环宽与外径比以及不同强度等级的混凝土井壁极限承载力的提高幅度；由于类广义平面应力状态下的井壁极限承载力与轴向压力有关，计算取 $P_v/f_{cu}=0.15$。不同力学模型条件下均以普通钢筋混凝土井壁的极限承载力为基准来计算井壁极限承载力的提高幅度，不同影响因素下井壁极限承载力提高幅度分析方案见表 6.37，计算结果及提高幅度见表 6.38 和表 6.39。

表6.37　新型单层井壁极限承载力提高幅度计算方案

T/R	L/T	H/R	h/H	P_v/f_{cu}	f_{cu}
0.1	0	0.6	0.006	0.15	60～80MPa，步长为5
	1	0.6	0.006	0.15	
0.15	0	0.6	0.006	0.15	60～80MPa，步长为5
	1	0.6	0.006	0.15	
0.2	0	0.6	0.006	0.15	60～80MPa，步长为5
	1	0.6	0.006	0.15	
0.25	0	0.6	0.006	0.15	60～80MPa，步长为5
	1	0.6	0.006	0.15	
0.3	0	0.6	0.006	0.15	60～80MPa，步长为5
	1	0.6	0.006	0.15	

表6.38　井壁极限承载力计算结果

项目			f_{cu}=60MPa	f_{cu}=65MPa	f_{cu}=70MPa	f_{cu}=75MPa	f_{cu}=80MPa
类平面应变	L/T（T/R=0.1）	0	6.089	6.651	7.214	7.839	8.299
		1	6.339	6.870	7.589	8.089	8.633
	L/T（T/R=0.15）	0	9.214	10.151	11.089	11.855	12.839
		1	9.676	10.589	11.169	12.339	13.177
	L/T（T/R=0.2）	0	12.589	13.839	15.089	16.120	17.339
		1	13.133	14.264	15.589	16.714	17.839
	L/T（T/R=0.25）	0	16.089	17.589	19.089	20.589	21.839
		1	16.590	18.090	19.590	21.089	22.589
	L/T（T/R=0.3）	0	19.120	20.839	22.589	24.589	26.089
		1	20.176	21.591	23.677	25.339	26.589
类广义平面应力	L/T（T/R=0.1）	0	5.725	6.301	6.803	7.404	8.089
		1	6.089	6.589	7.089	7.620	8.151
	L/T（T/R=0.15）	0	8.839	9.589	10.589	11.339	12.089
		1	9.097	10.089	10.839	11.589	12.589
	L/T（T/R=0.2）	0	11.839	13.089	14.089	15.214	16.339
		1	12.339	13.589	14.589	15.600	16.714
	L/T（T/R=0.25）	0	15.089	16.339	17.839	19.152	20.589
		1	15.589	17.089	18.339	19.714	21.089
	L/T（T/R=0.3）	0	18.089	19.839	21.589	23.105	24.839
		1	18.839	20.589	22.089	23.839	25.589

表 6.39　新型单层井壁极限承载力提高幅度　单位：%

项目		$f_{cu}=60MPa$	$f_{cu}=65MPa$	$f_{cu}=70MPa$	$f_{cu}=75MPa$	$f_{cu}=80MPa$
类平面应变	$T/R=0.1$	4.106	3.289	5.198	3.189	4.020
	$T/R=0.15$	5.020	4.310	0.727	4.086	2.629
	$T/R=0.2$	4.319	3.071	3.314	3.683	2.884
	$T/R=0.25$	3.114	2.848	2.625	2.428	3.434
	$T/R=0.3$	5.524	3.609	4.814	3.050	1.917
类广义平面应力	$T/R=0.1$	6.360	4.573	4.215	2.929	0.773
	$T/R=0.15$	2.917	5.214	2.361	2.205	4.136
	$T/R=0.2$	4.223	3.820	3.549	2.537	2.295
	$T/R=0.25$	3.314	4.590	2.803	2.937	2.428
	$T/R=0.3$	4.146	3.780	2.316	3.178	3.019

以类广义平面应力力学模型条件下井壁的极限承载力为基准，可以计算出类平面应变模型相对于类广义平面应力模型井壁极限承载力的提高幅度，见表 6.40。

表 6.40　不同力学模型极限承载力提高幅度　单位：%

项目		$f_{cu}=60MPa$	$f_{cu}=65MPa$	$f_{cu}=70MPa$	$f_{cu}=75MPa$	$f_{cu}=80MPa$
L/T （$T/R=0.1$）	0	6.360	5.565	6.052	5.884	2.598
	1	4.106	4.269	7.053	6.151	5.904
L/T （$T/R=0.15$）	0	4.243	5.866	4.722	4.547	6.204
	1	6.372	4.956	3.050	6.472	4.667
L/T （$T/R=0.2$）	0	6.335	5.730	7.098	5.957	6.120
	1	6.433	4.967	6.854	7.142	6.731
L/T （$T/R=0.25$）	0	6.627	7.650	7.007	7.506	6.071
	1	6.421	5.858	6.822	6.975	7.113
L/T （$T/R=0.3$）	0	5.701	5.041	4.632	6.425	5.032
	1	7.100	4.867	7.187	6.292	3.908

由表 6.38 和表 6.39 可以看出，在其他因素固定的情况下，无论混凝土为何种强度等级，且无论是类平面应变模型还是类广义平面应力模型，新型单层冻结井壁均比普通钢筋混凝土井壁的极限承载力高，类平面应变模型条件下提高幅度在 0.727%～5.524%，类广义平面应力模型条件下提高幅度在 0.773%～6.36%，且随着混凝土强度等级的提高和井壁厚径比的加大极限承载力有逐渐减小的趋势。

另外，由表 6.40 可以看出，无论为新型单层冻结井壁还是普通混凝土井壁，且无论混凝土为何种强度等级，按类平面应变模型计算得到的井壁环向极限承载力均比按类广义平面应力模型计算得到的结果高，前者比后者提高 2.598%～7.65%，这与王衍森（2005）得到的理论和数值模拟分析结果均吻合。

6.3.9　典型参数情况下井壁在环向荷载作用下的变形与破坏规律

本书选取一组典型参数组合来分析井壁在环向外载作用下的变形与破坏规律。选择的参数组合见表6.41（假定井壁外半径为4.8m）。计算结果见表6.42。

表6.41　几种典型情况下井壁参数

方案编号	T/R	L/T	H/R	h/H	P_v/f_{cu}	f_{cu}/MPa	力学模型
1	0.25	0	0.6	0.0067	—	80	类平面应变
2	0.25	1	0.6	0.0067	—	80	类平面应变
3	0.25	0	0.6	0.0067	0.1825	80	类广义平面应力
4	0.25	1	0.6	0.0067	0.1825	80	类广义平面应力

表6.42　井壁极限承载力及内表面最大位移、应力与应变

方案编号	极限承载力/MPa	内缘最大径向位移/mm	内缘最大压应力/MPa	外缘最大压应力/MPa	最大弹性压应变/με	最大塑性压应变/με
1	22.513	14.49	78.22	97.99	1699.86	2834.99
2	22.763	11.94	78.01	94.07	1699.68	2136.05
3	21.513	16.47	76.30	83.17	1689.54	3703.98
4	21.638	14.69	75.40	88.6	1677.22	3135.43

井壁侧向荷载-径向位移关系曲线见图6.32～图6.35。

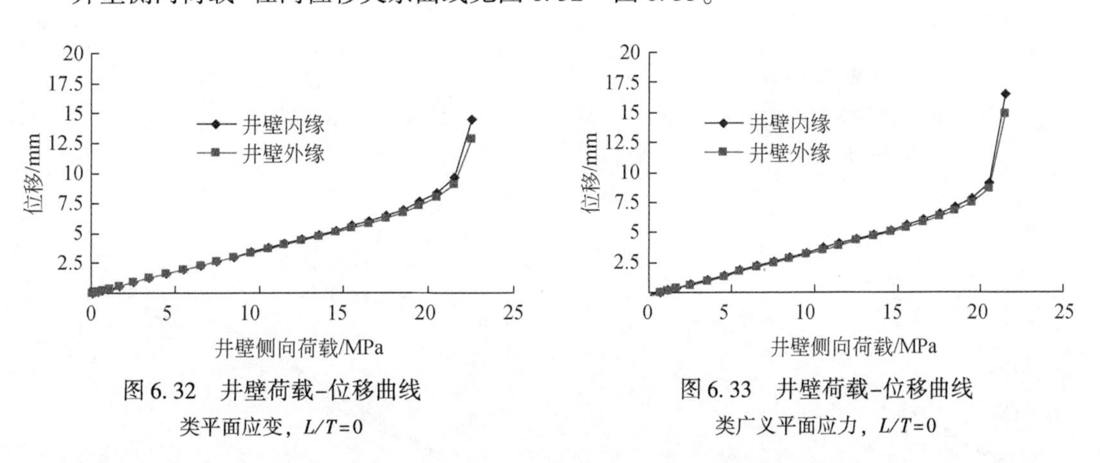

图6.32　井壁荷载-位移曲线
类平面应变，$L/T=0$

图6.33　井壁荷载-位移曲线
类广义平面应力，$L/T=0$

从图6.32～图6.35和表6.42可知，无论是类平面应变模型还是类广义平面应力模型，随着井壁侧向荷载的增大，井壁内、外表面的径向位移均首先呈线性增加，且井壁内表面的位移始终稍大于外表面的位移，当侧向荷载接近井壁极限荷载的75%左右时，井壁内、外表面的径向位移开始出现非线性增加趋势，且内壁的径向位移增加速度逐渐大于井壁。接近破坏状态时，井壁内、外表面的位移差异增大，说明此时内表面已濒临压碎状态，产生了较显著的塑性变形。

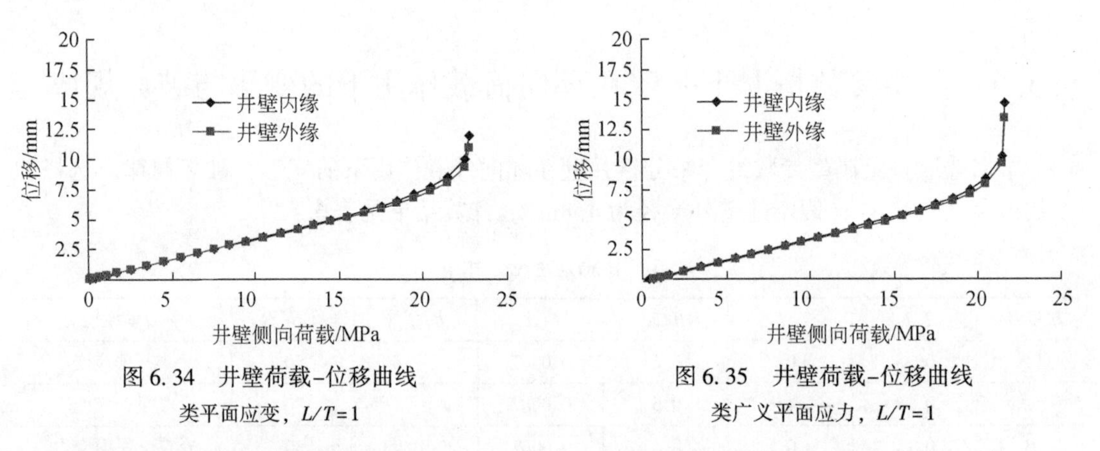

图 6.34　井壁荷载-位移曲线

类平面应变，$L/T=1$

图 6.35　井壁荷载-位移曲线

类广义平面应力，$L/T=1$

无论钢板环宽与井壁厚度比 L/T 等于多少，也无论其力学模型为类平面应变模型还是类广义平面应力，带接茬板的新型单层井壁结构极限承载力均比普通钢筋混凝土井壁极限承载力高，提高的幅度在 0.58% ~ 1.11%；类平面应变模型计算得到的井壁极限承载力均比类广义平面应力模型计算得到的极限承载力高，高出 4.65% ~ 5.20%。

井壁侧向荷载-表面最大压应力关系曲线见图 6.36 ~ 图 6.39。

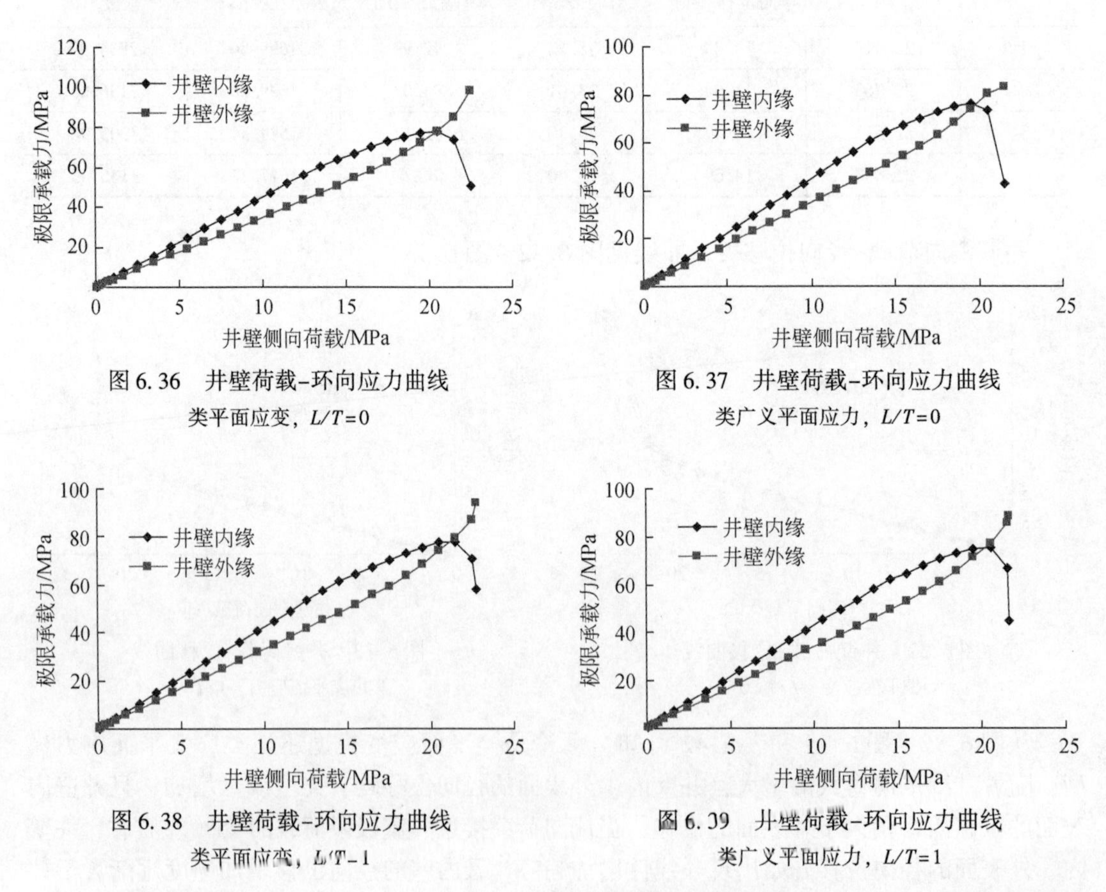

图 6.36　井壁荷载-环向应力曲线

类平面应变，$L/T=0$

图 6.37　井壁荷载-环向应力曲线

类广义平面应力，$L/T=0$

图 6.38　井壁荷载-环向应力曲线

类平面应变，$L/T=1$

图 6.39　井壁荷载-环向应力曲线

类广义平面应力，$L/T=1$

从图 6.36 ~ 图 6.39 和表 6.42 可知，无论是类平面应变模型还是类广义平面应力模型，随着井壁侧向荷载的增加，井壁内表面的环向压应力迅速增大，内表面的压应力增大速度明显快于外表面，且内表面压应力增长曲线上凸，外表面压应力增长曲线上凹，说明内表面压应力的增长幅度逐渐减小，外表面增长幅度逐渐增加；当井壁侧向荷载接近井壁极限荷载时，内表面压应力停止增大并急剧下降，说明井壁内缘混凝土已经被压坏，而此时外表面压应力仍在增大，并且超过了内表面。

井壁内缘破坏的瞬间，井壁外缘环向压应力仍呈增加趋势，且环向压应力大于内表面，说明此时井壁外缘混凝土仍处于完好状态，分析原因是井壁外缘混凝土处于三向承压状态，其多轴抗压强度显著高于二轴或单轴。

从表6.42还可以看出，带有接茬板的新型井壁结构和普通钢筋混凝土井壁结构破坏时内、外缘的环向压应力数据规律不明显，分析其原因可能与计算荷载步的大小有关，也可能是由于混凝土属于脆性材料，其破坏都是发生在瞬间。但是，井壁达到极限状态时，类平面应变模型条件下井壁内、外缘环向压应力均高于类广义平面应力模型的规律是很明显的，内缘压应力值提高1.92MPa和2.61MPa，外缘压应力提高5.47MPa和14.82MPa。

井壁侧向荷载–内缘表面环向应变关系曲线如图6.40～图6.43所示。

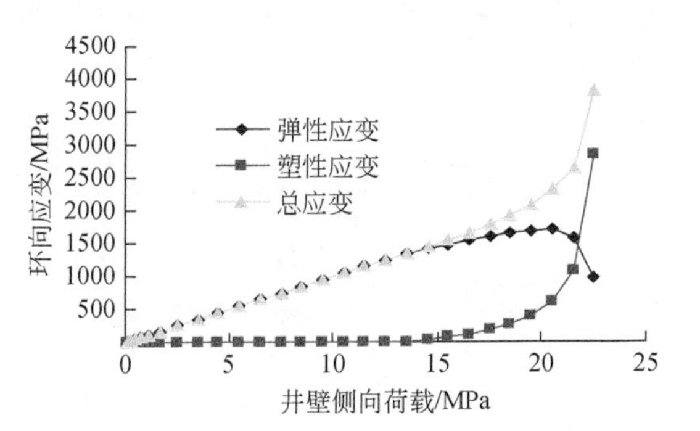

图6.40　井壁荷载–内缘表面环向应变
类平面应变，$L/T=0$

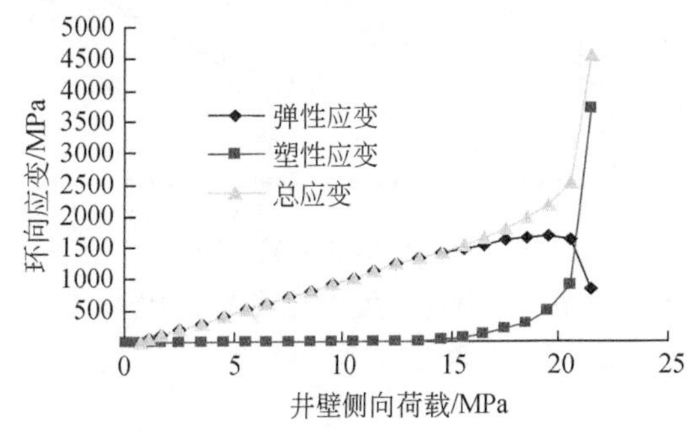

图6.41　井壁荷载–内缘表面环向应变
类广义平面应力，$L/T=0$

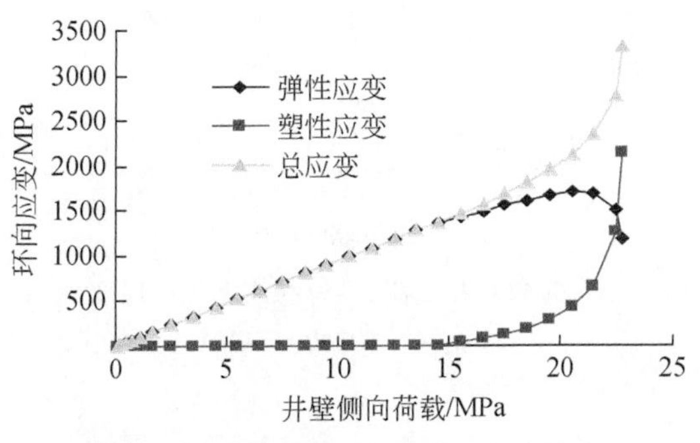

图6.42　井壁荷载–内缘表面环向应变
类平面应变，$L/T=1$

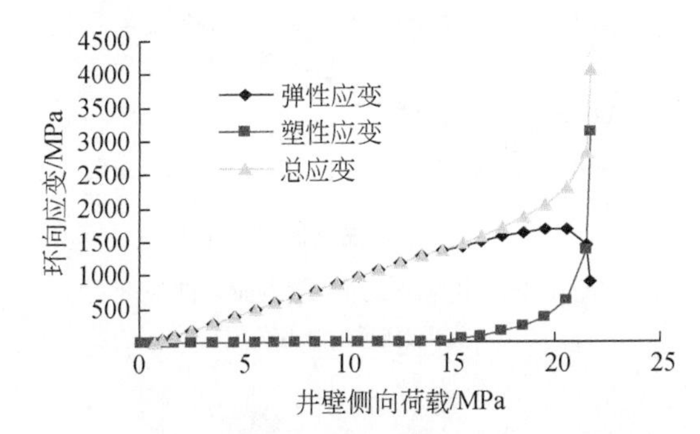

图6.43　井壁荷载–内缘表面环向应变
类广义平面应力，$L/T=1$

由图6.40～图6.43可知，无论是类平面应变模型还是类广义平面应力模型，随着井壁侧向荷载的增加，内壁内表面弹性应变均呈线性增加，在极限荷载的75%左右开始呈现非线性增加趋势，濒临破坏时，弹性应变出现了陡降现象；塑性应变在极限荷载的75%左右才出现，呈非线性增加，增加的速度逐渐加快，在接近极限荷载瞬间，出现陡增现象，并迅速超过弹性应变；总应变在极限荷载的75%之前呈线性增加，之后呈非线性增加，增加的速度逐渐加快，直到井壁破坏。

由图6.44～图6.47可知，无论是类平面应变模型还是类广义平面应力模型，随着井壁侧向荷载的增加，内壁外表面弹性应变增长规律类似于井壁内表面，即均呈线性增加，在极限荷载的80%以后开始呈现非线性增加趋势，出现非线性增加趋势的时间稍晚于内壁，且濒临破坏时，弹性应变无陡降现象；塑性应变在极限荷载的80%以后才出现，时间上也稍晚于内壁，呈非线性增加，增加的速度逐渐加快，在接近极限荷载瞬间，出现了陡增现象，但井壁破坏前，塑性应变的总量有限，远小于弹性应变；总应变起初与弹塑性应变同步呈线性增加，达到极限荷载的80%之后呈非线性增加，增加的速度逐渐加快，直到井壁破坏。

类广义平面应力条件下井壁的弹塑性应变及总应变均大于类平面应变条件下的应变。

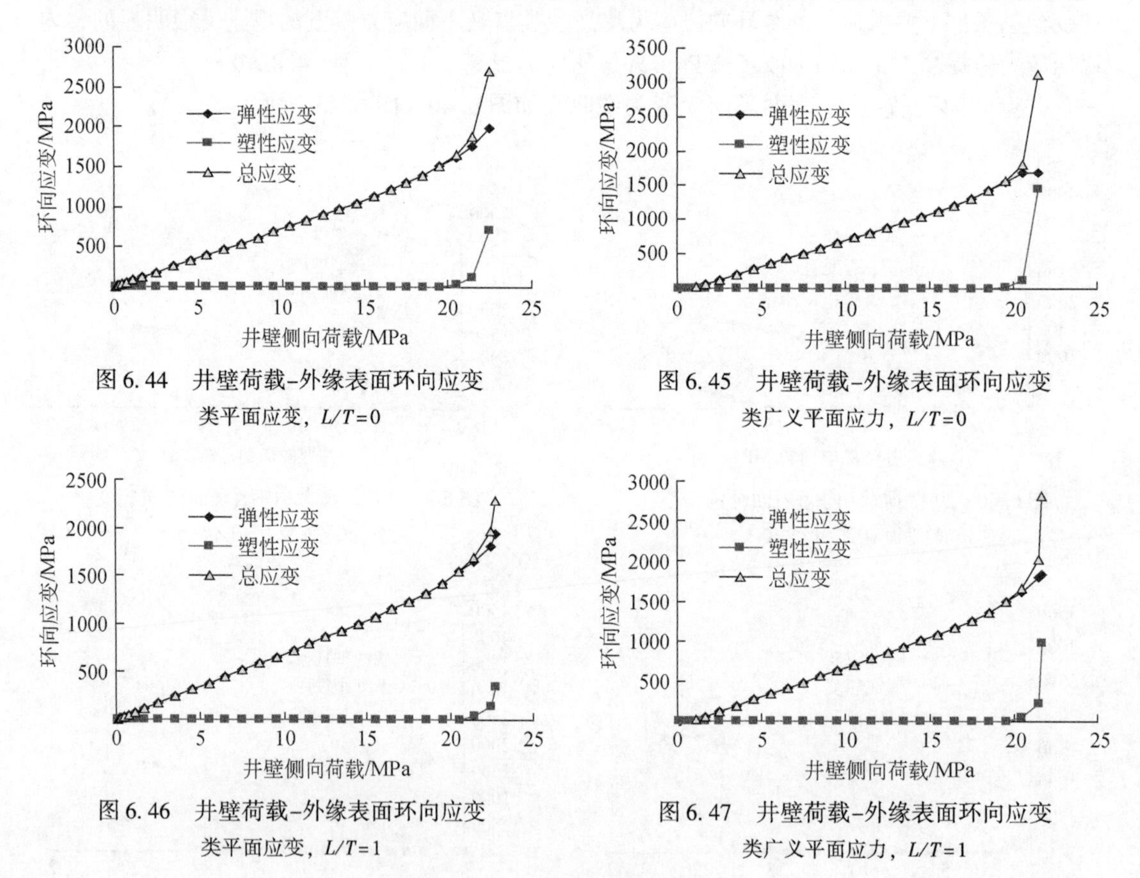

图6.44　井壁荷载-外缘表面环向应变
类平面应变，$L/T=0$

图6.45　井壁荷载-外缘表面环向应变
类广义平面应力，$L/T=0$

图6.46　井壁荷载-外缘表面环向应变
类平面应变，$L/T=1$

图6.47　井壁荷载-外缘表面环向应变
类广义平面应力，$L/T=1$

6.4　物理模拟研究

6.4.1　相似准则的导出

影响带接茬板的单层混凝土井壁力学特性的主要因素有井壁材料、钢筋型号、配筋率、井壁的几何尺寸、井壁外载等。综合考虑上述主要因素，可得如下方程：

$$F(\varepsilon_j, \varepsilon_g, \mu_j, \mu_g, u_j, u_g, R_j, R_g, t, h_j, h_g, P_h, P_v, E_g, E_h, f_c) = 0$$

式中，ε_j 为井壁应变，无量纲；ε_g 为钢板应变，无量纲；η 为配筋率，无量纲；μ_j 为井壁混凝土的泊松比，无量纲；μ_g 为钢板的泊松比，无量纲；u_j 为井壁位移（m）；u_g 为钢板位移（m）；R_j 为井壁外半径（m）；R_g 为钢板外半径（m）；R_{gj} 为钢筋半径（m）；t 为井壁厚度（m）；h_g 为接茬钢板厚度（m）；h_j 为研究段井壁总高度（m）；p_h 为井壁环向荷载（MPa）；p_v 为井壁竖向荷载（MPa）；E_g 为钢板的弹性模量（MPa）；E_{gj} 为钢筋的弹性模量（MPa）；E_h 为混凝土的弹性模量（MPa）；f_c 为混凝土单轴抗压强度（MPa）。

共有 19 个参数，有两个基本量纲，则用因次分析法可导出如下 17 个相似准则：

（1）常量准则

$$\pi_1 = \varepsilon_j,\ \pi_2 = \varepsilon_g,\ \pi_3 = \mu_j,\ \pi_4 = \mu_g,\ \pi_5 = \eta$$

（2）几何准则

$$\pi_6 = u_j/R_j,\ \pi_7 = u_g/R_j,\ \pi_8 = R_g/R_j,\ \pi_9 = R_{gj}/R_j,\ \pi_{10} = t/R_j,\ \pi_{11} = h_g/R_j,\ \pi_{12} = h_j/R_j$$

（3）力学准则

$$\pi_{13} = p_h/f_c,\ \pi_{14} = p_v/f_c,\ \pi_{15} = E_g/f_c,\ \pi_{16} = E_{gj}/f_c,\ \pi_{17} = E_h/f_c$$

这样可以得到无量纲方程

$$\varphi(\pi_1, \pi_2, \pi_3, \pi_4, \pi_5, \pi_6, \pi_7, \pi_8, \pi_9, \pi_{10}, \pi_{11}, \pi_{12}, \pi_{13}, \pi_{14}, \pi_{15}, \pi_{16}, \pi_{17}) = 0$$

6.4.2　原型参数及试验方案

物理模拟原型假设单层井壁内径为 3.5m，井壁厚径比按 0.20 考虑，试验按类广义平面应力状态设计，竖向荷载按 600m 井壁自重考虑，混凝土强度等级为 C80。试验共进行了三组，试验编号见表 6.43。

表 6.43　极限承载力试验方案

方案号	厚径比	内径/mm	外径/mm	f_{cu}/MPa	钢板厚度/mm
W-1	0.2	800	1000	84.5	—
J-1	0.2	800	1000	86.2	12
J-2	0.2	800	1000	84.8	12

注：W 表示无接茬板的普通素混凝土井壁；J 表示带有钢制接茬板的素混凝土井壁。

6.4.3　模化设计

（1）几何相似

选择模型几何缩比的一般原则是：根据量测精度要求、加载条件和台架尺寸先定出模型尺寸和比例。

中国矿业大学地下工程试验室现有的试验台，最大可做外径 $D=1$m、高度 $h=2.4$m 的井壁模型。由原型井壁的内径为 3.5m、井壁厚径比为 0.2 可知，几何缩比为 8.75。

由 $\pi_6 \sim \pi_{12}$ 可知，模型井壁的位移、井壁中钢板的位移、钢板的外半径和井壁厚度、钢板厚度都为原型的 1/8.75。

（2）材料相似

模型中采用与原型井壁相同的材料，这样易于保证井壁模型试验结果与原型井壁结构严格相似，故有 π_3、π_4、$\pi_{15} \sim \pi_{17}$ 自动满足。

（3）应力与应变相似

由 π_1 和 π_2 可得 $C_\varepsilon = 1$，即原型与模型应变相同。

由 π_{13} 和 π_{14} 知，由于模型与原型材料相同，因此，原型的竖向和水平荷载也与模型的相同。

6.4.4 模型试验系统

6.4.4.1 试验台及加载系统

物理模拟试验是在中国矿业大学力学与建筑工程学院岩土工程研究所自行研制的“高压试验台”上进行。试验台的有效试验空间为 ϕ1.2m×2.4m，整个试验系统由长筒体、短筒体、上盖、下盖、竖向千斤顶加载系统和液压系统几部分组成，试验台能实现三向不均等加压（图 6.48）。

图 6.48 试验台

竖向加载系统为6个500t的千斤顶，配30MPa液压稳压站（图6.49），利用上下盖作为反力架，最大可提供3000t的竖向荷载。环向荷载通过模型井壁与试验台之间的环形空间利用30MPa液压稳压站进行油压加载。

图6.49　千斤顶供压泵站及控制系统

6.4.4.2　试验监控与数据采集系统

试验中各传感器、应变片的数据均由监控与数据采集系统自动采集，该系统由压力表、荷重传感器、应变计、位移计、压力传感器等量测仪器，数据采集器DataTaker515和计算机等组成（图6.50）。该系统稳定性好，易于安装，具有强大的数据采集功能，数据能够方便和安全地被存储到PC存储卡中。

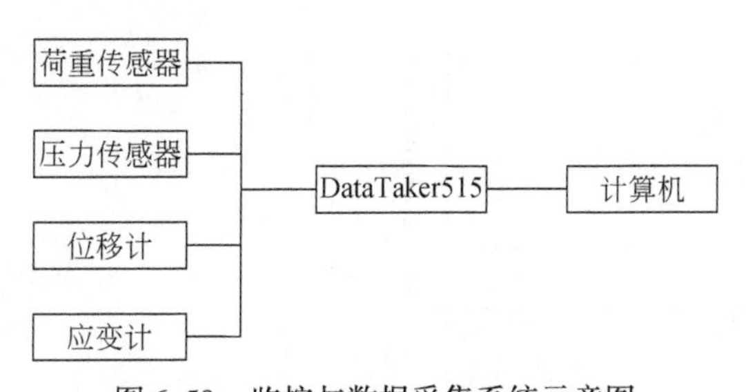

图6.50　监控与数据采集系统示意图

6.4.5　量测技术

量测技术是试验成败的关键因素之一，因此在量测过程中，了解和分析测试对象的特征，选用专门的仪器设备，设计合理的试验方法是很有必要的。

本试验需要量测的量主要是井壁的竖向荷载、围压、井壁的变形量和井壁应变。测量中用放置在千斤顶上的荷重传感器测量模型井壁的竖向压力，用连接在回路上的压力传感器和压力表量测围压，用贴在井壁上的应变计测量模型井壁竖向应变、环向应变，用位移计测量井壁的变形量。

6.4.5.1 竖向荷载的量测

竖向荷载是通过放置在千斤顶上面的荷重传感器来量测，荷重传感器选用上海华东电子仪器厂生产的500t荷重传感器。围压是通过连接在回路上的压力传感器和压力表量测，压力传感器选用上海华东电子仪器厂生产的量程为50MPa、灵敏度为1～1.5mV/V的BPR-39型电阻式高压液压传感器。

6.4.5.2 应变的量测

（1）应变片的选择和布置

井壁结构形式、荷载和约束条件都是空间轴对称的，主应变方向为径向、环向和轴向。为使感受的应变信号较大且减小测量误差，可在井壁内外表面的应变测点沿主应力方向粘贴应变片。同时为尽可能减小粗骨料对应变量测结果的影响，要求应变计的栅丝长是粗骨料粒径的3～5倍，并且尽可能避开粗骨料的位置。

井壁应变量测选用陕西汉中中航电测仪器股份有限公司生产的BQ120-40AA型，敏感栅尺寸42×2.4，基底尺寸52.0×7.2，应变极限2%，适用黏结剂H-610、X-714、502。在井壁养护完成后，对贴片的部位进行打磨、去污处理之后进行贴片，为保证应变计有着较高的绝缘度和防潮性能，对井壁的内、外表面上的应变计采用JC-311型胶黏剂防护处理。

应变计分3层布置（图6.51），为了避免端部效应，在布置应变片时尽量集中于模型井壁中部。每层在井壁内、外表面相应地各布置4个测点。本次试验共需工作应变计48个，补偿片4个。

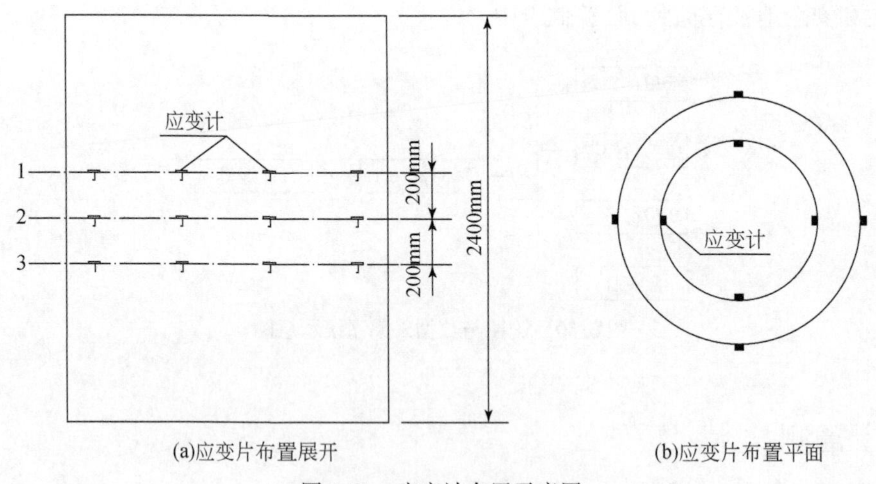

图6.51 应变计布置示意图

（2）应变补偿方法

环境温度的变化将导致应变计电阻的变化，这种效应称为“温度效应”。同样，对于模型井壁外侧的应变计，由于侧向油压的影响会使应变计的电阻发生变化，这种效应称为“压力效应”。为了保证测量精度，必须设法消除“温度效应”和“压力效应”。试验中采用桥路补偿法来消除这些影响，内侧应变计只需温度补偿，在加工井壁时需另外浇筑混凝土块用来补偿“温度效应”。试验中，每个 DataTaker 515 共用一个补偿片。工作片与补偿片的接桥方式如图 6.52 所示。图 6.52 中：R_g 为工作片，R_b为补偿片，R_o为标准电阻，如R_g对应的应变为 ε_g，R_b对应的应变为 ε_b，则真正的应变 $\varepsilon = \varepsilon_g - \varepsilon_b$ 。

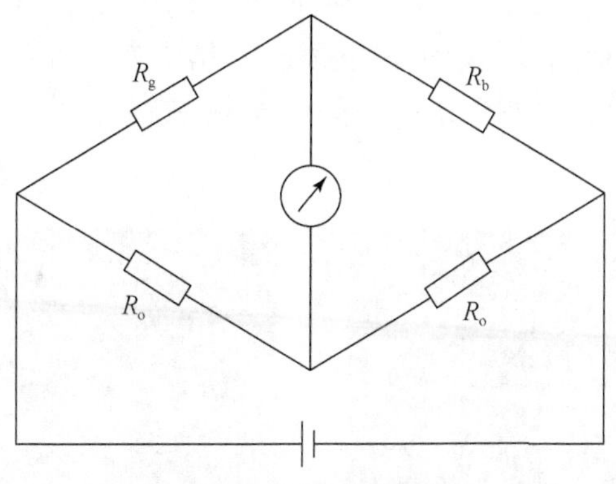

图 6.52　补偿电路示意图

6.4.5.3　位移的量测

选用江苏省溧阳市仪表厂生产的 YHD-10 和 YHD-30 型位移计，量程分别为 10mm、30mm，能够满足试验需求。模型井壁上下各布置 4 个，用以测量井壁的轴向变形（图 6.53）。径向位移测点布置在井壁中部，周圈对称布置 4 个测点，共 12 个测点，共用位移计 12 个。

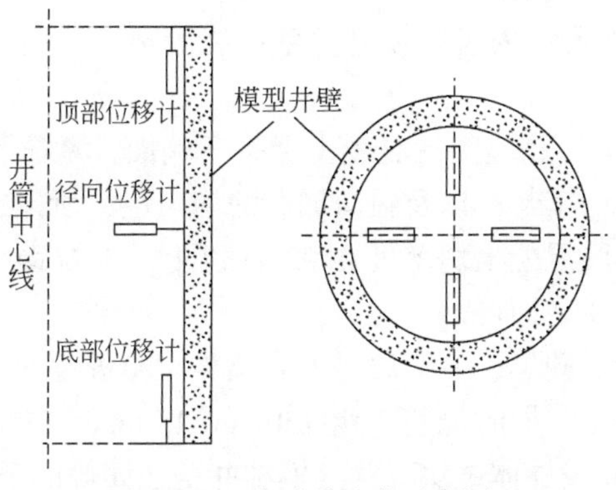

图 6.53　位移计安装示意图

6.4.6　试验准备

6.4.6.1　模型井壁的制作

用直径为 1m 的钢制半圆筒作为井壁的外模，模具之间用螺栓连接，共分 3 节，各节模具间用螺栓相连成一整体，内模核心为一直径较小的钢制圆筒，通过贴于圆筒表面的木板厚度来控制内模的外径。

浇筑井壁时注意以下问题。

1）浇筑。现有试验台要求井壁高度为2.4m，相当于浇筑段高为3m的原型井壁7个段高，除去上下端为钢头外，共需6个接茬板；浇筑过程中按设计高度浇筑一层混凝土放置一层接茬板，并将接茬板用力往下按，直到接茬板上方出现水泥浆为止（图6.54）；为防止接茬板钢板与上下段混凝土黏结不实，在接茬板上下表面沿环向设计了黏结锚卡（图6.55）；为避免吊装井壁过程中将井壁拉断，将提升井壁的生根点放在井壁下部。

图6.54　浇筑过程中安装好的接茬板

图6.55　带锚卡的接茬板

2）振捣。采用高频振捣器，垂直点振，每次振捣时间控制在10～20s为宜，并注意观察，以混凝土不显著下沉、不再出现气泡、表面泛浆为准，以免出现振捣不密实、石子下沉造成混凝土结构不均匀或混凝土产生离析等现象。

3）脱模。为了能够顺利将内模与模型井壁内缘脱离，需要在木模表面裹一层塑料布并用机油作润滑。

4）钢头的处理。钢头主要起密封混凝土上、下端面，承压和找平之用。找平直接关系到模型井壁与承压板间的密封，以及轴向加载的均匀性，所以在试验中非常重要。由于本书试验所用的高强微膨胀混凝土坍落度在22cm以上，上端钢头是固定的，找平相对来说很容易，最后用水平尺找平即可。

浇筑好后的井壁一天后脱模，两天后提入高温养护箱进行养护。

在制作模型井壁的同时，同时浇筑5组150mm×150mm×150mm的混凝土立方体和两组150mm×150mm×300mm棱柱体试块，并与模型井壁在同等的条件下进行养护。

6.4.6.2　钢头的防渗处理

模型井壁钢头处为易渗漏的部位，尤其是上端钢头，在试验中进行如下防渗处理：将钢头下端的混凝土凿出约宽15cm的毛面，在钢头与混凝土直接接触的地方凿出深约1cm的槽（图6.56），将钢头除锈，用丙酮清洗后采用“AB挂胶”对钢头两端进行密封处理（图6.57）。

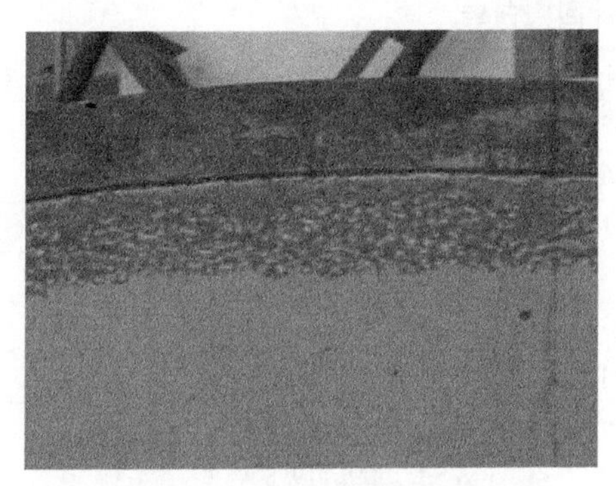

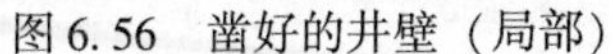

图 6.56　凿好的井壁（局部）

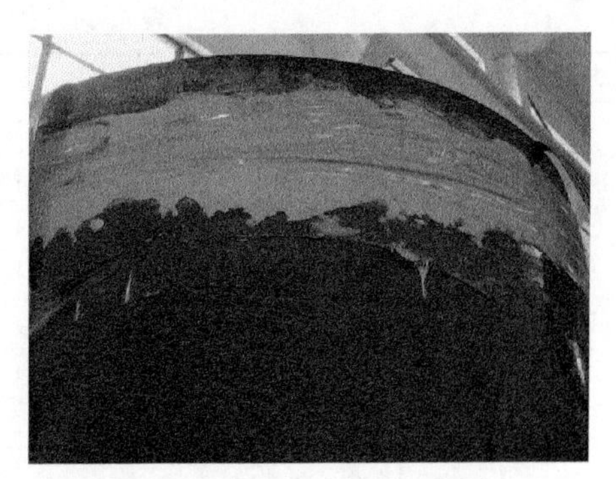

图 6.57　封好的井壁（局部）

6.4.6.3　测试仪器的标定与调试

采用位移传感器标定架对位移计进行标定，采用 500t 的压力机对荷重传感器进行标定，采用液压稳压系统对压力传感器进行标定。

位移计、荷重传感器及压力传感器的标定曲线为一直线，斜率均表示传感器的灵敏度，试验中所用的同类传感器均源于同一厂家，所以斜率基本相同，只是截距有所差别，本书只给出标定曲线，见表 6.44 ~ 表 6.46。

表 6.44　液压传感器回归曲线

试验编号	标定曲线	相关系数 R^2
1	$y=0.0221x+0.8637$	1
2	$y=0.0214x-0.9692$	1
3	$y=0.0218x-1.1989$	1
4	$y=0.0225x+2.0478$	1
5	$y=0.0207x-1.4674$	1
6	$y=0.0109x+0.407$	1
7	$y=0.0219x+0.2647$	0.9998

注：编号为 1 ~6 的液压传感器用来测量相应位置的竖向压力，单位为 MPa；编号为 7 的液压传感器用来测量围压，其中 1、3、5 和 2、4、6 分别共用一个加压管路。

表 6.45　荷重传感器回归曲线

试验编号	标定曲线	相关系数 R^2
1	$y=0.5068x+1.3308$	1
2	$y=0.5098x-8.4656$	1
3	$y=0.5048x+5.6721$	1
4	$y=0.5027x-2.7711$	1
5	$y=0.5013x+3.3744$	1
6	$y=0.5069x-17.592$	1

表 6.46 位移计回归曲线

对应井筒中的位置	安装方位	仪器编号	标定曲线	相关系数 R^2
上	东	18445	$y=3.1352x+8.4608$	1
	南	18476	$y=3.132x+10.18$	1
	西	18471	$y=3.1186x+5.816$	1
	北	18448	$y=3.1313x-20.427$	1
中	东	18453	$y=3.1304x+14.57$	1
	南	18464	$y=3.131x+25.794$	1
	西	18459	$y=3.118x+17.954$	1
	北	18458	$y=3.1309x+19.804$	1
下	东	17507	$y=2.3122x-2.1571$	1
	南	17509	$y=2.3122x+13.24$	1
	西	17956	$y=2.2631x-192.44$	1
	北	17221	$y=2.2776x+3.789$	1

6.4.6.4 试验步骤及试验过程

详细试验过程如下。

1）制作模型井壁及粘贴应变片。

2）检验试验系统的安全性、密封性及各类传感器的工作性能等。

3）安装模型井壁，将准备好的模型井壁吊装入高压模型试验台中，对中找正，注意吊装过程中吊绳的生根点必须在井壁下部，以防止将井壁从接茬板处拉断；向加载空间注油，同时将井壁外侧应变计引线与法兰盘引线连接，将井壁外侧应变计导线通过法兰盘引出，之后在井壁结构顶部铺设承力板，承力板上对称放置加载千斤顶，千斤顶上方放置荷重传感器，最后盖上试验台上盖，拧紧其上的高强螺栓，将其和试验台连成整体。

4）对模型井壁进行竖向反复预压，这样做的主要目的是减小机械滞后和使各传感器进入正常工作状态。竖向预压力大小为 4MPa，施压后应稳压 5min 左右，然后卸压至零荷载，同时将所有仪器重新调零。反复预压 3 次，此时起反力作用的上盖有所松动，重新紧过之后，方可正式试验。

5）正式加载，各类传感器稳定后即可开始试验。首先按比例缓慢加载至规定的初始竖压（试验中一般为 4MPa/次，每次间隔约 5min），然后加载围压，为了能够更准确地测得围压，试验中围压采用分级缓慢加载，少于 10MPa 时，以 2MPa 为步长进行围压的加载，10MPa 之后以 1MPa 为步长加载，接近破坏时以 0.5MPa 为步长进行加载，每级荷载稳定约 6min 后再加下一级荷载。围压加载过程中要时刻注意竖压变化，以保证竖压恒定。加载时应严密注意测值的变化，以便能够合理地控制加载速率及随时调整加载时间。

6）试验完毕，卸去千斤顶压力和侧压力，为了获取第一手的井壁破坏资料，需进入模型井壁以对裂缝进行拍照和初步分析，之后清理试验台准备下一次的试验。

7）详细并且及时地分析试验数据，总结经验教训以便更好、更快地改进试验各环节。

8）对每个模型井壁，重复 1）~6）步。

6.4.7　试验结果分析

6.4.7.1　加载阶段分析

按荷载加载方式将试验过程划分为3个阶段进行分析：第一阶段：预压阶段，此阶段为竖压加卸载的过程；第二阶段：竖压加载阶段，此阶段只加载竖压，围压为0；第三阶段：围压加载阶段，此阶段竖压保持恒定，施加围压。

（1）第一加载阶段分析

因每次实验中所用的测试仪器和预压方式相同，所以只需分析一个井壁的预压过程，本书选J-2号试验进行分析，预压过程中各测值与竖压的关系曲线如图6.58～图6.71所示。图中符号说明：E、S、W、N分别表示东、南、西、北4个方向，后面的序号表示相应的点号（下同）。

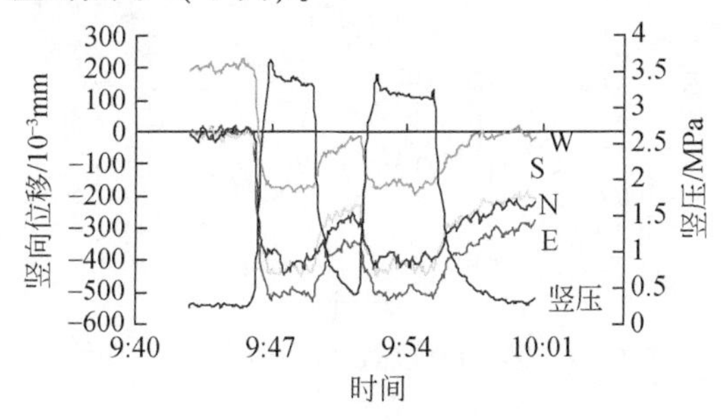

图6.58　竖压、竖向位移-时间曲线

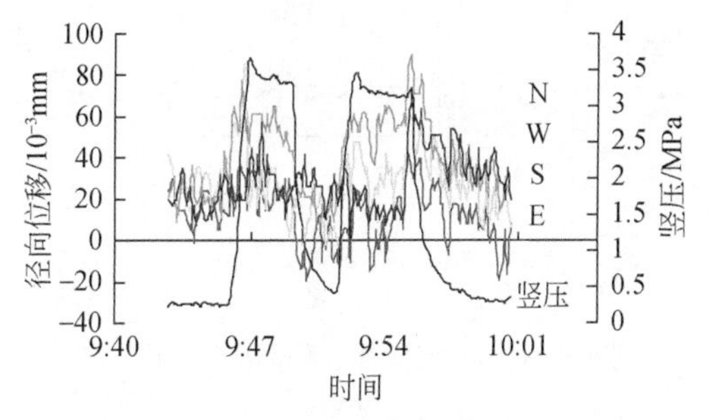

图6.59　竖压、径向位移-时间曲线

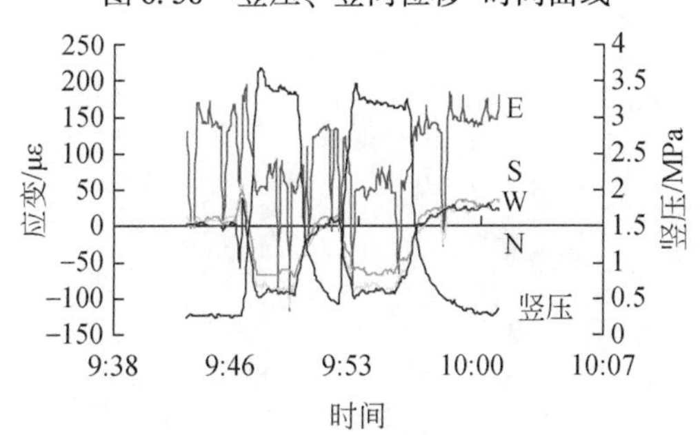

图6.60　第一层竖压、竖向应变-时间曲线
内表面

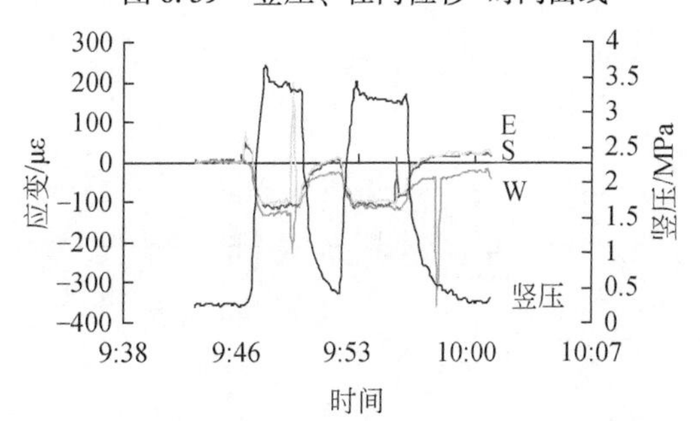

图6.61　第二层竖压、竖向应变-时间曲线
内表面

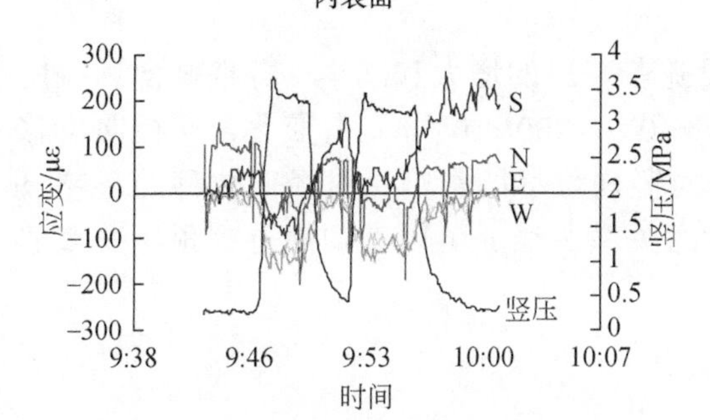

图6.62　第三层竖压、竖向应变-时间曲线
内表面

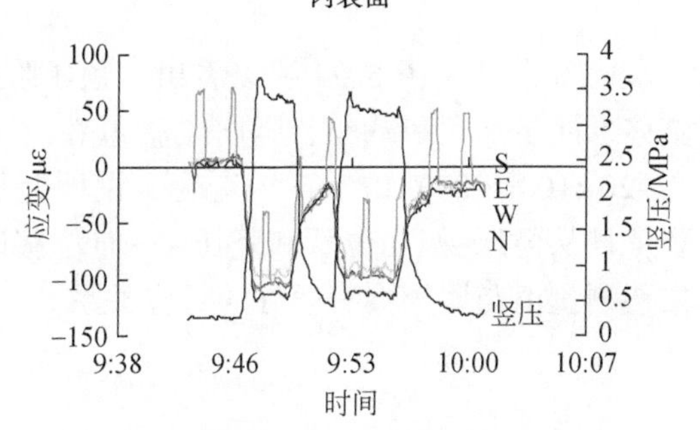

图6.63　第一层竖压、竖向应变-时间曲线
外表面

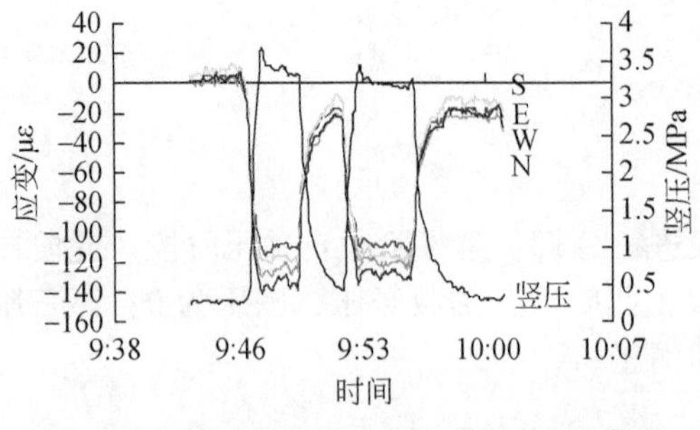

图 6.64　第二层竖压、竖向应变-时间曲线
外表面

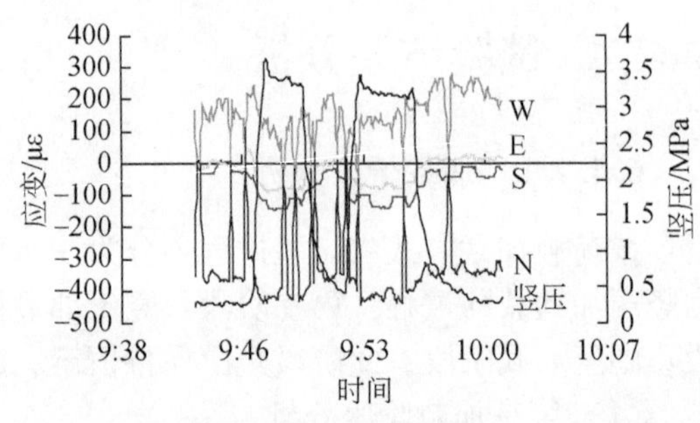

图 6.65　第三层竖压、竖向应变-时间曲线
外表面

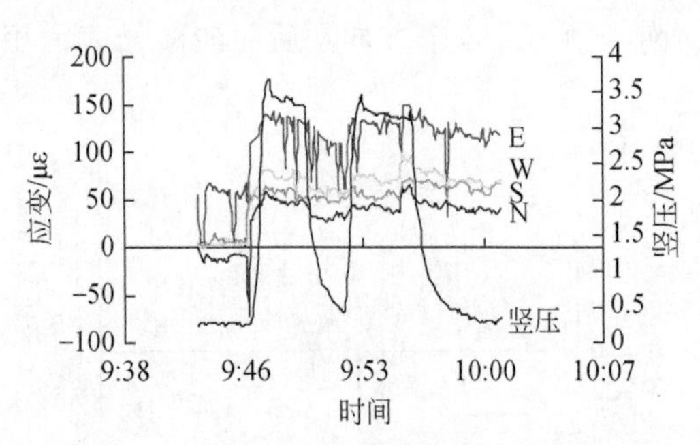

图 6.66　第一层竖压、环向应变-时间曲线
内表面

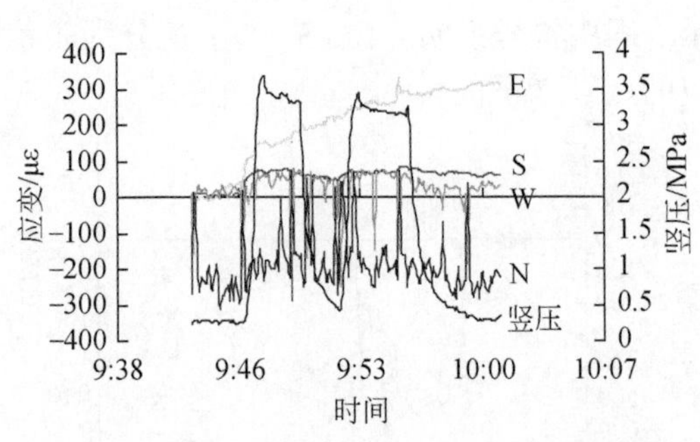

图 6.67　第二层竖压、环向应变-时间曲线
内表面

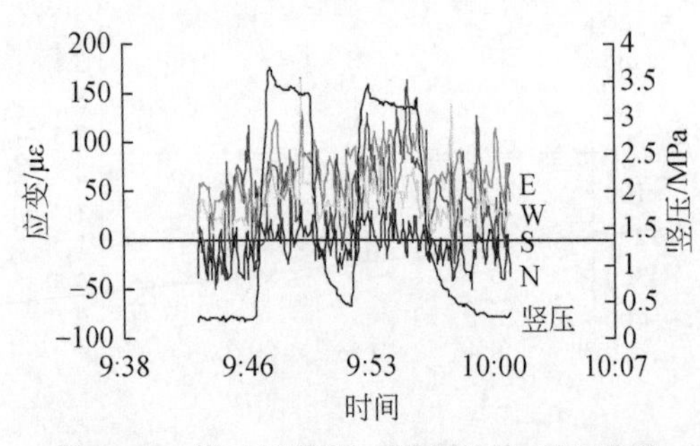

图 6.68　第三层竖压、环向应变-时间曲线
内表面

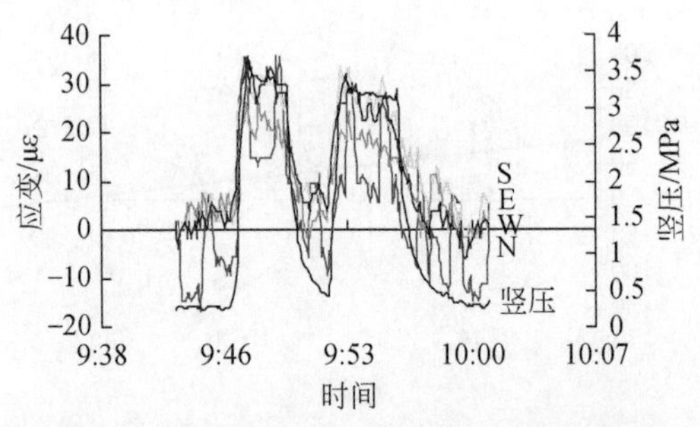

图 6.69　第一层竖压、环向应变-时间曲线
外表面

从图 6.60 ~ 图 6.71 可以看出，预压阶段随着竖压的增大和减小，井壁竖向和径向位移也同步加大和减小，竖向位移值在 -500×10^{-3} ~ 200×10^{-3} mm 内变化，而径向位移在 -20×10^{-3} ~ 80×10^{-3} mm 内变化，说明竖压对竖向位移的影响比对径向位移的影响显著，且从竖压-竖向位移和竖压-径向位移时间关系曲线上可以直观地看到预压井壁的位移测量值与竖压具有较好的对应关系。

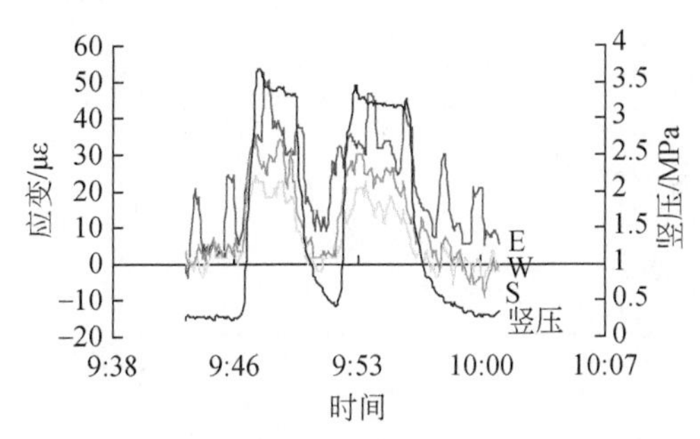

图6.70　第二层竖压、环向应变-时间曲线
外表面

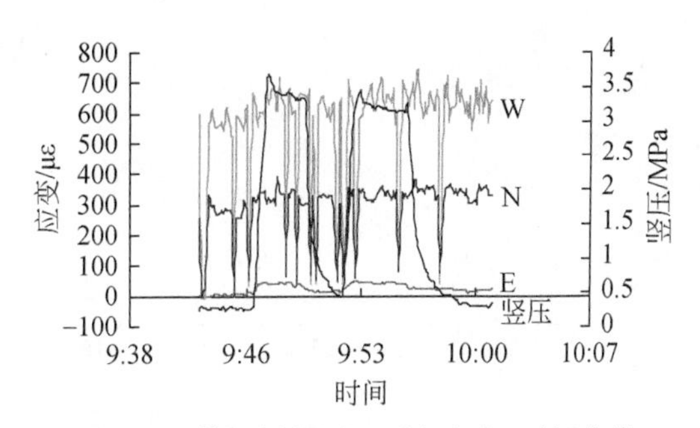

图6.71　第三层竖压、环向应变-时间曲线
外表面

从图6.60～图6.71可以看出，预压阶段随着竖压的增大和减小，井壁竖向和环向应变也同步加大和减小，井壁内表面竖向应变值在-310～220με内变化，外表面竖向应变值在-140～60με内变化（只有第三层外表面竖向应变值在-400～200με内变化，这可能与应变片粘贴质量有关或者应变片已经损坏）(图6.65)，而井壁内表面环向应变值在-300～150με内变化，外表面环向应变值在-15～50με内变化（只有第三层外表面竖向应变值在0～700με内变化，分析这与应变片粘贴质量有关或者应变片已经损坏）(图6.71)，说明竖压对竖向应变的影响比对径向应变的影响显著，且竖压对井壁内侧竖向应变的影响比对井壁外侧竖向应变影响显著，从竖压-竖向应变和竖压-径向应变时间关系曲线上可以直观地看到预压井壁的应变测量值与竖压具有较好的对应关系。图6.67和图6.71中个别应变片读数在两次预压后仍出现奇异，此两点的应变值在正式加载初期就出现与其他应变计较大的偏差，因此这样的应变值是不可信的，说明应变片已经损坏。

通过上述分析，认为应变值、竖向位移与竖压一致性较好，即认为基本不会出现机械滞后的问题，而对于个别应变计通过多次预压后可以应变计进入正常工作状态，达到了预压的目的。

（2）第二加载阶段分析

1）千斤顶同步性分析

如图6.72～图6.77所示，6个油压传感器之间的最大差值W-1为1.74MPa，J-1为1.81MPa，J-2为1.66MPa，说明各试验液压传感器时间曲线具有较好的一致性和均匀性。实际上，液压传感器所测值为稳压站提供的油压，此值很容易测量；各试验的荷重传感器时间曲线一致性和均匀性也较好，除W-1号井壁在竖压加载初期各千斤顶偏差较大外(最大与最小读数偏差为32t)，整个加载过程中3个井壁的荷重传感器最大差值分别为9.6t、8.3t、7.9t，对模型井壁来说竖向荷载是通过一个刚度较大的承压台传递给模型井壁的，因此试验中认为模型井壁所受竖压为均匀竖压。

分析认为千斤顶有微小不同步的主要原因是：试验中起反力作用的上盖很难保证绝对水平，且上盖各个方位的受力也不尽相同（这主要是因为上盖是通过高强螺栓经人工拧紧，难免出现偏差），这样在竖压加载的过程中，很容易使上盖产生偏斜，造成千斤顶不同步。

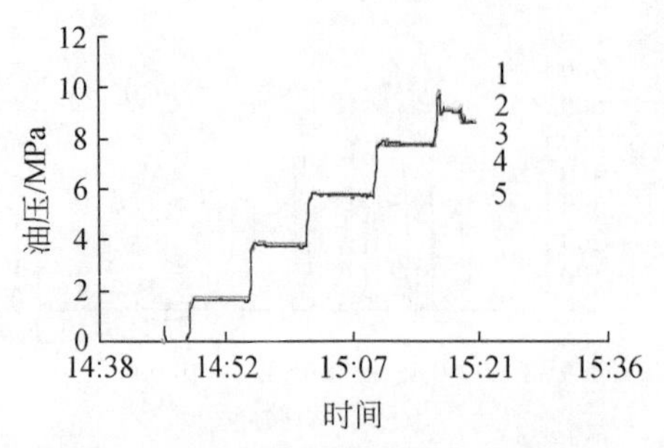

图 6.72　各液压传感器时间-压力曲线

W-1

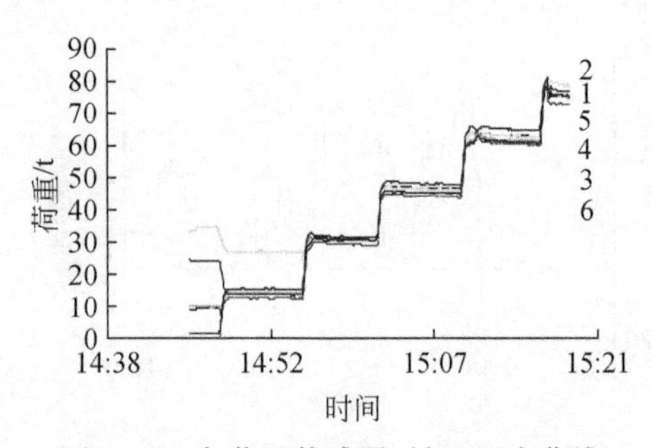

图 6.73　各荷重传感器时间-压力曲线

W-1

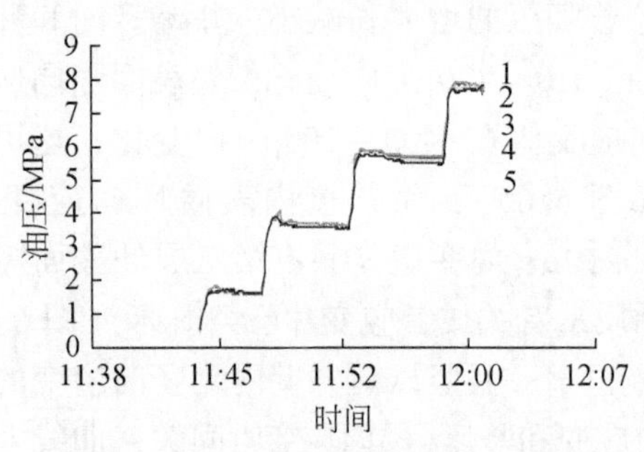

图 6.74　各液压传感器时间-压力曲线

J-1

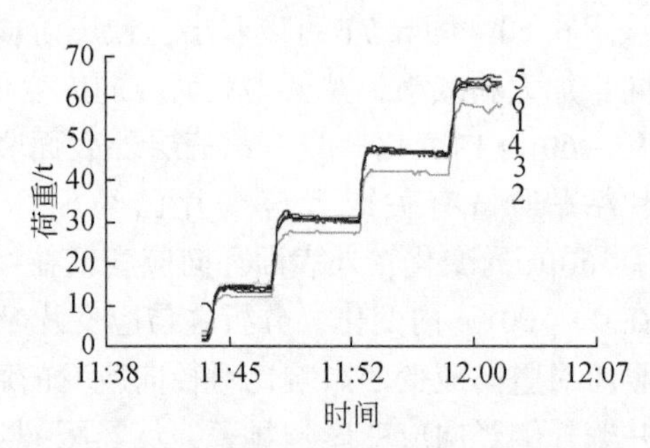

图 6.75　各荷重传感器时间-压力曲线

J-1

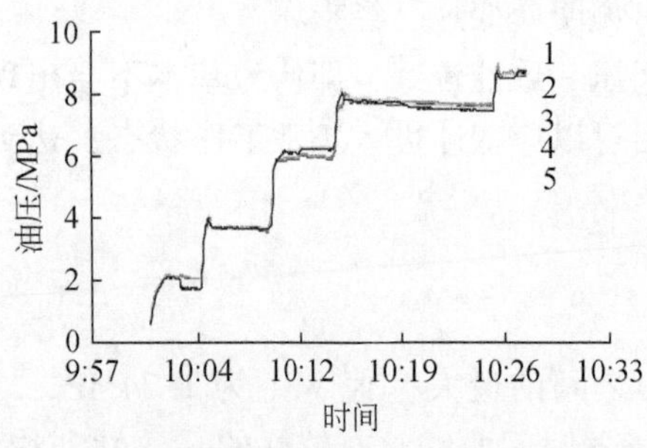

图 6.76　各液压传感器时间-压力曲线

J-2

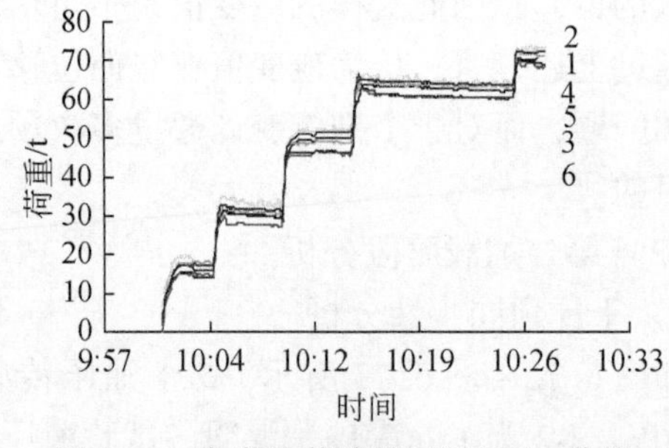

图 6.77　各荷重传感器时间压力-曲线

J-2

2）基本物理量回归分析

A. 弹性模量回归分析

竖向压力刚达到最值时对应的竖向位移为正向最大，通过此位移值可以求得模型井壁此时的总应变，竖向压力与总应变之比即为模型井壁的弹性模量，试验得到的弹性模量见表 6.47。

表6.47　基本参数回归结果

模型编号	f_{cu}/MPa	泊松比	弹性模量/(10^4N/mm^2)
W-1	84.5	0.31	4.5
J-1	86.2	0.23	3.5
J-2	84.8	0.21	2.9

B. 泊松比回归分析

在竖压加载过程中，环向应变与竖向应变之比即为混凝土泊松比，为了便于分析排除那些变化太大的测点，只选择变化适中的测点，对比图6.78～图6.83，具体选择的应变点为试验W-1选WV-1和WH-1、NV-1和NH-1；试验J-1选SH-1和SV-1；试验J-2选SH-1和SV-1、WH-1和WV-1、NH-1和NV-1。

在竖压加载初期，泊松比波动较大（主要是因为加载初期各应变计的工作性能还在调整阶段），后期波动较小，因此在求解时选择后期比较平稳的一段求其均值，所得结果见图6.78～图6.83。

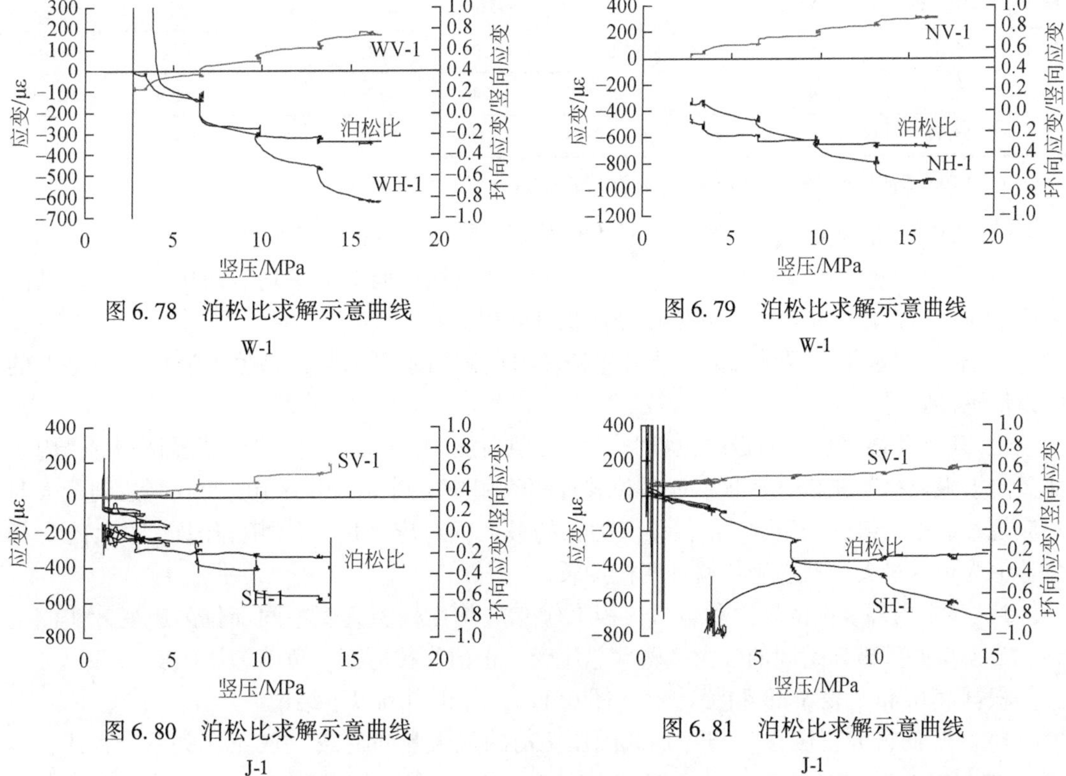

图6.78　泊松比求解示意曲线 W-1

图6.79　泊松比求解示意曲线 W-1

图6.80　泊松比求解示意曲线 J-1

图6.81　泊松比求解示意曲线 J-1

由表6.47可知，回归得到的泊松比和弹性模量离散性较大，认为泊松比与混凝土强度无关，则均值为0.25；弹性模量与混凝土强度相关，忽略试验W-1、J-1和J-2混凝土强度的差异，取其平均值，得到80MPa的混凝土对应的弹性模量（3.63×10^4N/mm^2），该值小于《混凝土结构设计规范》（GB 50010—2002）给定的值（3.8×10^4N/mm^2）。

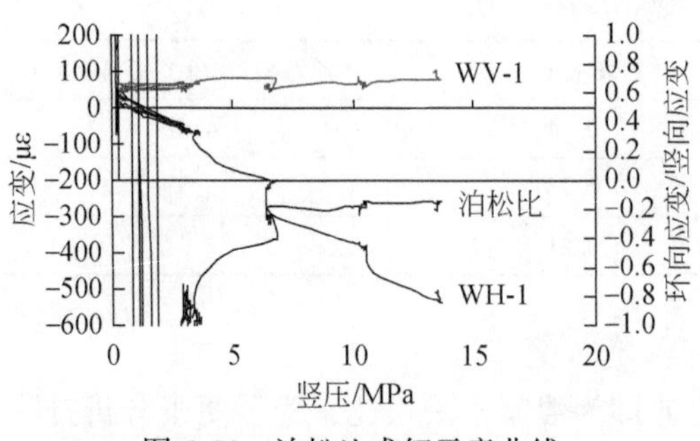

图 6.82　泊松比求解示意曲线
J-2

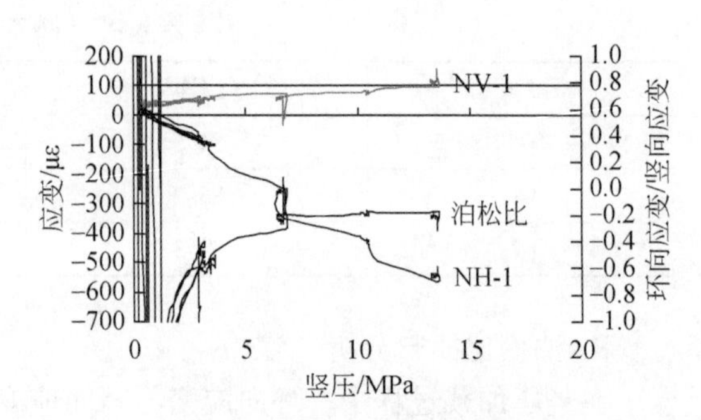

图 6.83　泊松比求解示意曲线
J-2

（3）第三加载阶段分析

实验结果见表 6.48，说明如下。

表 6.48　试验结果统计

模型编号	竖向极限荷载/MPa	水平极限荷载/MPa	水平极限荷载/f_{cu}	内表面极值位移/mm		内表面极大应变/με		外表面极大应变/με	
				竖向	径向	竖向	环向	竖向	环向
W-1	16.67	17.5	0.207	0.907	0.896	268	-2201	624	-1410
J-1	16.27	20.4	0.237	1.135	1.043	437	-2804	305 *	-1107 *
J-2	15.72	19.3	0.226	1.328	1.056	272	-2698	543	-1835

注：J-1 的外表面竖向和环向极大应变由于外表面应变片损坏较为严重而可能误差较大。

1）表中“混凝土强度”指与模型井壁同条件养护的单轴抗压强度。

2）表中“竖向极限荷载”指井壁破坏瞬间井壁横截面上的平均竖向压应力，由轴向加载千斤顶的力输出量与模型井壁横截面积计算得到。

3）表中“水平极限承载力”指井壁破坏时的瞬时水平荷载，该值由连接在回路上的压力传感器测得。

4）表中“内表面径向极限位移”是由模型高度中间部位的位移传感器测得，“内表面竖向极限位移”是由井壁顶、底部位移计测值相减得到，其均为相应荷载刚达到最大时对应位移的平均值，“正向”指位移值为正的最大，对应于位移计测杆压缩，“负向”指位移值为负的最大，对应于位移计测杆伸长。

5）表中内外表面的环向和竖向“极大应变”均由模型高度中间部位的应变片实测得到，为模型井壁破坏瞬间的极大弹塑性总应变，正值为拉应变，负值为压应变。

根据表 6.48、表 6.49 和图 6.84 ~ 图 6.113，分析得到以下结论。

1）“竖向极大正位移”与“加载围压之前的最大竖向荷载”成正比关系，其比值分别为试验 W-1 为 0.0544、J-1 为 0.0698 和 J-2 为 0.0845，即对于 W-1 井壁，1MPa 的竖压会产生约 0.0544mm 的位移，对于 J-1 井壁，1MPa 的竖压会产生约 0.0698mm 的位移，而 J-2 井壁，1MPa 的竖压会产生约 0.0845mm 的位移；

2）“竖向极大位移”与“竖向极限荷载”和“水平极限荷载”的共同作用相关，竖压较小，相应的最大竖向位移就较小，随着围压的增大，竖向位移很快从负值变为正值

（图6.90～图6.92）。从表6.49可以看到，“竖向极大位移”与“水平极值位移/水平极限荷载”基本成正比关系，即“水平极限荷载/竖向极限荷载”等于1时两组井壁对应的“竖向极大位移”约为0.86mm、0.91mm和1.08mm。

表6.49　试验结果分析

模型编号	竖向极值位移/竖向极限荷载/(mm/MPa)	水平极值位移/水平极限荷载/(mm/MPa)	水平极限荷载/竖向极限荷载	竖向极大位移/mm	u/M	外表面环向极大压应变/内表面环向极大压应变
W-1	0.0544	0.0512	1.0498	0.907	0.86	0.6406
J-1	0.0698	0.0511	1.2538	1.135	0.91	0.3948
J-2	0.0845	0.0547	1.2277	1.328	1.08	0.6801
均值	0.0695	0.0523	—	—	—	—

注：u为“竖向负极大位移”，M为“水平极限荷载/竖向极限荷载”。

3）围压加载到破坏时才出现最大的径向位移，而在此之前已经加载了竖压，因此径向位移受竖压和围压的共同作用，但由于竖压对径向位移影响较小，在忽略竖压影响的情况下，径向位移与水平压力基本成正比关系，两者比值为W-1为0.0512、J-1为0.0511和J-2为0.0547，即对于井壁W-1，1MPa的围压会产生约0.0512mm的位移，对于J-1井壁，1MPa的围压会产生约0.0511mm的位移，对于J-2井壁，1MPa的围压会产生约0.0547mm的位移；三组试验的均值为0.0523mm。

4）竖向应变变化规律与竖向位移的变化规律相似，即竖向压应变随着竖压的增大而增大，而当围压一旦加载，竖向压应变值立刻变小，继而迅速地由压应变变为拉应变（图6.96～图6.113），由于此时环向应力远大于竖向应力，因此，环向应变大于竖向应变。

5）从图6.99～图6.101可以看出，井壁外侧荷载应变曲线较离散（图中只绘出应变片没有破坏前的荷载应变曲线）这与外侧应变计处于复杂应力状态下或者应变计已经损坏有关。分析认为，油压及模型井壁自身的变形均通过应变计表面的一层绝缘胶体对应变计有一个复杂的力的作用，同时模型井壁自身变形对应变计有一直接的力的作用。虽然吸取了以前大量试验的经验，将粘贴应变片的胶大大减薄并在应变片外侧涂抹一层“703”型软胶以避免质地较硬的JC-311型胶黏剂直接与应变片接触，但井壁外侧应变片破坏仍比较严重，因此数值比较离散。

6）虽然井壁外侧应变比较离散，但从图6.96～图6.113仍可以看出，井壁破坏时内侧压应变远大于井壁外侧；井壁破坏时内侧总压应变一般在−2000～−2500με，甚至有时达到并超过了−3000με（图6.103和图6.104）。

7）从图6.93和图6.95可以看出，W-1和J-2的应变值在井壁破坏后沿应变增加路径又有所回落，这是由井壁恢复部分弹性应变造成的。

8）从表6.48可以看出，井壁水平极限承载力与井壁混凝土单轴抗压强度的比值分别为0.207、0.237、0.226。对比这3个比值可知，接茬板的存在，使井壁极限承载力与井壁混凝土单轴抗压强度的比值提高了14.49%和9.18%，说明井壁极限承载力相对也提高了，这部分承载力在设计时可不予考虑而作为井壁承载力的安全储备。

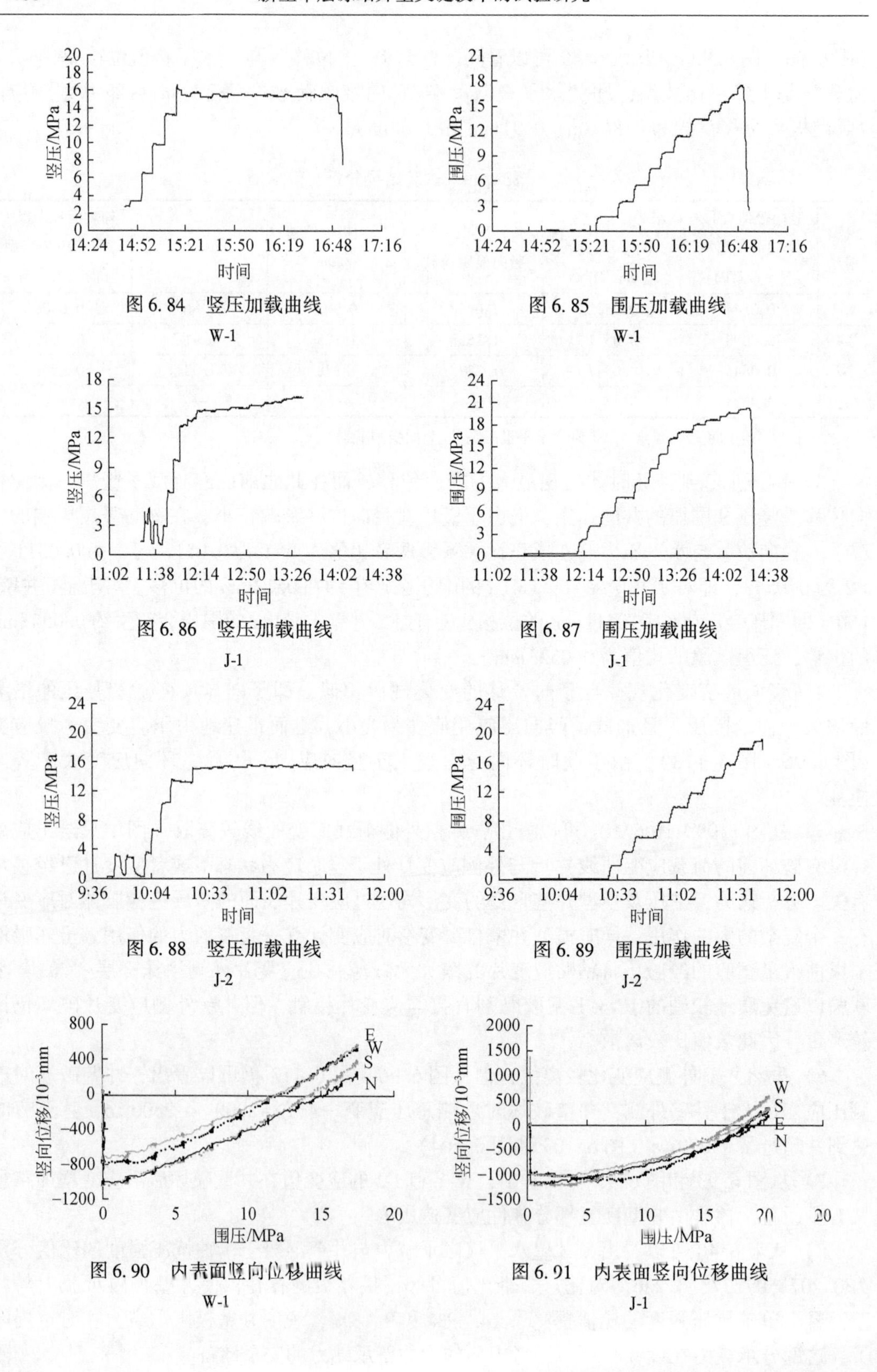

图 6.84　竖压加载曲线
W-1

图 6.85　围压加载曲线
W-1

图 6.86　竖压加载曲线
J-1

图 6.87　围压加载曲线
J-1

图 6.88　竖压加载曲线
J-2

图 6.89　围压加载曲线
J-2

图 6.90　内表面竖向位移曲线
W-1

图 6.91　内表面竖向位移曲线
J-1

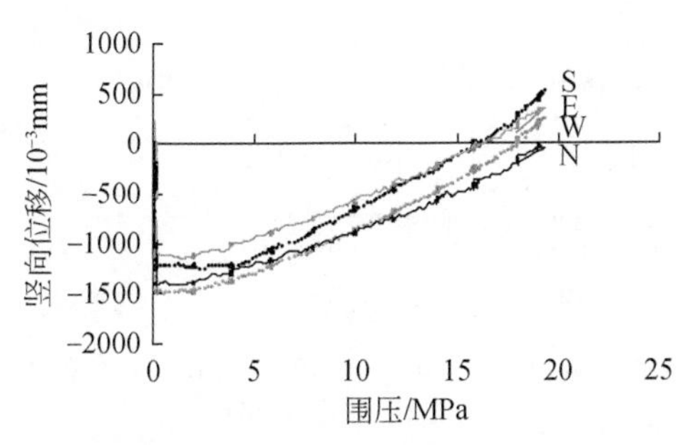

图 6.92　内表面竖向位移曲线

J-2

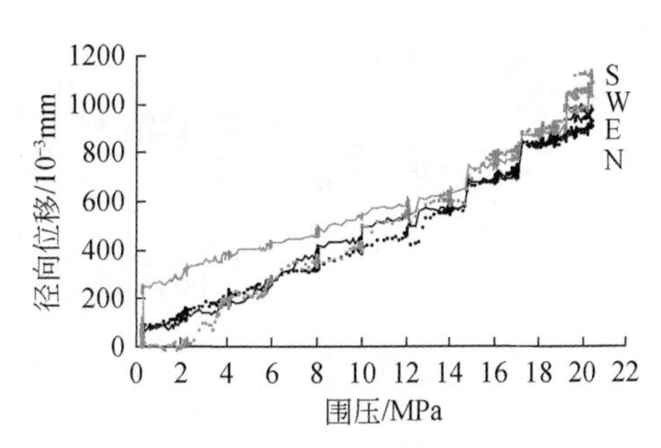

图 6.93　内表面径向位移曲线

W-1

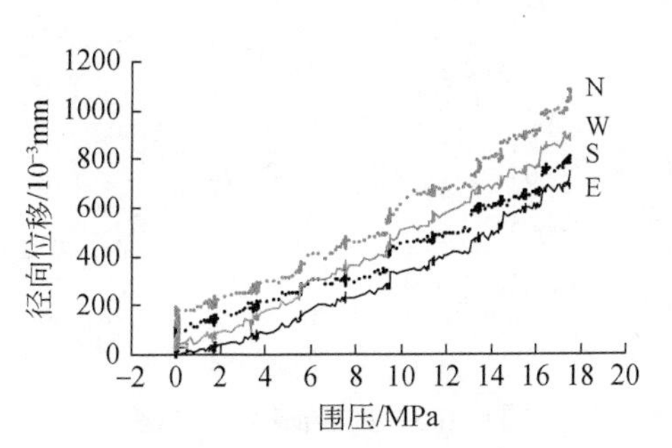

图 6.94　内表面径向位移曲线

J-1

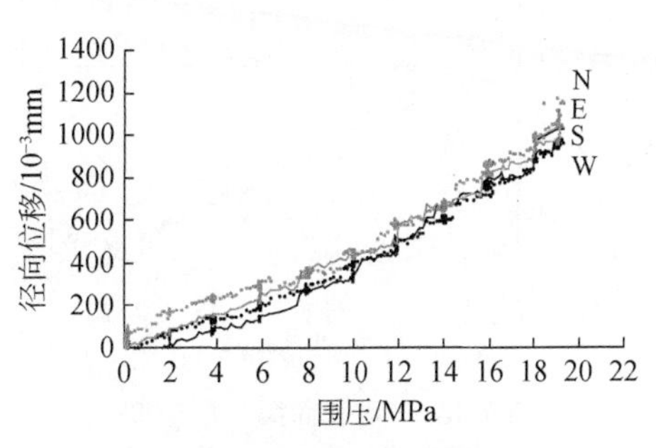

图 6.95　内表面径向位移曲线

J-2

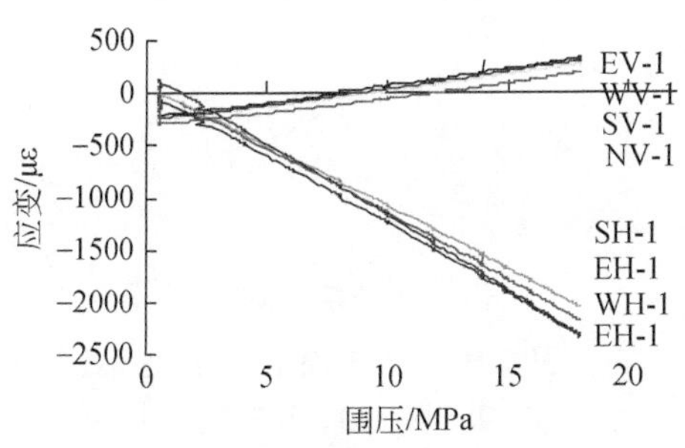

图 6.96　内表面第一层应变

第一层（W-1，内表面）

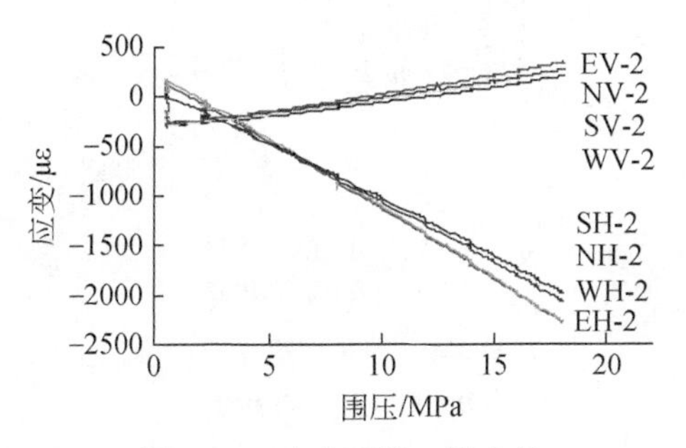

图 6.97　内表面第二层应变

第二层（W-1，内表面）

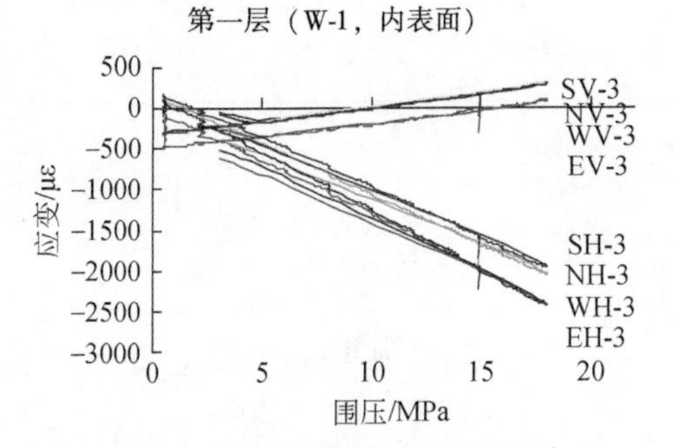

图 6.98　内表面第三层应变

第三层（W-1，内表面）

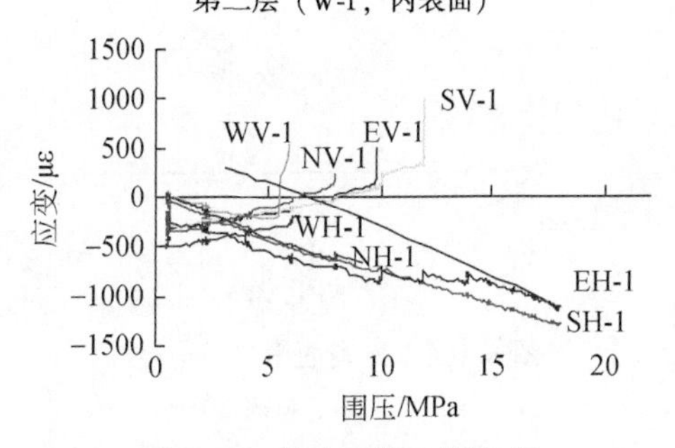

图 6.99　外表面第一层应变

第一层（W-1，外表面）

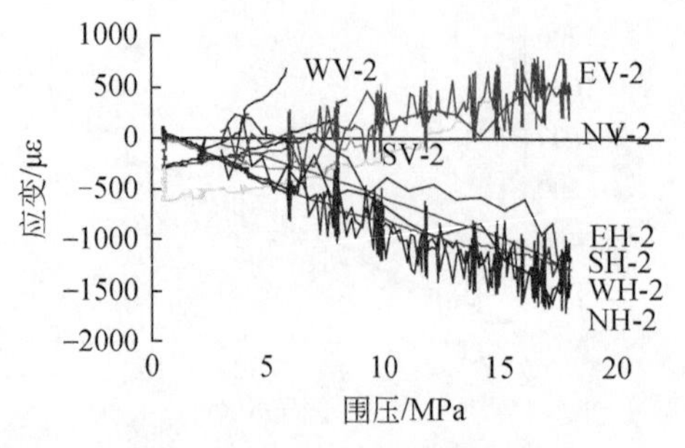

图 6.100　外表面第二层应变

第二层（W-1，外表面）

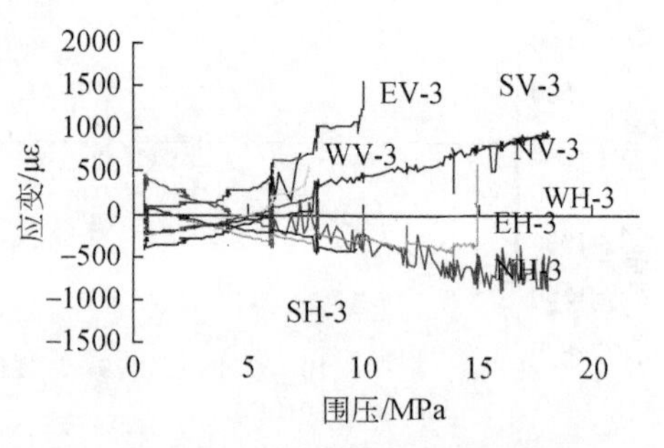

图 6.101　外表面第三层应变

第三层（W-1，外表面）

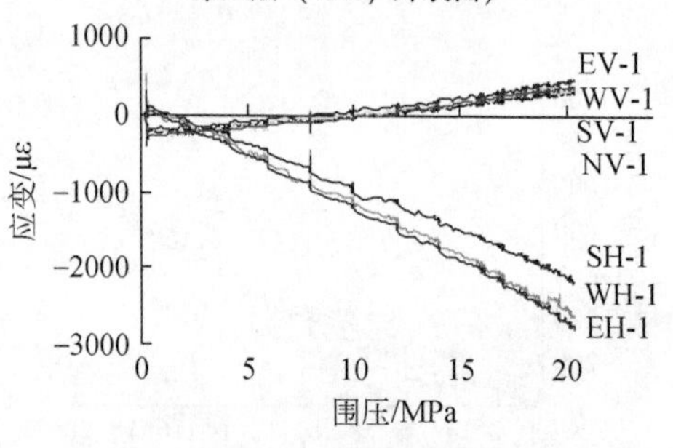

图 6.102　内表面第一层应变

第一层（J-1，内表面）

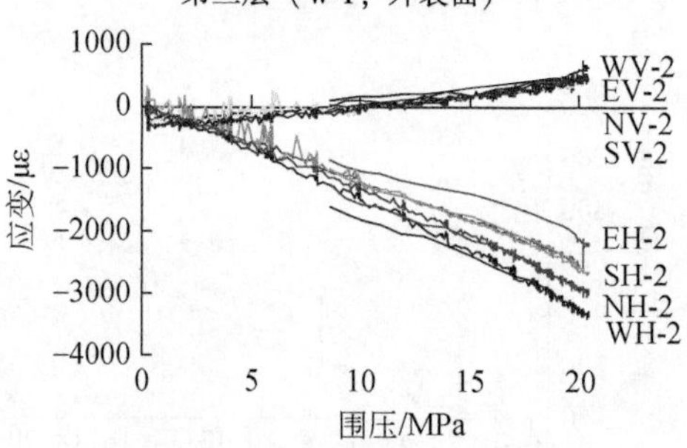

图 6.103　内表面第二层应变

第二层（J-1，内表面）

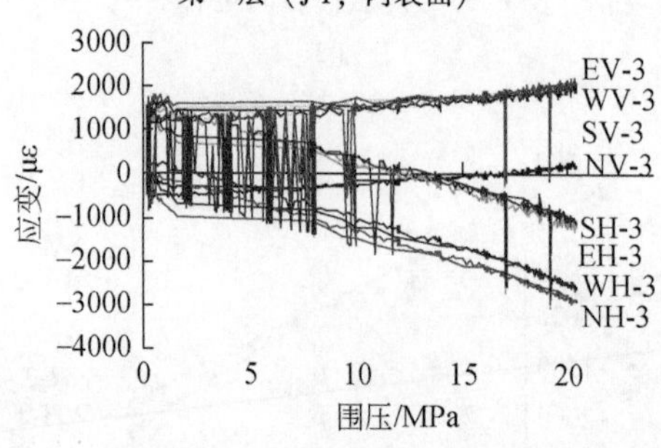

图 6.104　内表面第三层应变

第三层（J-1，内表面）

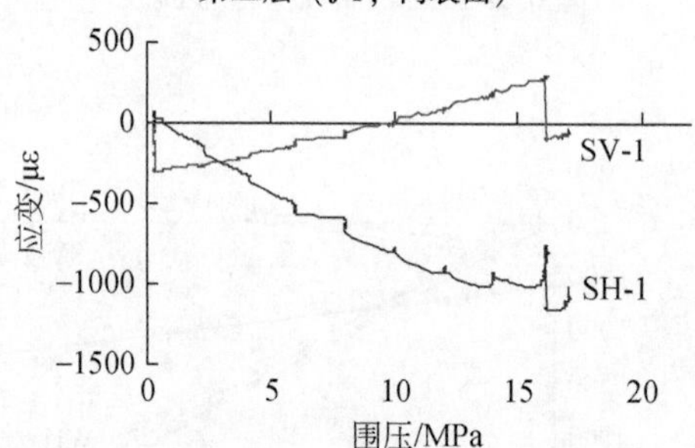

图 6.105　外表面第一层应变

第一层（J-1，外表面）

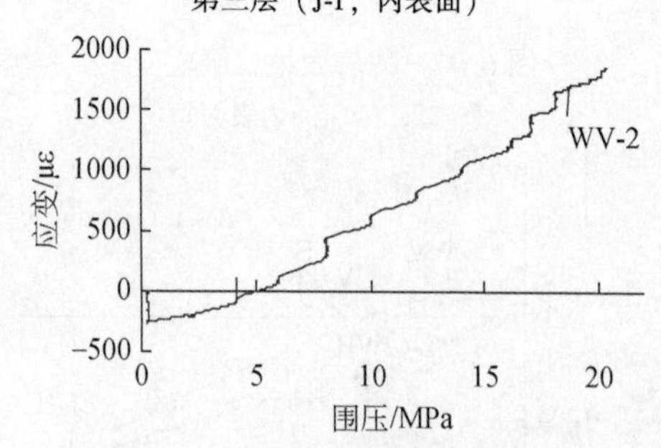

图 6.106　外表面第二层应变

第二层（J-1，外表面）

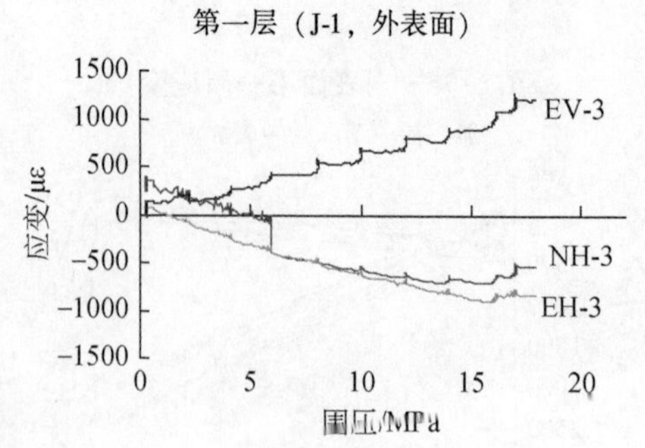

图 6.107　外表面第三层应变

第三层（J-1，外表面）

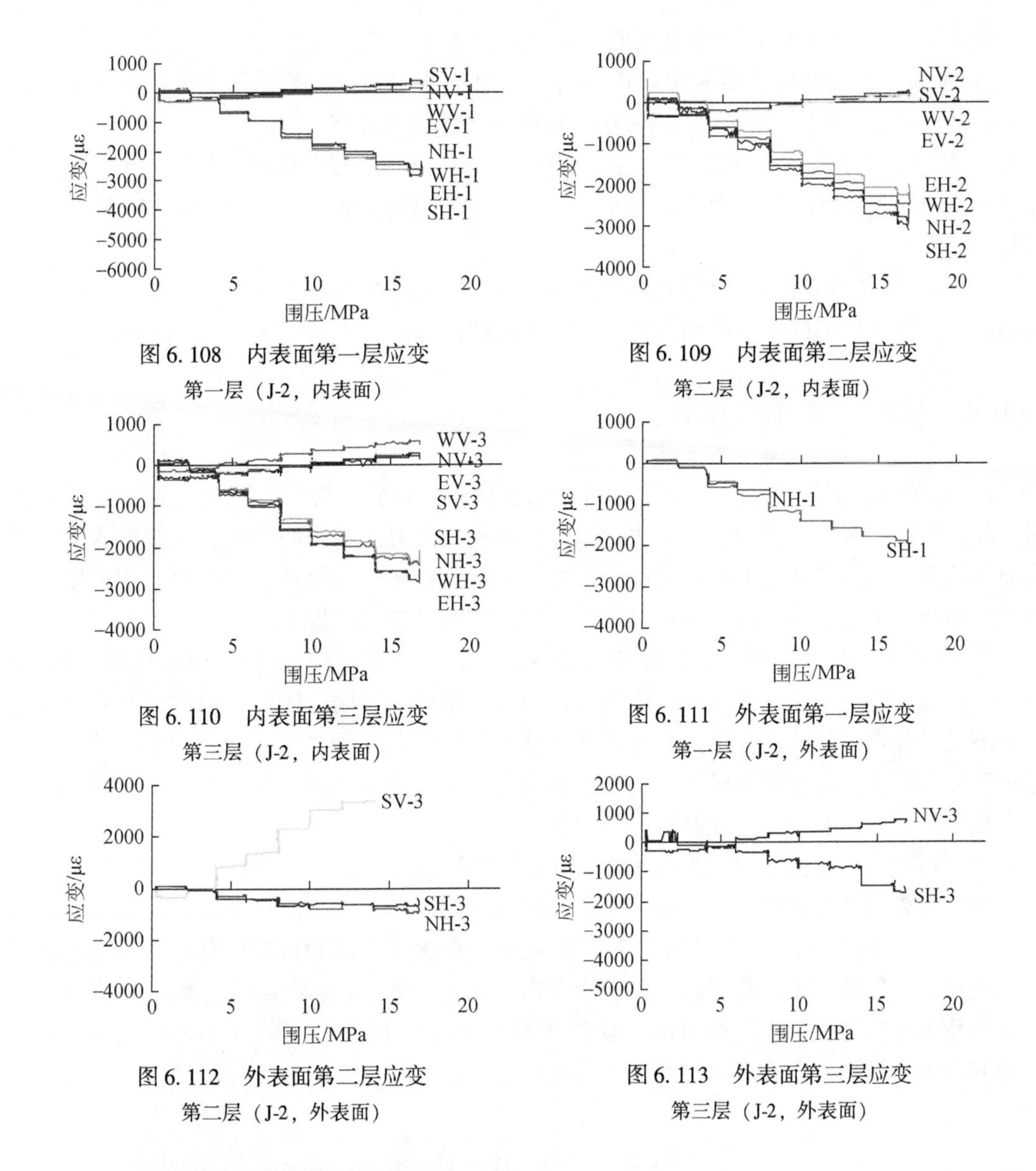

图6.108　内表面第一层应变

图6.109　内表面第二层应变

图6.110　内表面第三层应变

图6.111　外表面第一层应变

图6.112　外表面第二层应变

图6.113　外表面第三层应变

6.4.7.2　模型试验与数值计算结果对比

模型试验结果与数值计算结果对比见表6.50。

表6.50　井壁水平极限承载力物理模拟结果与数值计算结果对比

模型编号	井壁结构	混凝土强度/MPa	类广义平面应力数值计算结果/MPa	物理模拟试验结果/MPa
W-1	素混凝土	84.5	15.956	17.542
J-1	带接茬板	86.2	17.589	20.39
J-2	带接茬板	84.8	17.105	19.296

通过表 6.49 和表 6.50 的对比分析，可以得到如下结论。

1）数值计算和模拟试验的结果均表明，其他条件相同时，对于井壁水平极限承载力有素混凝土井壁<钢筋混凝土井壁<带接茬板的钢筋混凝土井壁。

2）W-1 与 J-2 模型井壁的混凝土抗压强度十分接近，带接茬板的钢筋混凝土井壁与素混凝土井壁的水平极限承载力之比分别为 1.072（数值计算结果）和 1.10（试验结果），二者十分接近。

3）通常数值计算结果比模拟试验结果小，原因是当井壁局开裂或压碎时数值计算就自动终止，而在模拟试验中可加载将井壁整体压溃。

6.4.8　试验中存在的问题

1）试验台密封的问题。试验前总结了先前试验的经验，针对小法兰经常会渗漏的问题，经过大量的调研后认为，固定法兰圆盘的螺栓孔距离法兰中心太远，且个数太少，试验前将其螺栓孔数量增大 1 倍，即由原来的 4 个增大到 8 个，另外，将以前常用的胶皮线换成漆包线。试验证明，法兰经过改进后，试验中再没有出现渗漏。

2）千斤顶的同步问题，千斤顶的同步直接关系到井壁竖向边界的问题，对试验影响较大，可以采用一个千斤顶用一个供压管路的方式解决此问题，但以目前的试验台条件还不能满足此要求，解决的办法是开始加围压前对井壁竖向进行多次加载、卸载，这样可以促进千斤顶同步，还可减小机械滞后和使其他各传感器进入正常工作状态，试验证明，上述方法可行，本试验中千斤顶基本保持同步。

3）外侧应变计存活率低的问题。外侧应变片受力复杂，容易破坏，本试验贴片前严格控制井壁表面贴片位置平坦，贴片所用胶黏剂一定要薄，本试验应变片贴好后在外表面先涂抹一层“703”软胶，然后再用 JC-311 胶作最后保护，试验证明，这样的处理方法外侧应变片损坏仍较严重，建议以后试验中寻求一种比“703”型软胶稍硬而远比 JC-311 胶胶黏剂用来保护应变片，这样可减小质地较硬的 JC-311 胶在油压的作用下对应变片作用一个复杂的作用力，或许可以提高应变片的存活率。

6.5　本 章 小 结

对单层冻结井壁的水平极限承载力进行理论分析、数值计算和物理模拟试验研究，有如下结论。

1）根据施工工艺，分析提出：在凿井期间，单层井壁的竖向应力很小，受力状态接近于“平面应力”状态（竖向应力为 0）；在运营期间，竖向应力较大，受力状态接近于“广义平面应力”状态（竖向应力恒定，且不为 0）。

2）基于 Kufer-Gerstle 准则、Tasuji-Slate-Niloon 准则以及李伟政-过镇海准则，分别推导出了“平面应变”和“广义平面应力”力学模型条件下素混凝土井壁极限承载力的计算公式，并与文献（王建中，2006）和（王衍森，2005）基于 Willam-Wanker、Hsich-Ting-Chen、过镇海-王传志等准则的井壁极限承载力进行对比分析。分析认为，基于不同破坏准则的极限承载力计算结果相差不大。

3）开展了系统、深入的有限元计算分析，结果表明：新型单层冻结井壁的水平极限承载力与井壁混凝土抗压强度、竖向压力、厚径比、接茬钢板厚度均呈线性关系，与接茬钢板环宽成对数关系，而与井壁高径比几乎没有关系；新型单层冻结井壁比普通钢筋混凝土井壁的极限承载力高，类平面应变模型条件下的提高幅度在0.727%~5.524%，类广义平面应力模型条件下的提高幅度在0.773%~6.36%。

4）进行了三次大型物理模拟试验，数值计算和模拟试验的结果均表明，其他条件相同时，井壁水平极限承载力有素混凝土井壁<钢筋混凝土井壁<带接茬板的钢筋混凝土井壁。

5）W-1与J-2模型井壁的混凝土抗压强度十分接近，带接茬板的钢筋混凝土井壁与素混凝土井壁的水平极限承载力之比分别为1.072（数值计算结果）和1.10（试验结果），二者十分接近。

第7章　主要结论和展望

7.1　主要结论

我国冻结井筒普遍采用带夹层的双层复合井壁。它的结构复杂，井壁总厚度大。如何经济合理地减薄井壁已成为目前冻结凿井法急待研究的关键技术之一。采用单层井壁可有效减薄井壁厚度，节省大量的冻结、掘进和支护费用。本书主要针对中国矿业大学的发明专利——带接茬板的单层冻结井壁，开展了其关键技术和设计理论研究，综合采用理论分析、数值计算、模拟试验和试块试验等方法，对井壁水化热温度场、温度应力与膨胀应力场、极限承载力和抗渗性能等进行了深入的研究，主要结论如下。

1）单层冻结井壁厚度一般大于复合井壁的单一层井壁厚度，浇筑后将面临比复合井壁更为突出的高水化热问题。井壁温度峰值高（普遍超过60℃，甚至超过70℃），内、外温差大（普遍超过25℃），井壁温度裂缝控制难度大，因此采用膨胀混凝土是必要的。

2）受水化热高温影响，井壁在浇筑后29～32h温度达到最高，井壁越厚，最高温度就越高。井壁厚度相同时，泡沫板慢速压缩条件下井壁混凝土达到的最高温度分别比快速压缩条件下高0.91～3.15℃，达到最高温度的时间比泡沫板快速压缩条件下晚0.1～0.4d。井壁全断面进入负温的时间大于7d，而7d时井壁混凝土强度分别达到设计强度的71.7%～110.7%，此时混凝土的强度已超过抗冻临界强度，因此井壁不受冻害危险。

3）井壁最高温度随井帮温度的降低呈线性下降趋势，但降低的幅度极小。随着井壁厚度加大，井帮温度对井壁混凝土温度峰值影响逐渐变得不显著。泡沫板压缩速度对井壁最高温度的影响较显著，随着井壁厚度的增加，影响逐渐减小。泡沫板压缩速度对井壁最高温度的影响还跟井内风速密切相关，井内风速越高（表面散热系数越大），影响越显著。因此，减少井壁内表面散热量，有助于防止井壁开裂。为防止每个段高内竖向产生较大温差，应采取措施避免空气直接与钢质接茬板接触（接茬板的内缘和下表面）。

4）温度升温过程中，井壁具有整体的热膨胀变形趋势，受内、外部约束作用（主要是外部约束作用），产生压应力；降温过程中，由于外表面降温速度一般快于井壁内部及内表面，因此，靠近井壁内侧逐渐出现压应力，而井壁外侧由于降温收缩受到泡沫板和冻结的约束作用，逐渐从压应力变为拉应力，20d时拉应力接近0.3MPa，显然井壁中部径向一般不会开裂。

5）无论是否为微膨胀混凝土井壁，井壁径向温度压应力沿井壁厚度方向均呈“中部高，向两侧逐渐减小”的分布状态，温度应力变化曲线与井壁温度场的径向温度分布曲线特征一致，向井壁内、外侧压应力逐渐减小，井壁内、外侧位置处径向压应力近似为0。

6）受早期井壁水化热的影响，井壁具有整体的热膨胀变形趋势，因此，井壁内的竖向温度分布在早期均以压应力为主，井壁竖向温度应力沿井壁厚度方向均呈“中部高，内外表面低”的分布状态，温度应力变化曲线与井壁温度场的径向温度分布曲线特征一致，即近似呈抛物线分布。后期降温过程中，由于井壁竖向收缩受到相邻井壁段和冻结壁的约束作用，井壁内的竖向压应力逐渐减小，后期转为拉应力。

7）采用微膨胀混凝土井壁能在井壁竖向产生0.2～1.59MPa的压应力，这能有效地减小井壁内、外侧的竖向温度拉应力，增大井壁内部的竖向压应力，延长了井壁竖向由压应力转变为拉应力的时间，降低了井壁开裂的可能性。井壁是否会开裂取决于外荷载作用、温度作用和膨胀剂作用效应的叠加值。一般冻结压力的增加有助于降低竖向温度拉应力。

8）提出只需代入渗透问题的有关参数即可用圆柱冷却温度场计算公式来计算井壁渗透问题。自行设计了一套试验装置，对混凝土本体及钢板与混凝土黏结面的抗渗性能进行了试验研究，试验结果表明：即使在较高的竖向压应力作用下，钢板与混凝土黏结面仍具有比相同性质的完整混凝土本体高得多的渗透系数。在施工质量有保证的情况下，钢板与混凝土黏结面具有良好的抗渗性能，在轴向受压的情况下即使水头渗透经过黏结面到达试块内侧，仍不会形成流水。因此，采用钢质接茬板可保证井壁接茬的密封性能满足施工要求。

9）采用与工程实际相同的工艺浇筑的新型单层井壁模型，对其抗渗性能开展了大型物理模拟试验研究，试验结果表明：井壁接茬板与混凝土黏结面具有较好的抗渗性能，在6MPa水压作用下，原型井壁接茬在大约87d内（模拟试验时间相当于原型87d）无水渗出。这证明采用本书提出的技术方案可解决井壁接茬的渗漏难题。

10）根据施工工艺，分析提出：在凿井期间，单层井壁的竖向应力很小，受力状态接近于“平面应力”状态（竖向应力为0）；在运营期间，竖向应力较大，受力状态接近于“广义平面应力”状态（竖向应力恒定，且不为0）。

11）单层冻结井壁水平极限承载力与井壁混凝土抗压强度、竖向压力、厚径比、接茬钢板厚度均呈线性关系，与接茬钢板环宽成对数关系，而与井壁高径比几乎没有关系；新型单层冻结井壁比普通钢筋混凝土井壁的极限承载力高，类平面应变模型条件下极限承载力提高幅度在0.727%～5.524%，类广义平面应力模型条件下极限承载力提高幅度在0.773%～6.36%，且随着混凝土强度等级的提高和井壁厚径比的加大极限承载力有逐渐减小的趋势；按类平面应变模型计算得到的井壁环向极限承载力均比按类广义平面应力模型计算得到的结果高，前者比后者提高2.598%～7.65%。

12）物理模拟试验、数值计算结果均表明：在其他条件相同时，对于井壁水平极限承载力有素混凝土井壁<钢筋混凝土井壁<带接茬板的钢筋混凝土井壁。在本书中，带接茬板的钢筋混凝土井壁与素混凝土井壁的水平极限承载力之比分别为1.072（数值计算结果）和1.10（试验结果），二者十分接近。

7.2 存在问题及展望

在本书的研究工作中还存在诸多不足之处，这也为今后进一步研究指明了方向。

1）在新型单层冻结井壁温度研究中，考虑到井壁所取的角度较小，将井壁的内外表面简化成平面，最终使试验的井壁模型为长方体，这样简化是为了使试验台成为通用的（不同井壁内径）试验台，但简化会导致试验结果存在一定的误差，以后应将该因素考虑进来。

2）在新型单层冻结井壁温度应力及膨胀应力场数值模拟试验中，混凝土和泡沫板的弹性模量都是根据部分实测值和经验值确定的，为了减小误差，使模拟试验结果更符合井壁的实际受力状况，井壁混凝土的弹性模量最好能根据实测值确定。

3）在新型单层冻结井壁抗渗性能研究中，钢板与混凝土黏结面的抗渗透试验试块数量少，离散性较大，试验结果并没有像我们预想的那样水沿着钢板表面布置的测点依次渗透，而是跳跃着前进甚至有的位置水绕到测点前方后又往回渗流。因此，本书只通过对试验数据的统计，选取了一些规律性明显的点来进行分析，而没有全面获得钢板与混凝土黏结面上水的渗流规律及其与钢板表面粗糙度、试块轴向压力和水压等影响因素之间的关系。

4）在新型单层冻结井壁极限承载力研究中，外侧应变计存活率很低，建议在以后试验中寻求一种方法以提高应变计的存活率。

参考文献

安徽省煤矿设计院，1976. 深厚表土冻结井筒井壁设计若干问题［J］. 煤炭科学技术，(3)：50-53.

柏方俭，1982. 关于冻结井筒的井壁结构与施工质量问题［J］. 建井技术，(3)：22-24.

柏方俭，1995. 施工冻结井筒的经验与教训［C］//王长生. 地层冻结工程技术与应用：中国地层冻结工程40年论文集. 北京：煤炭工业出版社，(10)：23-30.

布雷切夫，阿勃拉姆松，1981. 立井井壁［M］. 沈正芳，王德民，郑青林译. 北京：煤炭工业出版社.

本刊编辑部，1979. 深井冻结井壁（专题讨论总结）［J］. 煤炭科学技术，(12)：1-10.

蔡正咏，1979. 混凝土性能［M］. 北京：中国建筑工业出版社.

陈明华，孙文若，1994. 立井冻结施工使用素混凝土井壁的讨论［J］. 煤炭科学技术，22 (3)：49-51.

成冰，1980. 我国冻结凿井技术及其发展［J］. 建井技术，(1)：10-12.

程红强，李平先，张雷顺，2003. 新老混凝土粘结面抗冻性能试验研究［J］. 河南科学，21 (6)：775-777.

程万光，魏金阁，1981. 联邦德国滑动井壁的计算方法［J］. 建井技术，(2)：52-58.

池建军，2004. 钢管混凝土界面抗剪粘结性能的试验研究与有限元分析［D］. 长沙：长沙理工大学.

崔广心，1990. 相似理论与模型试验［M］. 徐州：中国矿业大学出版社.

崔广心，2000. 复杂地层中地下工程特殊施工技术发展与展望［J］. 煤，9 (6)：3-8.

崔广心，杨维好，吕恒林，1998. 深厚表土层中的冻结壁和井壁［M］. 徐州：中国矿业大学出版社.

付厚利，2004. 饱和土中单桩融沉附加力的试验研究［J］. 岩土力学，9 (25)：1447-1450.

高剑平，潘景龙，2000. 新旧混凝土结合面成为受力薄弱环节原因初探［J］. 混凝土，(6)：44-46.

高齐瑞，1983. 开滦煤矿冻结井筒的双层井壁［J］. 煤炭科学技术，(2)：21-24.

高作平，甘良绪，刘小明，1998. 新老混凝土界面连接技术［J］. 水利水运科学研究，(3)：287-291.

龚洛书，柳春圃，1990. 混凝土的耐久性及其防护修补［M］. 北京：中国建筑工业出版社.

顾大钊，刘世臻，施世浦，等，1997. 冻结井筒施工期外层井壁的破坏及防治［J］. 建井技术，18 (1)：6-9.

郭进军，张雷顺，2004a. 高温影响下新老混凝土粘结的剪切性能试验研究［J］. 建筑结构学报，25 (3)：107-113.

郭进军，张雷顺，2004b. 温度对新旧混凝土粘结面剪切变形的影响［J］. 河南科学，(4)：519-521.

郭进军，王少波，张雷顺，等，2002. 新老混凝土粘结的剪切性能试验研究［J］. 建筑结构，25 (8)：43-45.

郭进军，宋玉普，张雷顺，2003. 混凝土高温后进行粘结劈拉强度试验研究［J］. 大连理工大学学报，43 (2)：213-217.

郭进军，宋玉普，张雷顺，2004. 高温后新旧混凝土粘结的剪切性能研究［J］. 工程力学，22 (4)：133-138.

郭景强，陈贺新，翟延波，2002. 聚丙烯纤维自密实混凝土的研究及应用［J］. 河南科学，20 (6)：740-743.

过镇海，1997. 混凝土的强度和变形（试验基础和本构关系）［M］. 北京：清华大学出版社.

过镇海，1999. 钢筋混凝土原理［M］. 北京：清华大学出版社.

韩菊红，2002. 新老混凝土粘结断裂性能研究及工程应用［D］. 大连：大连理工大学.

韩菊红，温新丽，2003. 粗骨料粒径对新老混凝土粘结断裂韧度的影响［J］. 郑州大学学报（工学版），24 (3)：33-36.

韩菊红，赵国藩，张雷顺，2003. 新老混凝土粘结面断裂性能试验研究［J］. 土木工程学报，36 (6)：

31-35.
韩玉治，1979. 加厚外层井壁以适应深井冻结压力［J］. 煤炭科学技术，(3)：6-7.
郝文化，2005. ANSYS 土木工程应用实例［M］. 北京：中国水利水电出版社.
何廷树，宋学锋，詹美洲，2003. 膨胀剂对免振捣自密实混凝土性能的影响［J］. 长安大学学报（自然科学版），23（6）：19-22.
贺晓明，李智录，王淑贤，2005. 工程地质计算机应用.4：26-29.
淮南矿务局建井工程处，煤炭科学研究院北京建井所，1986. 钢板混凝土沥青柔性井壁［J］. 煤炭科学技术，(4)：17-20.
黄永刚，2004. 大体积混凝土温度监测与裂缝拉制［D］. 西安：西安建筑科技大学.
纪午生，陈伟，张应立，等，1986. 常用建筑材料试验手册［M］. 北京：中国建筑工业出版社.
剑万禧，1979. 冻结井筒内外壁的关系［J］. 煤炭科学技术，(11)：5-14.
姜浩，2001. 新老混凝土粘结界面层微细观结构的改善方法和机理［D］. 汕头：汕头大学.
蒋家奋，2003. 免振自密实混凝土在国外预制混凝土制品生产中的应用近况［J］. 混凝土与水泥制品，(1)：21-22.
李冰，2004. 新老混凝土粘结面渗透试验研究［D］. 郑州：郑州大学.
李东，潘育耕，1999. 混凝土水化放热瞬态温度场数值计算过程中的水化放热规律及水化速率问题［J］. 西安建筑科技大学学报，31（3）：277-279.
李庚英，谢慧才，2002. 一种改善新老混凝土修补界面长期性能的方法［J］. 工业建筑，32（9）：54-56.
李军华，2004. 大坝渗流监测系统设计及渗流计算机模拟［D］. 郑州：郑州大学.
李平先，2004. 新老混凝土粘结面抗冻和抗渗性能试验研究［D］. 大连：大连理工大学.
李伟政，过镇海，1991. 二轴拉压应力状态下混凝土的强度和变形试验研究. 水利学报（8）：51-56.
李振富，吕秀红，1999. 低热微膨胀混凝土预压应力研究［J］. 水利水电技术，30（9）：17-20.
刘鸿文，1997. 简明材料力学［M］. 北京：高等教育出版社.
刘嘉璐，2005. 高性能混凝土工作性及渗透性评价方法研究［D］. 大连：大连理工大学.
刘健，2000. 新老混凝土粘结的力学性能研究［D］. 大连：大连理工大学.
刘健，2001. 高温后新老混凝土粘结的劈拉强度试验研究［J］. 工业建筑，21（2）：15-17.
刘健，赵国藩，2001. 新老混凝土粘结收缩性能研究［J］. 大连理工大学学报，41（3）：339-342.
刘金伟，2002. 超声波速评价新老混凝土粘结质量的试验研究［J］. 汕头大学学报（自然科学版），17（1）：1-6.
刘金伟，谢慧才，2001. 修补后龄期对新老混凝土粘结强度的影响［J］. 土木工程学报，34（1）：30-32.
刘鹏飞，2005. 可缩井壁轴向承载性能研究［D］. 徐州：中国矿业大学.
刘小明，侯发亮，朱培喜，2003. 新老混凝土界面处理技术与工程应用［J］. 中国农村水利水电，(3)：44-46.
刘运明，熊光晶，谢慧才，2000. 下补新老混凝土粘结界面完全劣化梁的工作性能［J］. 土木工程学报，33（2）：107-110.
柳献，袁勇，2002. 自密实混凝土塑性收缩性能研究［J］. 凝土与水泥制品，(5)：6-10.
陆孝军，1983. 塑料夹层复合井壁的防水机理［J］. 煤炭科学技术，(11)：39.
路新瀛，李翠玲，陈美霞，等，1999. 混凝土渗透性的电学评价［J］. 混凝土与水泥制品，(5)：12-14.
路耀华，崔增祁，1995. 中国煤矿建井技术［M］. 徐州：中国矿业大学出版社.
罗白云，熊光晶，李庚英，等，2004. 减缩剂改性新老混凝土修补界面层的细观结构与黏结强度［J］.

硅酸盐通报，(6)：110-112.
马英明，张维廉，1983. 冻结法凿井（一）[J]. 建井技术，(3)：48-54.
毛昶熙，2003. 渗流计算分析与控制 [M]. 北京：中国水利水电出版社.
蒙富强，2005. 基于 ANSYS 的土石坝稳定渗流场的数值模拟 [D]. 大连：大连理工大学.
穆红英，2000. 关于外加剂、混合材料对硅酸盐水泥的水化热影响研究 [D]. 大连：大连理工大学.
潘楷闻，1981. 复合井壁 [J]. 煤炭科学技术，(9)：25-29.
庞荣庆，1982. 两淮立井冻结施工 [J]. 煤炭科学技术，(10)：17-19.
彭波，2002. 高强混凝土开裂机理及裂缝控制研究 [D]. 武汉：武汉理工大学.
邱世武，陈明华，1979. 夹层复合井壁的试验研究 [J]. 煤炭科学技术，(7)：24-27.
石晶，杨向东，陈利，2000. 混凝土的渗透性能及抗渗对策 [J]. 建筑技术，31 (4)：261-262.
苏立凡，1979. 冻结井筒双层井壁的计算 [J]. 煤炭科学技术，(4)：1-6.
孙林柱，杨俊杰，1997. 高强素混凝土井壁结构强度的试验研究 [J]. 煤矿设计，(7)：10-12.
孙启凯，1987. 冻结井的新型井壁结构 [J]. 煤炭科学技术，(5)：26-28.
孙文若，1979. 冻结法凿井钢筋混凝土井壁的温度应力应引起重视 [J]. 煤炭科学技术，(8)：1-5.
孙文若，冯志兴，1980. 深井冻结复合井壁的设计计算方法 [J]. 煤炭科学技术，(9)：28-32.
孙文若，陈明华，姚直书，1995. 冻结井应用素砼井壁的研究 [C] //王长生. 地层冻结工程技术与应用. 北京：煤炭工业出版社.
田稳苓，1998. 钢纤维膨胀混凝土增强机理及其应用研究 [D]. 大连：大连理工大学.
田稳苓，赵国藩，1998. 新老混凝土的粘结机理初探 [J]. 河北理工学院学报，20 (2)：78-82.
田稳苓，赵志方，赵国藩，等，1998. 新老混凝土的粘结机理和测试方法研究综述 [J]. 河北理工学院学报，20 (1)：84-93.
王栋民，2006. 高性能膨胀混凝土. 北京：中国水利水电出版社.
王付江，2003. 新老混凝土粘结问题探讨 [J]. 山西建筑，29 (14)：55-56.
王建中，2006. C80-C100 高强混凝土井壁力学特性研究 [D]. 徐州：中国矿业大学.
王景余，范铁锤，李功洲，2001. 冻结井筒混凝土井壁防水机理的研究 [J]. 煤炭科学技术，29 (1)：36-42.
王明恕，1979. 竖井冻结施工的井壁问题 [J]. 煤炭科学技术，(7)：1-8.
王少波，郭进军，张雷顺，等. 2001. 界面剂对新老混凝土粘结的剪切性能的影响 [J]. 工业建筑，31 (11)：35-40.
王守宪，鲁统卫，刘永生，2001. 自密实混凝土外加剂的研究与应用 [J]. 混凝土，(8)：41-44.
王铁梦，1981. 现浇双层混凝土井壁的温度应力与裂缝 [J]. 建井技术，(3)：33-36.
王铁梦，1986. 建筑物裂缝控制 [M]. 上海：上海科学技术出版社.
王铁梦，1997. 工程结构裂缝控制 [M]. 北京：中国建筑工业出版社.
王学金，1986. 淮北冻结井壁结构的新形式 [J]. 煤炭科学技术，(1)：19-21.
王衍森，2005. 特厚冲击层中冻结井外层井壁的强度增长及其受力规律研究 [D]. 徐州：中国矿业大学.
邬翔，熊光晶，2003. 硅烷偶联剂溶液浓度对新老混凝土粘结界面层拉拔强度的影响 [J]. 混凝土与水泥制品，(3)：18-19.
邬翔，熊光晶，罗白云，等. 2004. 减缩剂在新老混凝土修补中的应用研究 [J]. 建筑技术开发，31 (3)：43-44.
吴建议，1988. 冻结新型井壁设计探讨 [J]. 煤炭科学技术，(9)：3-4.
吴金根，1979. 对深井冻结井壁结构的意见 [J]. 煤炭科学技术，(9)：8.
吴中伟，1979. 补偿收缩混凝土（不裂或少裂混凝土）[M]. 北京：中国建筑工业出版社.

吴中伟，廉慧珍，1999. 高性能混凝土［M］. 北京：中国铁道出版社.
项翥行，1998. 建筑工程常用材料试验手册［M］. 北京：中国建筑工业出版社.
谢慧才，申豫斌，2003. 碳纤维混凝土对新老混凝土粘结性能的改善［J］. 土木工程学报，36（10）：15-18.
谢慧才，李庚英，熊光晶，2003a. 新老混凝土界面粘结力形成机理［J］. 硅酸盐通报，（3）：7-18.
谢慧才，李庚英，熊光晶，2003b. 新老混凝土粘结界面的微结构及与集料-水泥界面的差异［J］. 工业建筑，33（1）：43-45.
谢靖中，朱金国，谢查俊，2002. 超长结构温度缝的底部分缝方法［J］. 建筑结构，32（3）：24-25.
邢福东，2004. 岩石一砼两相介质胶结面抗剪强度分形描述及其工程应用［D］. 南京：河海大学.
熊光晶，姜浩，陈立强，等，2002. 新老混凝土修补界面过渡区微细观结构改善方法的研究［J］. 硅酸盐通报，30（2）：263-266.
熊光晶，陈立强，罗白云，等. 2004. 偶联剂减缩剂改性新老混凝土修补界面层的性能［J］. 建筑技术开发，31（10）：63，108.
徐光济，陈文豹，1979. 根据冻结井筒的不同情况选择合适的井壁结构［J］. 煤炭科学技术，（5）：3-17.
徐烈，朱卫东，汤晓英，1999. 低温绝热与贮运技术［M］. 北京：机械工业出版社.
徐芝纶，1990. 弹性力学［M］. 北京：高等教育出版社.
杨维好，储国平，1999. 滑动可缩井壁受力分析与设计原则［J］. 煤炭科学技术（27）4：13-19.
叶金蕊，2004. 约束状态下硬化的混凝土渗透性研究［D］. 哈尔滨：哈尔滨工业大学.
叶琳昌，沈义，1987. 大体积混凝土施工［M］. 北京：中国建筑工业出版社：1-3.
游宝坤，韩立林，李光明，等，2002. 如何正确使用混凝土膨胀剂［C］//游宝坤. 第三届全国混凝土膨胀剂学术交流论文集. 北京：中国建材工业出版社.
于镇洪，赵春来，1979. 设计应尽量采用新型井壁结构［J］. 煤炭科学技术，（7）：3-4.
余琼，胡克旭，朱伯龙，2000. 旧混凝土与新混凝土结合的抗剪性能研究［J］. 四川建筑科学研究，26（4）：47-50.
俞静，朱平华，蒋沧如，2004. 论高层建筑基础大体积混凝土水化放热规律［J］. 国外建材科技，3（25）：75-76.
虞相，王正延，1985. 中国冻结法凿井三十年［J］. 煤炭科学技术，（7）：2-6.
虞相，王正廷，苏立凡，1995. 我国地层冻结技术的新进展［C］// 王长生. 地层冻结工程技术与应用：中国地层冻结工程 40 年论文集. 北京：煤炭工业出版社.
袁群，刘健，2001. 新老混凝土黏结的剪切强度研究［J］. 建筑结构学报，22（2）：46-50.
岳小卫，温立成，2003. 木钙水冲法进行混凝土接茬处理的试验研究［J］. 中外公路，23（4）：100-101.
翟云芳，1999. 渗流力学［M］. 北京：石油工业出版社.
张锦松，1979. 对潘集煤田冻结井筒合理井壁结构的探讨［J］. 煤炭科学技术，（8）：8.
张锦松，1989. 复合井壁塑料层的防水机理［J］. 煤炭科学技术，（1）：28-29.
张荣立，何国纬，李铎，2001. 采矿工程设计手册. 北京：煤炭工业出版社.
张世芳，杨小林，2002. 深厚表土矿井建设技术［M］. 北京：煤炭工业出版社
张文，1980. 深井冻结技术及复合井壁［J］. 建井技术，（2）：31-34.
张燕，1979. 用有限单元法计算井壁断面应力应变和变温应力应变［J］. 煤炭科学技术，（12）：11-15.
张亦涛，2004. 应力作用下水泥基材料碳化和渗透特性研究［D］. 南京：河海大学.
赵军，郭庆海，高丹盈，2005. 高性能自密实混凝土的抗拉性能研究［J］. 混凝土（1）：37-39.

赵镇南，2002. 传热学. 北京：高等教育出版社.
赵志方，赵国藩，黄承逵，1999a. 新老混凝土黏结的拉剪性能研究［J］. 建筑结构学报，20（6）：26-31.
赵志方，赵国藩，黄承逵，1999b. 新老混凝土黏结的劈拉性能研究［J］. 工业建筑，29（11）：56-59.
赵志方，赵国藩，黄承逵，2000. 新老混凝土粘结抗折性能研究［J］. 土木工程学报，33（2）：67-72.
赵志方，赵国藩，刘健，等，2001. 新老混凝土粘结抗拉性能的试验研究［J］. 建筑结构学报，22（2）：51-56.
赵志方，周厚贵，刘健，等，2002. 新老混凝土粘结复合受力的强度特性［J］. 工业建筑，32（10）：37-39.
赵志方，周厚贵，袁群，等，2003. 新老混凝土粘结机理研究与工程应用［M］. 北京：中国水利水电出版社.
赵治泉，1979. 外层砌块、塑料隔水、内层现浇混凝土井壁［J］. 煤炭科学技术，（5）：10-13.
郑青林，1979. 介绍几种冻结井筒复合井壁［J］. 煤炭科学技术，（7）：4-7.
中国矿业大学，2005. 万福煤矿井筒施工方法可行性分析研究与论证［R］. 科学技术研究报告.
中国矿业学院，1981. 特殊凿井［M］. 北京：煤炭工业出版社.
中华人民共和国电力工业部，1996. 水工混凝土结构设计规范［M］. 北京：中国电力出版社.
周万清，2002. 大体积砼温度场与应力场的理论研究［D］. 辽宁：辽宁工程技术大学.
朱伯芳，1999. 大体积混凝土温度应力与温度控制［M］. 北京：中国电力出版社.
竺亮，2001. 新老混凝土黏结的抗拉性能研究［D］. 大连：大连理工大学.
Chen P Wi, Fu X L, 1995. Improving the bonding between Old and New Concrete by Adding Carbon Fibers to the Concrete［J］. Cement and Concrete Research, 25（3）：491-496.
Climaco J C T S, Regan P E, 2001. Evaluation of bond strength between old and new concrete in structural repairs［J］. Magazine of Concrete Research, 53（6）：377-390.
Hindo K R, 1990. In-Place Bond Experimental and Surface Preparation of Concrete［J］. Concrete International,（4）：46-48.
Thomas L J, 1987. Future development work in Australia［J］. GlÜckauf and Translation, 123（8）：223-226.
Ma Y M, Wang S R, 1985. Shaft sinking in waterbearing non-competent strata in china［J］. GlÜckauf and Translation, 121（19）：432-434.
Robins P J, Austin S A, 1995. A unified failure envelope from the evaluation of concreterepair bond tests［J］. Magazine of Concrete Research, 47（170）：57-68.
Simon A, Peter R, Pan Y G, 1995. Tensile Bond Experimental of Concrete Repairs［J］. Materials and Structures,（28）：249-259.
Voyiadjis G Z, Abulebden T M, 1992. Biaxial testing of repaired concrete［J］. Aci Materials Journal, 89.
Waters T, 1954. A study of the tensile strength of concrete acrossconstruction joints［J］. Magazine of Concrete Research, 6（18）：151-153.
Zhang Y C, 1985. Shaft boring in waterbearing non-competent rock in China［J］. GlÜckauf and Translation, 121（19）：443-445.